实用软件高级应用教程(第2版)

李　慧　郁洪波　高明芳
樊　宁　毕　野　杨　玉　　　　编著
张明霞　陈云平　刘　茗　胡文彬

U0225970

电子工业出版社
Publishing House of Electronics Industry
北京·BEIJING

内 容 简 介

本书根据教育部高等学校大学计算机课程教学指导委员会关于大学计算机基础课程教学的基本要求，结合新形势下培养创新、创业型人才的需要及教学实践的具体情况编写而成。

本书面向全国计算机等级考试(二级)，按最新考试大纲要求使用 Microsoft Office 2016 作为考试的上机环境，以提升学生综合应用能力为目标，并扩充了计算机公共基础、计算机基础知识讲解及 Access 2016、Photoshop CS6 的操作指导，架构了一个完整而又实用的教材体系。

全书分 7 部分。第一部分为计算机公共基础；第二部分介绍了计算机基础知识；第三部分介绍了 Word 2016 文档编排；第四部分介绍了 Excel 2016 基础；第五部分介绍了 PowerPoint 2016 演示文稿制作；第六部分介绍了 Access 2016 基础；第七部分介绍了 Photoshop CS6 图像处理操作。通过对本书的学习，可以提高学生综合应用和处理复杂办公事务的能力，并能学以致用。读者可登录华信教育资源网(www.hxedu.com.cn)免费下载本书教学资源。

本书可以作为管理、财经、信息等非计算机专业的教材或教学参考书，也可以作为办公自动化培训教材及自学考试相关科目的辅导读物，还可供希望学习 Microsoft Office 实用技术、提高计算机操作技能的各方人士参考。

图书在版编目(CIP)数据

实用软件高级应用教程 / 李慧等编著. — 2 版. — 北京：电子工业出版社，2021.1
ISBN 978-7-121-40094-0

I. ①实… II. ①李… III. ①软件工程－高等学校－教材 IV. ①TP311.5

中国版本图书馆 CIP 数据核字(2020)第 241056 号

责任编辑：秦淑灵   文字编辑：刘真平
印   刷：涿州市京南印刷厂
装   订：涿州市京南印刷厂
出版发行：电子工业出版社
            北京市海淀区万寿路 173 信箱   邮编：100036
开   本：787×1 092   1/16   印张：20.75   字数：531.2 千字
版   次：2019 年 2 月第 1 版
            2021 年 1 月第 2 版
印   次：2023 年 1 月第 4 次印刷
定   价：59.00 元

凡所购买电子工业出版社图书有缺损问题，请向购买书店调换。若书店售缺，请与本社发行部联系，联系及邮购电话：(010)88254888，88258888。

质量投诉请发邮件至 zlts@phei.com.cn，盗版侵权举报请发邮件至 dbqq@phei.com.cn。

本书咨询联系方式：qinshl@phei.com.cn。

前　　言

随着办公自动化应用的不断推进，以及高校创新、创业教育改革的逐步深化，计算机应用已经深入各行各业，社会信息化不断向纵深发展。为了顺应社会信息化进程的发展，在大学计算机基础教育中实施分级、分类教学势在必行。本书根据教育部高等学校大学计算机课程教学指导委员会关于大学计算机基础课程教学基本要求，按照 2021 年全国计算机等级考试（二级）对 Office 操作环境的最新要求（要求使用 Office 2016 作为考试的操作环境），结合新形势下培养创新、创业型人才的需要及教学实践的具体情况编写而成，主要内容包括 Word 2016、Excel 2016、PowerPoint 2016、Access 2016 及 Photoshop CS6 的高级应用技术。

全书分为 7 部分，共 22 章，具体包括计算机公共基础、计算机基础知识、Word 2016 文档编排、Excel 2016 基础、PowerPoint 2016 演示文稿制作、Access 2016 基础、Photoshop CS6 图像处理操作。其中，计算机公共基础部分介绍了数据结构与算法、程序设计基础、软件工程基础、数据库设计基础；计算机基础知识部分介绍了计算机及软/硬件系统、计算机中的数据、计算机网络；Word 2016 文档编排部分介绍了 Word 2016 文档的简单编辑、图文混排和表格、文档的高级排版、邮件合并、多文档编辑和宏；Excel 2016 基础部分主要介绍了 Excel 2016 概述、公式和函数、数据的图表化、数据的分析和处理；PowerPoint 2016 演示文稿制作部分介绍了演示文稿的创建与编辑、演示文稿整体效果的美化、演示文稿的放映与共享；Access 2016 基础部分介绍了 Access 2016 概述、数据库的操作；Photoshop CS6 图像处理操作部分介绍了 Photoshop CS6 的基本操作、选区的基本操作、图层、蒙版和图像颜色调整等内容。

本书以培养计算思维能力为导向，以应用、实用、高级为主旨，采用案例驱动的方式组织内容。

本书内容紧扣全国计算机等级考试（二级）——Office 高级应用考试大纲，同时又兼顾不在大纲范围内但实际工作中难免遇到的内容。作为大学计算机公共基础教学的教材，如果仅局限于 Office 操作全国计算机等级考试的内容又会过于简单和单一。作为全校非计算机专业的公共基础课程，既要考虑课程开设内容的深度与广度，又要考虑课程的实用性与推广性，需要从专业实际需求出发，设计一套适合全校非计算机专业的公共基础课程体系。Office 高级应用可以提升学生在文档编辑、图表处理、文稿演示等方面的技能。但是学生除了需要掌握 Office 高级应用的能力外，还应该了解一些数据库操作的基础知识，这样有利于学生深入理解信息系统的完整体系结构，并有助于提升学生的计算思维。此外，图像处理也是学生在学习和生活中经常会遇到的，因此掌握一些必备的图像处理软件的使用方法是非常必要的。而现有的教材都比较单一，无法将这些内容全部整合起来。通过大量的调研和考证，我们最终确定了以全国计算机等级考试（二级）的内容为主，以提升学生综合应用能力的内容为辅的教材体系架构，在 Office 2016 内容的基础上，又扩充了 Access 2016 及 Photoshop CS6 的内容。

在结构上，本书逻辑性强，以各个案例的实际处理进程为主线逐步展开，循序渐进，巧妙地将各个知识点串联起来。

在知识层次上，本书主次分明，基础知识点以归纳总结的形式一笔带过，主要介绍 Office 的高级应用部分，并对全国计算机等级考试(二级)的常考知识点和高级应用部分进行了重点讲解。读者可登录华信教育资源网(www.hxedu.com.cn)免费下载本书教学资源。

本书可以作为管理、财经、信息等非计算机专业的教材或教学参考书，也可以作为办公自动化培训教材及自学考试相关科目的辅导读物，还可供希望学习 Office 实用技术、提高计算机操作技能的各方人士参考。

本书由淮海工学院计算机基础课程管理组策划，参与本书编写的有李慧、郁洪波、高明芳、樊宁、毕野、杨玉、张明霞、陈云平、刘茗和胡文彬。

因时间仓促和作者水平有限，书中难免有疏漏和不足之处，欢迎广大读者批评指正。

编著者

2020 年 3 月

目　　录

第一部分

计算机公共基础

第1章 数据结构与算法

内容提要：

本章首先介绍算法的定义、特征、基本要素与评价标准；然后介绍数据结构相关的一些基本概念，并对线性表、线性链表、栈和队列、树与二叉树等线性结构和非线性结构进行了介绍；最后对查找与排序的概念、基本方法进行了对比分析。

重要知识点：

- 算法的定义及特征。
- 算法复杂度。
- 线性表的定义与特征。
- 栈和队列的定义和特点。
- 树和二叉树的性质与遍历。
- 查找的概念和基本方法。
- 排序的概念和基本方法。

1.1 算法的基本概念

1. 算法的定义及特性

算法是对特定问题求解步骤的一种描述，是指令的有限序列。程序是算法在计算机中的实现。一个算法必须满足以下 5 个重要特性。

(1) 有限性：一个算法必须总是在执行有穷步后结束，且每一步都必须在有穷时间内完成。

(2) 确定性：对于每种情况下所应执行的操作，在算法中都有确切的规定，不会产生疑义，使算法的执行者或阅读者都能明确其含义及如何执行。

(3) 可行性：算法中的每一步操作都应该能有效执行。

(4) 输入：一个算法有零个或多个输入。当用函数描述算法时，输入往往通过形参来表示，在它们被调用时，从主调函数获得输入值。

(5) 输出：一个算法有一个或多个输出，它们是算法进行信息加工后得到的结果。无输出的算法没有任何意义。当用函数描述算法时，输出多用返回值或引用类型的形参表示。

2. 算法的基本要素

算法的功能取决于两方面因素：选用的操作和各个操作之间的顺序。因此，一个算法通常由以下两种基本要素组成。

(1) 对数据对象的运算和操作(包括算术运算、逻辑运算、关系运算、数据传输)。

(2) 算法的控制结构。

3. 算法设计常用方法

虽然算法设计是一件非常困难的工作，但是算法设计也不是无章可循的。经过实践，人们总结和积累了许多行之有效的方法。算法设计常用方法有列举法、归纳法、递推法、递归法、减半递推法和回溯法 6 种。

4．算法设计要求

一个算法的优劣应该从以下几方面进行评价。

（1）正确性：不含有语法错误，对于各种合法的输入数据能够得到满足要求的结果。

（2）可读性：要求程序有较好的人机交互性，有助于人们对算法的理解。

（3）健壮性：对输入的非法数据能做出适当的响应或处理。

（4）高效率与低存储量：主要针对算法的执行时间和所需的存储空间，这两方面主要与问题的规模有关。

5．算法复杂度

算法复杂度的高低体现在运行该算法时所需要的计算机资源的多少，所需的资源越多，就说明该算法的复杂度越高；反之，所需的资源越少，就说明该算法的复杂度越低。计算机资源最重要的是时间和空间（即存储器）资源。因此，算法复杂度包括算法的时间复杂度和算法的空间复杂度。

1）算法的时间复杂度

算法的时间复杂度是指执行算法所需要的计算工作量。

值得注意的是，算法程序执行的具体时间和算法的时间复杂度并不一致。算法程序执行的具体时间受到所使用的计算机、程序设计语言及算法实现过程中许多细节的影响，而算法的时间复杂度与这些因素无关。

算法的计算工作量是用算法所执行的基本运算次数来度量的，而算法所执行的基本运算次数是问题规模（通常用整数 n 表示）的函数，即算法的计算工作量为 $f(n)$。

2）算法的空间复杂度

算法的空间复杂度是指在执行过程中算法所需要的存储空间。

算法执行期间所需的存储空间包括 3 部分：输入数据所占的存储空间、程序本身所占的存储空间、算法执行过程中所需要的额外空间。

其中，算法执行过程中所需要的额外空间包括算法程序执行过程中的工作单元及某种数据结构所需要的附加存储空间。

为了降低算法的空间复杂度，主要应减小输入数据所占的存储空间及算法执行过程中所需要的额外空间，通常采用压缩存储技术。

1.2　数据结构的基本概念

1．数据、数据元素、数据对象

数据：是客观事物的符号表示，是所有能输入计算机中并被计算机程序处理的符号总称。

数据元素：是数据的基本单位，可以由若干数据项组成。

数据对象：是性质相同的数据元素的集合，是数据的一个子集。

2．数据结构

数据结构（Data Structure）是相互之间存在一种或多种特定关系的数据元素的集合。换句话说，数据结构是带"结构"的数据元素的集合，"结构"是指数据元素之间存在的关系。

数据结构包括逻辑结构、存储结构及数据的运算。

(1)逻辑结构：反映数据元素间的逻辑关系，包括线性结构(如线性表、栈、队列、串、数组、广义表)和非线性结构(如树、图)。

逻辑结构分类如下。

● 线性结构：每个节点有且只有一个前驱节点和一个后继节点(第一个和最后一个节点除外)。

● 树形结构：每个节点有且只有一个前驱节点(树根节点非线性结构除外)，但可以有任意多个后继节点。

● 图形结构：每个节点可以有任意多个前驱节点和任意多个后继节点。

(2)存储结构(又称物理结构)：反映数据元素及其关系在计算机存储器内的存储安排，包括顺序存储结构、链式存储结构、索引存储结构及散列存储结构。

● 顺序存储结构：将数据结构的数据元素按某种顺序存放在计算机存储器的连续存储单元中。其结构简单，存取方便，但需要连续的存储空间，当数据元素的数目不确定时，会造成存储空间的闲置，且插入与删除数据元素时要移动大量数据元素。

● 链式存储结构：为数据结构的每个节点附加一个数据项，其中存放一个与其相邻接的节点地址(指针)，通过指针找到下一个相关节点的实际存储地址。每个节点由数据域和指针域组成。其存储空间不必连续，在进行插入、删除操作时不必移动节点，但节点指针要占用额外的存储空间。

(3)数据的运算：对数据元素施加的操作，如插入、删除、修改、查找、排序等。

1.3　线　性　表

1. 线性表的定义

在数据结构中，习惯将线性结构称为线性表。线性表是最简单也是最常用的一种数据结构。

线性表是 $n(n \geqslant 0)$ 个数据元素构成的有限序列，表中除第一个数据元素外的每个数据元素，有且只有一个前驱数据元素，除最后一个数据元素外，有且只有一个后继数据元素。

线性表要么是空表，要么可以表示为 $(a_1, a_2, \cdots, a_i, \cdots, a_n)$。

其中，$a_i(i=1,2,\cdots,n)$ 是线性表的数据元素，又称线性表的一个节点，同一线性表中的数据元素必定具有相同的特性，即属于同一数据对象。

在不同情况下，每个数据元素的具体含义各不相同，它可以是一个数或一个字符，也可以是一个具体事物，甚至是其他更复杂的信息。

2. 线性表的特征

(1)数据元素个数 n 为线性表的表长，$n=0$ 时线性表为空表。

(2)i 为 a_i 在线性表中的位序，$1<i<n$ 时，a_i 的前驱数据元素是 a_{i-1}，a_1 无前驱数据元素，a_i 的后继数据元素是 a_{i+1}，a_n 无后继数据元素。

(3)数据元素的结构相同，且不能出现缺项。

3. 线性表的顺序存储结构

通常，线性表可以采用顺序存储和链式存储两种结构。顺序存储结构是指将线性表中的

数据元素依次存放在一个连续的存储空间中。这种顺序
表示的线性表又称顺序表。顺序存储结构如图 1-1 所示。

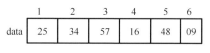

	1	2	3	4	5	6
data	25	34	57	16	48	09

图 1-1　顺序存储结构

　　顺序存储结构的特点：是随机存取的存储结构，
只要确定了存储线性表的起始位置，线性表中的任一
数据元素均可随机存取。顺序存储结构的优点：逻辑相邻，物理相邻；可随机存取任一数据
元素；存储空间使用紧凑，存储密度为 1。顺序存储结构的缺点：插入、删除操作要移动大量
的数据元素；预先分配空间时要按最大空间进行分配，利用不充分；表容量难以扩充。

4．顺序表的插入运算

　　顺序表的插入运算是指在表的第 $i(1 < i < n)$ 个位置上，插入一个新节点 x，使长度为 n 的
顺序表变成长度为 $n+1$ 的顺序表。在第 i 个节点之前插入一个新节点的操作如下。

　　步骤 1：把原来的第 $i\sim n$ 个节点依次往后移动一个节点位置。
　　步骤 2：把新节点放在第 i 个位置上。
　　步骤 3：修正顺序表的节点个数。
　　顺序表的插入运算如图 1-2 所示。

5．顺序表的删除运算

　　顺序表的删除运算是指将表的第 $i(1 < i < n)$ 个节点删除，使长度为 n 的顺序表变成长度为
$n-1$ 的顺序表。删除时应将第 $i+1\sim n$ 个节点依次向前移动一个节点位置，共移动 $n-i$ 个节点，
完成删除运算主要有以下几个步骤。

　　步骤 1：把第 i 个节点之后(不包含第 i 个节点)的 $n-i$ 个节点依次前移一个位置。
　　步骤 2：修正顺序表的节点个数。
　　顺序表的删除运算如图 1-3 所示。

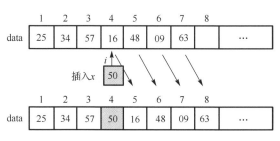

图 1-2　顺序表的插入运算

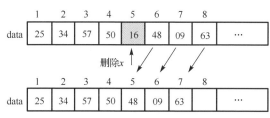

图 1-3　顺序表的删除运算

　　综上所述，线性表的顺序存储结构适用于小线性表，或者建立之后其中节点不常变动的
线性表，而不适用于经常进行插入和删除运算的线性表及较长的线性表。

1.4　线　性　链　表

1．线性链表的定义

　　所谓线性链表，就是指线性表的链式存储结构，简称链表。由于这种链表中每个节点只
有一个指针域，故又称为单链表。
　　线性表链式存储结构的特点是可用一组不连续的存储单元存储线性表中的各个数据

元素。因为存储单元不连续，数据元素之间的逻辑关系就不能依靠数据元素所在存储单元之间的物理关系来表示。为了表示每个数据元素与其后继数据元素之间的逻辑关系，每个数据元素除要存储自身信息外，还要存储一个指示其后继数据元素的信息(即后继数据元素的存储位置)。

线性表链式存储结构的基本单位称为存储节点，线性链表的一个存储节点如图 1-4 所示。每个存储节点包括以下两个组成部分。

图 1-4　线性链表的一个存储节点

(1)数据域：存放数据元素本身的信息。

(2)指针域：存放一个指向后继节点的指针，即存放下一个数据元素的存储地址。

假设一个线性表有 n 个数据元素，则这 n 个数据元素就通过所对应的 n 个节点指针链接成一个线性链表。

在线性链表中，第一个数据元素没有前驱数据元素，指向链表中的第一个节点的指针，是一个特殊的指针，称为这个链表的头指针(HEAD)。最后一个数据元素没有后继数据元素，因此，线性链表最后一个节点的指针域为空，用 NULL 或 0 表示。

2. 线性链表的插入运算

线性链表的插入运算是指在链式存储结构下的线性表中插入新节点。

首先，要给该新节点分配一个存储单元，存储单元可以从栈中取得，单链表的插入运算如图 1-5 所示。然后，将存放新元素值的节点链接到线性链表中指定的位置。

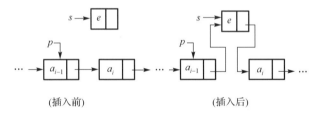

图 1-5　单链表的插入运算

在线性链表中数据域为 a_i 的节点之前插入一个新节点 e，其插入过程如下。

(1)在可利用栈的栈顶选取空闲节点，生成一个数据域为 e 的节点，将新节点的存储序号存放在指针变量 s 中。

(2)在线性链表中查找数据域为 a_i 的节点，将其前驱节点的存储序号存放在指针变量 p 中。

(3)将新节点 e 的指针变量 s 设置为指向数据域为 a_i 的节点。

(4)将指针变量 p 设置为指向新节点 e。

由于线性链表执行插入运算时，新节点的存储单元取自栈中，因此，只要栈非空，线性链表总能找到通过存储插入的新节点，因而无须规定最大存储空间，也不会发生"上溢"的错误。此外，线性链表在执行插入运算时，无须移动节点，只要改动相关节点的指针变量即可，插入运算效率会大大提高。

3．线性链表的删除运算

线性链表的删除运算是指在链式存储结构下的线性表中删除指定的节点。单链表的删除运算如图 1-6 所示。在线性链表中删除数据域为 a_i 的节点，其删除过程如下。

(1)在线性链表中查找数据域为 a_i 的节点，将该节点的存储序号存放在指针变量 q 中。

(2)把节点 a_i 的前驱节点的存储序号存放在指针变量 p 中，将节点 a_i 的后继节点的存储序号存放在指针变量 q 中。

(3)把数据域为 a_i 的节点"回收"到栈中。

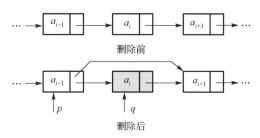

删除前

删除后

在单链表中删除含 a_i 的节点

图 1-6　单链表的删除运算

4．循环链表

循环链表最后一个节点的指针域不为 NULL，而是指向了表的前端。其特点是：只要知道表中某一节点的地址，即可搜寻到所有其他节点的地址。

为了使空链表和非空链表的操作统一，在循环链表中往往加入头节点。循环链表的存储结构如图 1-7 所示。

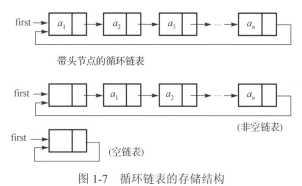

带头节点的循环链表

(非空链表)

(空链表)

图 1-7　循环链表的存储结构

1.5　栈　和　队　列

栈和队列都是一种特殊的线性表，它们都有自己的特点，栈是"先进后出"的线性表，而队列是"先进先出"的线性表。

1．栈的定义和特点

栈是一种特殊的线性表，它所有的插入与删除都限定在表的同一端进行。在栈中，一端是封闭的，既不允许插入节点，又不允许删除节点；另一端是开口的，允许插入和删除节点。

在栈中，允许插入与删除的一端称为栈顶，不允许插入与删除的一端称为栈底。当栈中没有节点时，称为空栈。

栈的特点是先进后出(First In Last Out，FILO)或后进先出(Last In First Out，LIFO)。

2．栈的基本运算

栈的基本运算有 3 种：入栈、出栈和读栈顶节点。

入栈：又称进栈，即在栈顶位置插入一个新节点。先将栈顶指针增 1，然后将新节点插入栈顶指针所指的位置；当栈顶指针指向栈存储空间的最后一个位置时，说明栈已满，若再进行进栈操作则出现"上溢"错误。

出栈：又称退栈，即取出栈顶节点并赋给一个指定的变量。先将栈顶节点赋值给一个指定的变量，然后将栈顶指针减 1；当栈顶指针为 0 时，说明栈已空，若再进行出栈操作则出现"下溢"错误。

读栈顶节点：将栈顶节点赋值给一个指定的变量，栈顶指针不变。

3．队列的定义和特点

队列也是一种特殊的线性表。队列是指允许在一端进行插入，而在另一端进行删除的线性表。

在队列中，允许进行删除运算的一端称为队头(或排头)，允许进行插入运算的一端称为队尾。习惯上将往队列的队尾插入一个节点称为入队运算，将从队列的队头删除一个节点称为退队运算。若有队列

$$Q = (q_1, q_2, \cdots, q_n)$$

那么，q_1 为队头节点(排头节点)，q_n 为队尾节点。队列中的节点是按照 $q_1, q_2, \cdots, q_n$ 的顺序插入的，退出队列也只能按照这个次序依次退出，也就是说，只有在 $q_1, q_2, \cdots, q_{n-1}$ 都退队之后，q_n 才能退出队列。因为最先入队的节点将最先出队，所以队列具有"先进先出"的特点，体现"先来先服务"的原则。

队头节点 q_1 是最先被插入的节点，也是最先被删除的节点。队尾节点 q_n 是最后被插入的节点，也是最后被删除的节点。因此，与栈相反，队列又称"先进先出"(First In First Out，FIFO)或"后进后出"(Last In Last Out，LILO)的线性表。

例如，火车进隧道，最先进隧道的是火车头，最后进的是火车尾，而火车出隧道时也是火车头先出，最后出的是火车尾。

队列的特点是先进先出。

4．队列的基本运算

可以用顺序存储的线性表来表示队列，为了指示当前执行退队运算的队头位置，需要一个队头指针(排头指针)front，为了指示当前执行入队运算的队尾位置，需要一个队尾指针 rear。队头指针 front 总是指向队头节点的前一个位置，而队尾指针 rear 总是指向队尾节点。

队列的入队、退队原则如下。

(1)入队时队尾指针先进一，rear = rear + 1，再将新节点按 rear 指示位置加入。

(2)退队时队头指针先进一，front = front + 1，再将下标为 front 的节点取出。

(3)队满时再入队将产生"溢出"错误。

(4)队空时再退队将产生"下溢"错误。

队列的入队、退队运算如图 1-8 所示。

5．循环队列

所谓循环队列，就是将队列存储空间的最后一个位置绕到第一个位置，形成逻辑上的环状空间，供队列循环使用。

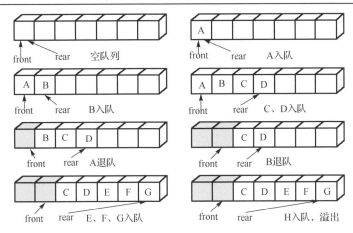

图 1-8　队列的入队、退队运算

循环队列的运算规则如下。

(1) 每进行一次入队运算，队尾指针就进一，当 rear=m+1 时 (m 表示元素个数)，置 rear=1。

(2) 每进行一次退队运算，队头指针就进一，当 front=m+1 时，置 front=1。

1.6　树与二叉树

1．树的基本概念

树是 $n(n \geq 0)$ 个节点的有限集 T，其中有且仅有一个特定的节点，称为树的根，当 $n>1$ 时，其余节点可分为 $m(m>0)$ 个互不相交的有限集 $T_1, T_2, \cdots, T_m$，其中每个集合本身又是一棵树，称为根节点的子树。

节点：表示树中的元素，包括数据项及若干指向其子树的分支。

节点的度：节点拥有的子树数。

叶子节点：度为 0 的节点。

孩子节点：节点子树的根。

双亲节点：孩子节点的上层节点。

兄弟节点：同一双亲的孩子节点。

树的度：一棵树中最大的节点的度。

节点的层次：从根节点算起，根节点为第一层，它的孩子节点为第二层，依次类推。

深度：树中节点的最大层次数。

森林：$m(m \geq 0)$ 棵互不相交的树的集合。

2．二叉树的定义与存储结构

1) 二叉树的定义

二叉树是 $n(n \geq 0)$ 个节点的有限集，它或为空树 (n=0)，或由一个根节点和两棵分别称为左子树和右子树的互不相交的二叉树构成。树结构如图 1-9 所示。

二叉树与树是相似的，树结构的所有术语都可以用到二叉树结构上。

二叉树又与树不同，二叉树不是树的特殊情况，两者是不同的概念，二叉树的特点如下。

(1) 二叉树可以为空，空二叉树没有节点，非空二叉树有且只有一个根节点。

(2) 每个节点最多有两棵子树，即二叉树中不存在度大于 2 的节点。

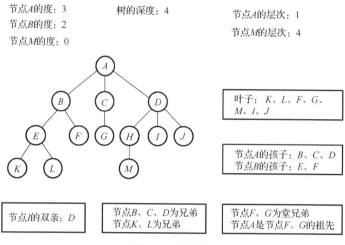

图 1-9　树结构

(3)二叉树的子树有左右之分,其次序不能任意颠倒。

(4)二叉树的每个节点可以有两棵子二叉树,分别简称为左子树和右子树。因为二叉树可以为空,所以二叉树中的节点可能没有子节点,也可能只有一个左子节点或右子节点,还可能同时有左、右两个子节点。

二叉树的基本形态如图 1-10 所示。3 个节点二叉树的 5 种形态如图 1-11 所示。

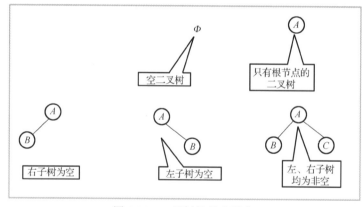

图 1-10　二叉树的基本形态

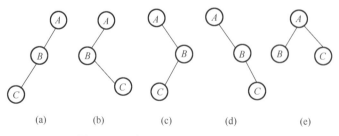

图 1-11　3 个节点二叉树的 5 种形态

2)满二叉树和完全二叉树

满二叉树和完全二叉树是两种特殊形态的二叉树。满二叉树与完全二叉树结构对照如图 1-12 所示。

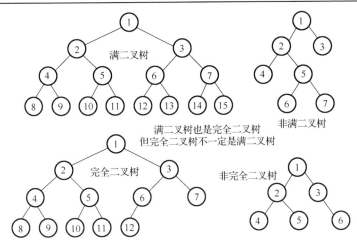

图 1-12　满二叉树与完全二叉树结构对照

(1)满二叉树：是除最后一层外，每一层上所有节点都有两个孩子节点的二叉树。也即在满二叉树每一层上的节点数都达到最大值，第 k 层上有 2^{k-1} 个节点。

(2)完全二叉树：除最后一层外，每一层上的节点数均达到最大值，在最后一层上只缺少右边的若干孩子节点。

3)二叉树的存储结构

(1)顺序存储结构：按满二叉树的节点层次编号，依次存放二叉树中的数据元素。这种方式的节点间关系蕴含在其存储位置中，浪费空间，适用于满二叉树和完全二叉树。二叉树的顺序存储结构如图 1-13 所示。

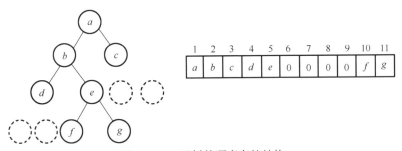

图 1-13　二叉树的顺序存储结构

(2)链式存储结构：采用二叉链表存储结构时每个节点有 3 个域，节点的数据域存放数据元素，左侧指针域指向左孩子节点，右侧指针域指向右孩子节点。二叉树的二叉链表存储结构如图 1-14 所示。

3. 二叉树的性质

性质 1：在二叉树的第 i 层上至多有 2^{i-1} 个节点 $(i \geqslant 1)$。

性质 2：深度为 k 的二叉树至多有 2^k-1 个节点 $(k \geqslant 1)$。

性质 3：对任何一棵二叉树 T，如果其终端节点数为 n_0，度为 2 的节点数为 n_2，则 $n_0=n_2+1$。

性质 4：具有 n 个节点的完全二叉树的深度为 $(\log_2 n)+1$。

性质 5：如果对一棵有 n 个节点的完全二叉树中的节点按层序编号，则对任一节点 $i(1 \leqslant i \leqslant n)$，有：

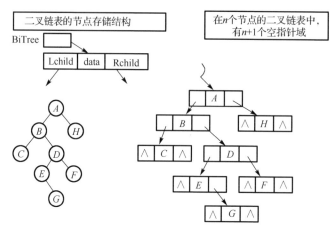

图 1-14   二叉树的二叉链表存储结构

- 如果 $i=1$，则节点 i 是二叉树的根，无双亲；如果 $i>1$，则其双亲是 $i/2$。
- 如果 $2i>n$，则节点 i 无左孩子；如果 $2i \leqslant n$，则其左孩子是 $2i$。
- 如果 $2i+1>n$，则节点 i 无右孩子；如果 $2i+1 \leqslant n$，则其右孩子是 $2i+1$。

4. 二叉树的遍历

(1)先序遍历。先序遍历又称前序遍历，前序遍历中"前"的含义是：访问根节点在访问左子树和访问右子树之前。即首先访问根节点，然后遍历左子树，最后遍历右子树，并且在遍历左子树和右子树时，仍然先访问其根节点，然后遍历其左子树，最后遍历其右子树。

前序遍历可描述为若二叉树为空，则为空操作，否则步骤如下所示：

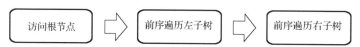

(2)中序遍历。中序遍历中"中"的含义是：访问根节点在访问左子树和访问右子树两者之间。即首先遍历左子树，然后访问根节点，最后遍历右子树，并且在遍历左子树和右子树时，仍然首先遍历其左子树，然后访问其根节点，最后遍历其右子树。

中序遍历可描述为若二叉树为空，则为空操作，否则步骤如下所示：

(3)后序遍历。后序遍历中"后"的含义是：访问根节点在访问左子树和访问右子树之后。即首先遍历左子树，然后遍历右子树，最后访问根节点，并且在遍历左子树和右子树时，仍然首先遍历其左子树，然后遍历其右子树，最后访问其根节点。

后序遍历可描述为若二叉树为空，则为空操作，否则步骤如下所示：

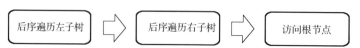

二叉树的遍历方法如图 1-15 所示。

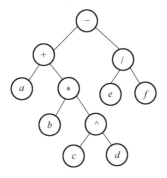

先序方法：$-+a*b\wedge c\,d/\,e\,f$

中序遍历：$a+b*\ c\wedge d-e/f$

后序遍历：$a\,b\,c\,d\wedge*\ +e\,f/-$

图 1-15　二叉树的遍历方法

1.7　查　　找

1．查找的概念

查找又称检索，根据给定的关键字，在特定的表中，确定一个与给定关键字相同的数据元素，并返回该数据元素在表中的位置。若找到相应的数据元素，则称查找是成功的，否则称查找是失败的，此时应返回空地址及失败信息。

对于表的查找，一般有两种情况，一种是静态查找，是指在查找过程中只对数据元素进行查找；另一种是动态查找，是指在实施查找的同时，插入找不到的数据元素，或从查找表中删除已查找的某个数据元素，即允许表中数据元素发生变化。

关键字是数据元素中某个数据项的值，用它可以标识表中的一个或一组数据元素。如果一个关键字可以唯一标识表中的一个数据元素，则称为主关键字，否则称为次关键字。当数据元素仅有一个数据项时，数据元素的值就是关键字。

查找是数据处理领域的一个重要内容，查找的结果通常有两种可能：查找成功，即找到满足条件的数据对象；查找不成功，即检索失败。

为确定记录在表中的位置，与给定关键字进行比较的数据元素个数的期望值，称为查找算法在查找成功时的平均查找长度（Average Search Length，ASL）。对于长度为 n 的表，查找成功时的平均查找长度为

$$\text{ASL} = P_1C_1 + P_2C_2 + \cdots + P_nC_n = \sum_{i=1}^{n} P_iC_i$$

式中，P_i 为查找表中第 i 个数据元素的概率；C_i 为找到表中第 i 个数据元素时，已经进行过的关键字比较次数。由于查找算法的基本运算是与关键字的比较操作，所以可以用平均查找长度来衡量查找算法的性能。

2．顺序查找

顺序查找法从表的第一个数据元素开始，将给定关键字与表中数据元素的关键字逐个进行比较，直到两者符合，查到所要找的数据元素为止；否则，就是表中没有要找的数据元素，检索不成功。

算法基本思想：在表的一端设置一个称为"监视哨"的附加单元，存放要查找数据元素的关键字。从表的另一端开始查找，如果在"监视哨"处找不到要查找数据元素的关键字，则返回失败信息，否则返回相应的下标。

顺序查找法的特点如下。

(1)对有序表、无序表均适用。

(2)对顺序存储结构和链式存储结构的表均适用。

(3)适用于短表,方法简单。

(4)不适用于长表,检索太慢。

(5)最坏情况时的比较次数为 n,最好情况时的比较次数为1。

(6)时间复杂度为 $O(n)$。

(7)平均查找长度大于其他方法的查找长度,查找成功时 $ASL=(n+1)/2$。

3. 二分(或折半)查找

二分查找法首先选择有序表中的一个中间记录,比较其关键字,若要查找的关键字大于中间记录的值,则再取表的后半部的中间记录进行比较;否则取前半部的中间记录进行比较,如此反复,直到找到为止。

算法基本思想:首先,将表的中间位置记录的关键字与查找关键字进行比较,如果两者相等,则查找成功;否则利用中间位置记录将表分为前、后两个子表,如果中间记录的值大于查找关键字,则进一步查找前一个子表,否则进一步查找后一个子表。

重复以上过程,直到找到满足条件的记录,即查找成功;或直到子表不存在为止,此时查找不成功。

二分查找法的特点如下。

(1)仅适用于有序表。

(2)只适用于顺序存储结构的表,要求表中数据元素基本不变,在需要进行插入或删除运算时,影响检索效率。

(3)平均查找长度最小,$ASL=(n+1)/[n \cdot \log_2(n+1)-1]$。当 $n>50$ 时,$ASL \approx \log_2(n+1)-1$。

(4)时间复杂度为 $O(\log_2 n)$。

4. 分块查找

分块查找法要求将表组织成以下索引顺序结构。

(1)首先将表分成若干个块(子表)。在一般情况下,块的长度均匀,最后一块可以不满。每块中的数据元素任意排列,即块内无序,但块与块之间有序。

(2)构造一个索引表。其中,每个索引项对应一个块并记录每块的起始位置及每块中的最大关键字(或最小关键字)。索引表按关键字有序排列。

1.8　排　　序

1. 排序的概念

排序是数据处理的重要内容。所谓排序,是指将一个无序序列整理成按值递增或递减顺序排列的有序序列。排序的方法有很多,根据待排序序列的规模及对数据处理的要求,可以采用不同的排序方法。本节主要介绍一些常用的排序方法。

2. 交换类排序法

交换类排序法是借助数据元素的"交换"来进行排序的一种方法。这里要介绍的是冒泡排序法和快速排序法。

1）冒泡排序法

冒泡排序法是最简单的一种交换类排序方法。在数据元素的序列中，对于某个数据元素，如果其后存在一个数据元素小于它，则称为存在一个逆序。

冒泡排序法的基本思想就是通过两两相邻数据元素之间的比较和交换，不断地消去逆序，直到所有数据元素有序为止。

冒泡排序法的过程如下。

首先，在线性表中，从前往后扫描，如果相邻的两个数据元素，前面的数据元素大于后面的数据元素，则将它们交换，称为消去了一个逆序。在扫描过程中，线性表中最大的数据元素不断地往后移动，最后被交换到了表的末端，此时该数据元素就已经排好序了。然后，对当前还未排好序的全部数据元素，从后往前扫描，如果相邻两个数据元素后面的数据元素小于前面的数据元素，则将它们交换，也称为消去了一个逆序。在扫描过程中，最小的数据元素不断地往前移动，最后被换到了线性表的第一个位置，则认为该数据元素已经排好序了。

对还未排好序的全部数据元素，继续第二遍、第三遍的扫描，这样，未排好序的范围逐渐缩小，最后为空，则线性表已经变为有序的了。

对于冒泡排序法，每一遍从前往后的扫描，都把排序范围内的最大数据元素沉到了表的底部；每一遍从后往前的扫描，都把排序范围内的最小数据元素像气泡一样浮到了表的最前面。冒泡排序法的名称也由此而来。

对冒泡排序法总结如下。

（1）时间复杂度：$T(n)=O(n^2)$，在最好（正序）情况下比较次数为 $n-1$，移动次数为 0。

（2）空间复杂度：$S(n)=O(1)$。

（3）稳定性：属于稳定排序。

2）快速排序法

在冒泡排序中，一遍扫描只能确保最大的数据元素或最小的数据元素移到了正确位置，而未排序序列的长度可能只减少了 1。快速排序法是对冒泡排序法的一种本质的改进。

快速排序法的过程如下。

在待排序的 n 个数据元素中取一个数据元素 K（通常取第一个数据元素），以数据元素 K 作为分割标准，把所有小于 K 的数据元素都移到 K 前面，把所有大于 K 的数据元素都移到 K 后面。这样，以 K 为分界线，把线性表分割为两个子表，这称为一趟排序。然后，对 K 前后的两个子表分别重复上述过程，直到分割的子表的长度为 1 为止，这时，线性表就排好序了。

第一趟快速排序的具体做法是：设置两个指针 low 和 high，它们的初值分别指向线性表的第一个数据元素（K）和最后一个数据元素。首先，从 high 所指的位置向前扫描，找到第一个小于 K 的数据元素并与 K 交换。然后，从 low 所指位置起向后扫描，找到第一个大于 K 的数据元素并与 K 交换。重复这两步，直到 low=high 为止。

对快速排序法总结如下。

（1）时间复杂度：$T(n)=O(n\log_2 n)$，就平均时间而言，快速排序法是目前公认的最好的排序法。

（2）空间复杂度：$S(n)=O(\log_2 n)$。

（3）稳定性：属于不稳定排序。

3. 插入类排序法

插入类排序法是每次将一个待排序的数据元素按其值的大小插入前面已经排好序的子表中

的适当位置，直到全部数据元素插入完成为止。这里要介绍的是简单插入排序法和希尔排序法。

1) 简单插入排序法

简单插入排序法的过程如下。

简单插入排序法是把 n 个待排序的数据元素看作一个有序表和一个无序表，开始时，有序表只包含一个数据元素，而无序表包含另外 $n-1$ 个数据元素，每次取无序表中的第一个数据元素插入有序表中的正确位置，使之成为增加了一个数据元素的新的有序表。插入数据元素时，插入位置及其后的记录依次向后移动。最后有序表的长度为 n，而无序表为空，排序完成。

2) 希尔排序法

希尔排序法又称缩小增量排序法，它也是一种插入类排序法，但在时间效率上较简单插入排序法有较大提高。

希尔排序法的过程如下。

先取一个整数(称为增量 $d<n$)，把全部数据元素分成 d 组，所有距离为 d 的倍数的数据元素放在一组中，组成一个子序列，对每个子序列分别进行简单插入排序。然后，取 $d_2<d$ 重复上述分组和排序工作，直到 $d_i=1$，即所有记录在一组中为止。

一方面，简单插入排序法在线性表初始状态基本有序时，排序时间较少。另一方面，当 n 值较小时，n 和 n^2 差别也较小。希尔排序法开始时增量较大，分组较多，每组中的数据元素数目较少，故在各组内采用简单插入排序法较快，后来增量 d_i 逐渐缩小，分组数减少，各组中的数据元素个数增多，但由于已经按 d_{i-1} 分组排序过，线性表比较接近有序状态，所以，新的一趟排序过程也较快。d_i 有各种不同的取法，例如，一般取 $d_1=n/2$，$d_{i+1}=d/2$。希尔排序法的时间效率与所取的增量序列有关，如果增量序列为

$$d_i=n/2，\ d_{i+1}=d_i/2 \ (n \text{ 为等待排序序列的数据元素个数})$$

则在最坏情况下，希尔排序法所需要的比较次数为 $O(n^{1.5})$。

4. 选择类排序法

选择类排序法每一趟从待排序序列中选出值最小的数据元素，顺序放在已排好序的有序子表的后面，直到全部序列满足排序要求为止。这里要介绍的是简单选择排序法。

简单选择排序法的过程如下。

先从所有 n 个待排序的数据元素中选择最小的数据元素，将该数据元素与第一个数据元素交换，再从剩下的 $n-1$ 个数据元素中选出最小的数据元素与第二个数据元素交换。重复这样的操作，直到所有的数据元素有序为止。

除简单选择排序法外，选择类排序法还有堆排序法、树形选择排序法(锦标赛排序法)等。

5. 各种排序法比较

综上所述，常用排序法的时间和空间复杂度如表 1-1 所示。

表 1-1　常用排序法的时间和空间复杂度

排　序　法	平均时间复杂度	最坏情况时间复杂度	空间复杂度
冒泡排序法	$O(n^2)$	$O(n^2)$	$O(1)$
简单插入排序法	$O(n^2)$	$O(n^2)$	$O(1)$
简单选择排序法	$O(n^2)$	$O(n^2)$	$O(1)$
快速排序法	$O(n\log_2 n)$	$O(n^2)$	$O(\log_2 n)$
堆排序法	$O(n\log_2 n)$	$O(n\log_2 n)$	$O(1)$

表 1-1 中未包括希尔排序法，因为希尔排序法的时间效率与所取的增量序列有关。

不同的排序法各有优缺点，可根据需要运用到不同的场合。

选取排序法时要考虑的因素有：待排序的序列长度 n、数据元素本身的大小、关键字的分布情况、对排序稳定性的要求、语言工具的条件、辅助空间的大小等。根据这些因素，可以得出以下结论。

(1) 如果 n 较小，可采用简单插入排序法和简单选择排序法，由于简单插入排序法所需数据元素的移动操作比简单选择排序法多，因而当数据元素本身信息量较大时，采用简单选择排序法较好。

(2) 如果文件的初始状态已是基本有序，则最好选用简单插入排序法或冒泡排序法。

(3) 如果 n 较大，则应选择快速排序法或堆排序法，快速排序法是目前内部排序法中性能最好的。当待排序的序列为随机分布时，快速排序法的平均时间最少，但堆排序法所需的辅助空间要小于快速排序法，并且不会出现最坏情况。

习　　题

1. 下列叙述中正确的是（　　）。
   A．循环队列有队头和队尾两个指针，因此循环队列是非线性结构
   B．在循环队列中，只要有队头指针就能反映队列中数据元素的动态变化情况
   C．在循环队列中，只要有队尾指针就能反映队列中数据元素的动态变化情况
   D．循环队列中数据元素的个数是由队头指针和队尾指针共同决定的
2. 下列叙述中正确的是（　　）。
   A．一个算法的空间复杂度大，则其时间复杂度也必定大
   B．一个算法的空间复杂度大，则其时间复杂度必定小
   C．一个算法的时间复杂度大，则其空间复杂度必定小
   D．算法的时间复杂度与空间复杂度没有直接关系
3. 下列叙述中正确的是（　　）。
   A．算法的效率只与问题的规模有关，而与数据的存储结构无关
   B．算法的时间复杂度是指执行算法所需要的计算工作量
   C．数据的逻辑结构与存储结构是一一对应的
   D．算法的时间复杂度与空间复杂度一定相关
4. 如果删除一个非零无符号二进制偶整数后的两个 0，则此数的值为原数的（　　）。
   A．4 倍　　　　　　　B．2 倍　　　　　　　C．1/2　　　　　　　D．1/4
5. 下列叙述中正确的是（　　）。
   A．有一个以上根节点的数据结构不一定是非线性结构
   B．只有一个根节点的数据结构不一定是线性结构
   C．循环链表是非线性结构
   D．双向链表是非线性结构
6. 下列数据结构中，属于非线性结构的是（　　）。
   A．循环队列　　　　B．带链队列　　　　C．二叉树　　　　D．带链栈

7. 下列链表中，其逻辑结构属于非线性结构的是(　　)。

　　A．二叉树链表　　　B．循环链表　　　C．双向链表　　　D．带链栈

8. 下列叙述中正确的是(　　)。

　　A．顺序存储结构的存储一定是连续的，链式存储结构的存储空间不一定是连续的

　　B．顺序存储结构只针对线性结构，链式存储结构只针对非线性结构

　　C．顺序存储结构能存储有序表，链式存储结构不能存储有序表

　　D．链式存储结构比顺序存储结构节省存储空间

9. 下列叙述中正确的是(　　)。

　　A．栈是先进先出的线性表

　　B．队列是先进后出的线性表

　　C．循环队列是非线性结构

　　D．有序线性表既可以采用顺序存储结构，又可以采用链式存储结构

10. 支持子程序调用的数据结构是(　　)。

　　A．栈　　　　　　　B．树　　　　　　　C．队列　　　　　　　D．二叉树

11. 下列叙述中正确的是(　　)。

　　A．循环队列中的数据元素个数随队头指针与队尾指针的变化而动态变化

　　B．循环队列中的数据元素个数随队头指针的变化而动态变化

　　C．循环队列中的数据元素个数随队尾指针的变化而动态变化

　　D．以上说法都不对

12. 在长度为 n 的有序线性表中进行二分查找，在最坏情况下需要比较的次数是(　　)。

　　A．$O(n)$　　　　B．$O(n^2)$　　　　C．$O(\log_2 n)$　　　　D．$O(n\log_2 n)$

13. 对于循环队列，下列叙述中正确的是(　　)。

　　A．队头指针是固定不变的

　　B．队头指针一定大于队尾指针

　　C．队头指针一定小于队尾指针

　　D．队头指针可以大于队尾指针，也可以小于队尾指针

14. 下列叙述中正确的是(　　)。

　　A．栈是一种先进先出的线性表

　　B．队列是一种后进先出的线性表

　　C．栈与队列都是非线性结构

　　D．以上说法都不对

15. 下列排序方法中，在最坏情况下比较次数最少的是(　　)。

　　A．冒泡排序法　　　　　　　　　　B．简单选择排序法

　　C．直接插入排序法　　　　　　　　D．堆排序法

16. 下列叙述中正确的是(　　)。

　　A．在栈中，栈中数据元素随栈底指针与栈顶指针的变化而动态变化

　　B．在栈中，栈顶指针不变，栈中数据元素随栈底指针的变化而动态变化

　　C．在栈中，栈底指针不变，栈中数据元素随栈顶指针的变化而动态变化

　　D．以上说法均不正确

17. 某系统总体结构如图 1-16 所示，该系统总体结构的深度是（　　）。

A. 7 　　　　　　　B. 6 　　　　　　　C. 5 　　　　　　　D. 4

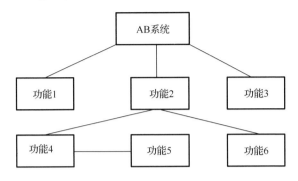

图 1-16　某系统总体结构

18. 一棵二叉树中共有 80 个叶子节点与 70 个深度为 1 的节点，则该二叉树中的总节点数为（　　）。

A. 219 　　　　　　B. 229 　　　　　　C. 230 　　　　　　D. 231

19. 某二叉树共有 12 个节点，其中叶子节点只有 1 个，则该二叉树的深度为（根节点在第一层）（　　）。

A. 3 　　　　　　　B. 6 　　　　　　　C. 8 　　　　　　　D. 12

20. 对长度为 n 的线性表进行快速排序，在最坏情况下比较次数为（　　）。

A. n 　　　　　　　B. $n-1$ 　　　　　　C. $n(n-1)$ 　　　　　D. $n(n-1)/2$

第 2 章 程序设计基础

内容提要：

本章首先介绍程序设计风格，然后对结构化程序设计和面向对象程序设计两种程序设计方法分别进行介绍。

重要知识点：

- 程序设计风格。
- 结构化程序设计的基本结构与设计原则。
- 面向对象程序设计的概念。

2.1 程序设计风格

程序设计并不等同于通常意义上的编程。程序设计由多个步骤组成，编程只是程序设计整个过程的一小步。程序的质量主要受到程序设计方法、技术和风格等因素的影响。本节主要介绍程序设计风格。

程序设计风格是指编程时所表现出的特点、习惯和逻辑思路。

良好的程序设计风格可以使程序结构清晰合理，程序代码便于维护。因此，程序设计风格深深地影响着软件的质量和维护，程序设计风格如表 2-1 所示。表 2-1 可以看成程序设计时应遵循的一组规范。

表 2-1 程序设计风格

风　　格	特　　点	代表性语言
面向机器	用机器指令为特定硬件系统编制程序，其目标代码短，运行速度和效率高，但可读性和移植性差	86 系列汇编语言
面向过程	用高级程序设计语言按计算机能够理解的逻辑来描述要解决的问题及其解决方法，是过程驱动的，程序的可读性和移植性好，其核心是数据结构和算法，但大型程序维护起来比较困难	Fortran（20 世纪 50 年代） BASIC（20 世纪 60 年代） C（20 世纪 70 年代）
面向对象	用面向对象的编程语言把现实世界的实体描述成计算机能理解、可操作、具有一定属性和行为的对象，将数据及数据的操作封装在一起，通过调用各对象的不同方法来完成相关事件，是事件驱动的，其核心是类和对象，程序易于维护、扩充	C++（20 世纪 80 年代） VB（20 世纪 90 年代） Object Pascal（20 世纪 90 年代） Java（20 世纪 90 年代）

1. 源程序文档化

源程序文档化是指在源程序中可包含一些内部文档，以帮助人们阅读和理解源程序。源程序文档化应考虑以下几点。

（1）符号名的命名：应具有一定的实际含义，以便于对程序功能的理解。

（2）程序注释：在源程序中添加正确的注释可以帮助人们理解程序。程序注释可分为序言性注释和功能性注释。

- 序言性注释位于程序的起始部分，说明整个程序模块的功能。它描述的内容主要包括程序标题、功能说明、主要的算法、模块接口、开发历史，以及程序设计者、复审者和复审日期、修改日期、对修改的解释。

● 功能性注释一般嵌套在源程序内，主要描述相关语句或程序段的功能。

(3) 视觉组织：通过在程序中添加一些空格、空行和缩进等，使人们在视觉上对程序的结构一目了然。

2．数据说明的方法

为使程序中的数据说明易于理解和维护，可采用以下数据说明的方法。

(1) 次序规范化：数据说明次序固定，则数据的属性容易查找，有利于测试、排错和维护。

(2) 变量安排有序化：当多个变量出现在同一条说明语句中时，变量名应按字母顺序排序，以便于查找。

(3) 使用注释：在定义一个复杂的数据结构时，应通过注释来说明该数据结构的特点。

3．语句结构

为使程序简单易懂，语句结构应该简单明了，每条语句都能直截了当地反映程序员的意图，不能为了提高效率而把语句结构复杂化。

2.2　结构化程序设计

由于软件危机的出现，人们开始研究程序设计方法，其中最受关注的方法是结构化程序设计，它引入了工程思想和结构化思想，使大型软件的开发和编制都得到了极大改善。

本节主要讲解结构化程序设计的原则、基本结构与特点及应用。

1．结构化程序设计的原则

结构化程序设计的重要原则有以下几条。

(1) 自顶向下：程序设计时，应先考虑总体，后考虑细节，先考虑全局目标，后考虑局部目标。

(2) 逐步求精：对复杂问题，应设计一些子目标进行过渡，逐步细化。

(3) 模块化：一个复杂的问题是由若干个简单的问题构成的，模块化就是把程序要解决的总目标分解为分目标，再进一步分解为具体的小目标，把每个小目标称为一个模块。

(4) 限制使用 GOTO 语句：程序中大量使用 GOTO 语句会导致程序结构混乱，所以要限制其使用。

2．结构化程序的基本结构与特点

1996 年，Boehm 与 Jacopini 证明了程序设计语言仅仅使用顺序结构、选择结构和重复结构，就足以表达各种其他结构的程序设计方法。它们的共同特征是：严格地只有一个入口和一个出口。采用结构化程序设计方法编写程序，可使程序结构易读、易理解、易维护。基本上，用这 3 种基本结构就可以实现结构化程序设计。

1) 顺序结构

顺序结构是指按照程序语句的先后顺序，自始至终，一条语句一条语句地顺序执行，它是最简单也是最常用的基本结构。顺序结构如图 2-1 所示。

2) 选择结构

选择结构又称分支结构，它包括简单选择和多分支选择。这种结构可以根据给定条件，判断执行哪一个分支中的语句，每一个分支都有机会被执行到，但是对于一次具体的执行，只能执行其中一条语句，不可能同时执行两条语句。选择结构如图 2-2 所示。

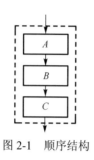

图 2-1　顺序结构

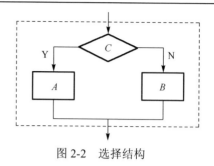

图 2-2　选择结构

3) 重复结构

重复结构又称为循环结构,它根据给定的条件判断是否重复执行某一段相同的运算(循环体)。利用重复结构可以大大简化程序的语句,重复结构分为当型和直到型两种,分别如图 2-3、图 2-4 所示。

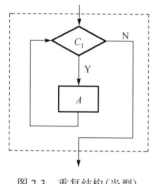

图 2-3　重复结构(当型)

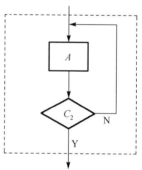

图 2-4　重复结构(直到型)

当型(WHILE 型)重复结构:先判断,后执行循环体。当条件 C_1 成立时,执行循环体(A 运算),然后再判断条件 C_1,如果仍然成立,再执行 A 运算,如此重复,直到条件 C_1 不成立为止,此时不执行 A 运算,程序退出循环结构,执行后面的运算。如果第一次判断条件 C_1 就不成立,则循环体(A 运算)将一次也不执行。

直到型(UNTIL 型)重复结构:先执行一次循环体(A 运算),然后判断条件 C_2 是否成立。如果条件 C_2 不成立,则再次执行 A 运算,然后再对条件 C_2 进行判断,如此重复,直到 C_2 条件成立为止,此时不再执行 A 运算,程序退出循环结构,执行后面的运算。无论给定的判断条件是否成立,循环体(A 运算)至少执行了一次。

总之,遵循结构化程序设计的原则,按结构化程序设计的方法设计出的程序具有以下明显的优点。

(1)程序易于理解、使用和维护。

(2)提高了编程工作效率,降低了软件开发成本。

3. 结构化程序设计的应用

在结构化程序设计的具体应用中,要注意把握以下原则。

(1)应当使用程序设计语言中的顺序、选择、循环等控制结构表示程序的控制逻辑。

(2)选用的控制结构只允许有一个入口和一个出口。

(3)复杂结构应该用嵌套的基本控制结构进行组合嵌套来实现。

(4)语言中所没有的控制结构，应该采用前后一致的方法来模拟。

(5)严格控制 GOTO 语句的使用。

2.3　面向对象程序设计

现在，面向对象程序设计已经发展为主流的软件开发方法。它历经了 30 多年的研究和发展，已经日益成熟和完善，其应用也越来越深入和广泛。

面向对象程序设计是通过对类、子类和对象等的设计来体现的，类和对象是面向对象程序设计技术的核心。

本节主要介绍面向对象程序设计的一些基本概念及其优点。

1．面向对象程序设计的几个基本概念

面向对象程序设计的本质就是主张从客观世界固有的事物出发来构造系统，提倡用人类在现实生活中常用的思维方法来认识、理解和描述客观事物。

关于面向对象程序设计，对其概念有许多不同的看法和定义，但都涵盖了对象及对象属性、方法、类、继承性、多态性几个基本要素。下面分别介绍面向对象程序设计中几个重要的基本概念。

1)对象(Object)

概念：对象可以用来表示客观世界中的任何实体，它既可以是具体的物理实体的抽象，也可以是人为的概念，或者是任何有明确边界和意义的东西。例如，书本、课桌、教师、计算机等都可以看成一个对象。

组成：面向对象程序设计的方法中涉及的对象是系统中用来描述客观事物的一个实体，是构成系统的一个基本单位，它由一组静态特征和可执行的一组操作组成。

客观世界中的实体通常都既具有静态的属性，又具有动态的行为，因此，面向对象程序设计中的对象都是由该对象属性的数据及可以对这些数据施加的所有操作封闭在一起而构成的统一体。

例如，一辆汽车是一个对象，它包含了汽车的属性(如颜色、型号等)及其操作(如启动、刹车等)。

对象的基本特点如下。

(1)标识唯一性：对象可由内在本质来区分。

(2)分类性：将具有相同属性和操作的对象抽象为类。

(3)多态性：同一个操作可以是不同对象的行为，不同对象执行同一个操作产生不同的结果。

(4)封装性：从外面只能看到对象的外部特征，其内部属性和方法中的算法都是不可见的。只需要知道数据的取值范围和可以对该数据施加的操作，而无须知道数据的具体结构及实现操作的算法。

(5)模块独立性好：对象是面向对象软件的基本模块，它是由数据及施加在这些数据上的操作所组成的统一体，而且对象是以数据为中心的，操作围绕数据来处理，没有无关的操作。

2)类(Class)

类是定义了对象特征、对象外观和行为的模板，具有共同属性、共同方法的对象的集合，是关于对象的抽象描述，反映了属于该对象类型的所有对象的性质。类是关于对象性质的描述，它同对象一样，包括一组数据属性和在数据上的一组操作。

例如,"大学生"是一个类,它描述了所有大学生的性质。因此,任何大学生都是"大学生"这个类的一个对象。

3) 属性(Property)

属性是对象的特征,包括静态属性和动态属性。

静态属性:又称状态,在计算机内用变量表示。

动态属性:又称行为,在计算机内用方法表示。

4) 方法(Method)

方法是与对象相联系的由程序执行的一个处理过程,类似于面向过程中的函数。

5) 事件(Event)

事件是由对象识别的一个动作。

6) 消息(Message)

面向对象程序设计是通过对象与对象彼此的相互合作来推动的,对象间的这种相互合作需要一个机制来协助,这样的机制称为消息。

消息是一个实例与另一个实例之间传递的信息,它请求对象执行某一处理或回答某一要求的信息,它统一了数据流和控制流。一个消息由 3 部分组成:接收消息的对象的名称、消息标识符(又称消息名)、零个或多个参数。

7) 继承性(Inheritance)

继承是面向对象方法的一个主要特征。继承是使用已有的类定义作为基础(直接获得已有的性质和特征)建立新类的定义技术。继承能够直接获得已有的性质和特征,而不必重复定义它们。

8) 多态性(Polymorphism)

对象根据所接收的消息做出动作,同样的消息被不同的对象接收时可导致完全不同的行动,该现象称为多态性。

2. 面向对象的软件开发过程

面向对象的软件开发过程可以大体划分为 3 个阶段:面向对象的分析(Object Oriented Analysis,OOA)、面向对象的设计(Object Oriented Design,OOD)、面向对象的实现(Object Oriented Programming,OOP)。

3. 面向对象程序设计的优点

1) 与人类习惯的思维方法一致

面向对象的技术以对象为核心,对象是由数据和容许的操作组成的封装体,与客观实体有直接的对应关系。对象之间通过传递消息互相联系,以模拟现实世界中不同事物彼此之间的联系,如 CD 播放器、媒体播放器、软件窗口等。

2) 稳定性好

面向对象的软件系统的结构是根据问题领域的模型建立起来的,当对系统的功能需求发生变化时并不会引起软件结构的整体变化,往往仅做一些局部性的修改。

3) 可重用性好

软件重用是指在不同的软件开发过程中重复使用相同或相似软件元素(一般称为类)的过程。重用是提高软件生产率的最主要的方法。

利用可重用的软件成分构造新的软件系统,一个对象类可以重复使用,对象类可以创建,也可以在已有的类上修改,但不影响原有类。

4) 易于开发大型软件产品

可以把一个大型产品当作一系列相互独立的小产品来处理，这样不仅降低了技术难度，而且使开发工作的管理变得容易。

5) 可维护性好

一般用传统的面向过程的方法开发出来的软件很难维护，而用面向对象的方法开发出来的软件可维护性好，表现为稳定性较好，易于修改、理解、测试和调试。

习　　题

1. 结构化程序设计中，下面对 GOTO 语句的使用描述正确的是(　　)。
   A. 禁止使用 GOTO 语句　　　　　B. 使用 GOTO 语句程序效率高
   C. 应避免滥用 GOTO 语句　　　　D. 以上说法均错误
2. 面向对象程序设计中，将对象的数据和操作结合于统一体中的是(　　)。
   A. 结合　　　　B. 封装　　　　C. 隐藏　　　　D. 抽象
3. 结构化程序设计的基本原则不包括(　　)。
   A. 多态性　　　　B. 自顶向下　　　　C. 模块化　　　　D. 逐步求精
4. 结构化程序设计所要求的基本结构不包括(　　)。
   A. 顺序结构　　　　　　　　　　B. GOTO 跳转
   C. 选择(分支)结构　　　　　　　D. 重复(循环)结构
5. 在面向对象程序设计中，依靠(　　)来实现信息隐蔽。
   A. 对象的继承　　B. 对象的封装　　C. 对象的多态　　D. 对象的标识唯一
6. 下面对对象概念的描述正确的是(　　)。
   A. 对象间的通信靠消息传递　　　　B. 对象是名字和方法的封装体
   C. 任何对象必须有继承性　　　　　D. 对象的多态性是指一个对象有多个操作
7. 下列选项中属于面向对象程序设计主要特征的是(　　)。
   A. 继承　　　　B. 自顶向下　　　　C. 模块化　　　　D. 逐步求精
8. 在面向对象程序设计中，不属于"对象"基本特点的是(　　)。
   A. 一致性　　　　B. 分类性　　　　C. 多态性　　　　D. 标识唯一性
9. 在面向对象程序设计中，继承是指(　　)。
   A. 一组对象所具有的相似性质　　　B. 一个对象具有另一个对象的性质
   C. 各对象之间的共同性质　　　　　D. 类之间共享属性和操作的机制

第3章　软件工程基础

内容提要：

本章首先介绍软件及软件危机的定义，软件生命周期、软件工程的目标与原则等基本概念；然后分别对需求分析方法、结构化设计方法、软件测试和程序调试等内容进行介绍。

重要知识点：

- 软件工程与软件危机。
- 软件生命周期。
- 结构化设计方法。
- 概要设计。
- 详细设计。
- 软件测试。
- 程序调试。

3.1　软件工程的基本概念

软件工程是一门研究软件开发与维护的普遍原理和技术的工程学科，其研究范围非常广泛，包括软件开发的技术方法、软件开发的工具、软件开发过程中的管理及软件的维护等许多方面。

软件工程包括 3 个要素，即方法、工具和过程。方法是完成软件工程项目的技术手段；工具能够支持软件的开发、管理及文档生成；过程能够支持软件开发各个环节的控制和管理。

软件工程的核心思想是把软件看作一个工程产品来处理。把需求计划、可行性研究、工程审核、质量监督等工程化的概念引入软件生产中，以期实现工程项目的 3 个基本要素(进度、经费和质量)的目标。

1. 软件的定义与特点

软件(Software)是计算机系统中与硬件相互依存的另一部分，包括程序、数据及相关文档的完整集合。

软件按功能可以分为应用软件、系统软件、支撑软件。

(1)应用软件：是为解决特定领域的应用而开发的软件，如 Office、事务处理软件、人工智能软件等。

(2)系统软件：是计算机管理自身资源、提高计算机使用效率，并为计算机用户提供各种服务的软件，如操作系统、编译程序、汇编程序、网络软件等。

(3)支撑软件：是介于系统软件与应用软件之间，协助用户开发软件的工具性软件。

2. 软件危机

软件危机是指在计算机软件开发和维护过程中所遇到的一系列严重问题，如如何开发软件、如何满足对软件日益增长的需求、如何维护已有的软件等。软件危机主要有以下表现。

(1)软件需求的增长得不到满足，用户对系统不满意的情况经常发生。

(2)软件开发成本和进度无法控制，开发成本超出预算，开发周期大大超过规定日期的情况经常发生。

(3)软件质量难以保证。

(4)软件不可维护或维护程度非常低。

(5)软件成本不断提高。

(6)软件开发生产率的提高赶不上硬件的发展和应用需求的增长。

总之，可以将软件危机归结为成本、质量、生产率等问题。

3. 软件工程的过程与软件生命周期

1)软件工程的过程

ISO 9000 定义：软件工程的过程是指把输入信息转化为输出信息的一组彼此相关的资源和活动。软件工程包括以下两方面内涵。

内涵一：软件工程是指为了获得软件产品，在软件工具的支持下由软件工程师完成的一系列软件工程的活动。基于这个内涵，软件工程的过程通常包括以下 4 种基本活动。

- P(Plan)——软件规格说明，规定软件的功能及运行时间限制；
- D(Do)——软件开发，产生满足规格说明的软件；
- C(Check)——软件确认，确认软件能够满足用户的要求；
- A(Action)——软件演进，为满足客户要求，软件必须在使用过程中不断演进。

内涵二：从软件开发的观点看，它就是使用适当的资源(包括人员、软/硬件工具、时间等)为开发软件进行的一组开发活动，在过程结束时将输入信息转化为输出信息。

2)软件生命周期

一个软件从提出、实现、使用维护到停止使用、退役的过程称为软件生命周期。软件产品从考虑其概念开始，到该软件产品不能使用为止的整个时期都属于软件生命周期。软件生命周期如表 3-1 所示，一般包括可行性研究与计划制订、需求分析、软件设计、软件实现、软件测试、运行和维护等活动。

表 3-1　软件生命周期

序　号	周期名称	主　要　任　务
1	可行性研究与计划制订	确定软件系统的开发目标和总体要求，给出它的功能、性能、可靠性及接口等方面的可能方案，制订完成开发任务的实施计划
2	需求分析	对待开发软件提出的需求进行分析并给出详细定义，编写软件规格说明书及初步的用户手册，提交评审
3	软件设计	系统设计人员和程序设计人员应该在反复理解软件需求的基础上给出软件结构、模块划分、功能的分配及处理流程；在系统比较复杂时，设计阶段可分解成概要设计阶段(总体设计)和详细设计阶段；编写概要设计说明书、详细设计说明书和测试计划初稿，提交评审
4	软件实现	把软件设计转换为计算机可以接受的程序代码，即完成程序编写；编写用户手册、操作手册等面向用户的文档；编写单元测试计划
5	软件测试	在设计测试用例的基础上，检验软件的各个组成部分，编写测试分析报告
6	运行和维护	将交付的软件投入运行，并在运行中不断维护，根据新提出的需求进行必要的扩充和删改

4. 软件工程的目标与原则

1)软件工程的目标

软件工程的目标是在给定成本、进度的前提下，开发出具有有效性、可靠性、可理解性、可维护性、可重用性、可适应性、可移植性、可追踪性和可互操作性且满足用户需求的产品。

基于软件工程的目标，软件工程的理论和技术性研究的内容主要包括软件开发技术和软件工程管理。

(1)软件开发技术：包括软件开发方法学、开发过程、开发工具和软件工程环境，其主要内容是软件开发方法学。

软件开发方法学是指根据不同的软件类型，按不同观点和原则，对软件开发中应遵循的策略、原则、步骤和必须产生的文档资料做出规定，从而使软件开发能够进入规范化和工程化的阶段，以克服早期的手工方法生产时的随意性和非规范性做法。

(2)软件工程管理：包括软件管理学、软件工程经济学、软件心理学等。

软件工程管理是软件按工程化生产时的重要环节，它要求按照预先制订的计划、进度和预算执行，以实现预期的经济效益和社会效益。

软件工程经济学是研究软件开发中成本的估算、成本效益分析的方法和技术，用经济学的基本原理研究软件工程开发中的经济效益问题。

软件心理学则从个体心理、人类行为、组织行为和企业文化等角度研究软件管理与软件工程。

2)软件工程的原则

为了达到软件工程的目标，在软件开发过程中，必须遵循软件工程的基本原则，包括抽象、信息隐蔽、模块化、局部化、确定性、一致性、完备性和可验证性。这些原则适用于所有的软件项目。软件工程的原则如表3-2所示。

表3-2　软件工程的原则

软件工程原则	具 体 描 述
抽象	采用分层次抽象、自顶向下、逐层细化的办法控制软件开发过程的复杂性
信息隐蔽	将模块设计成"黑箱"，实现的细节隐藏在模块内部，不让模块的使用者直接访问它，即遵循信息封装、使用与实现分离的原则
模块化	模块化有助于信息隐蔽和抽象，有助于表示复杂的系统
局部化	要求在一个物理模块内集中逻辑上相互关联的计算机资源，保证模块之间具有松散的耦合关系，模块内部具有较强的内聚性，这有助于控制分解的复杂性
确定性	软件开发过程中所有概念的表达应是确定的、无歧义的、规范的
一致性	整个软件系统的各个模块应使用一致的概念、符号和术语；程序内、外部接口应保持一致；软件和硬件、操作系统的接口应保持一致；系统规格说明与系统行为应保持一致
完备性	软件系统不丢失任何重要成分，可以完全实现系统所要求的功能；为了保证系统的完备性，在软件开发和运行过程中需要严格的技术评审
可验证性	开发大型的软件系统必须对系统自顶向下逐层分解。系统分解时应遵循系统易于检查、测试、评审的原则，以确保系统的正确性

软件工程的理论和技术性研究如图3-1所示。

3)软件开发工具与软件工程环境

软件开发工具和软件工程环境是软件工程方法得以实施的重要保证。

(1)软件开发工具。早期的软件开发由于缺少工具的支持，使编程工作量大，质量和进度难以保证。软件开发工具的完善和发展可以促进软件开发方法的进步和完善，保障软件开发的高速度和高质量。软件开发工具为软件工程方法提供了半自动或自动的软件支撑环境。

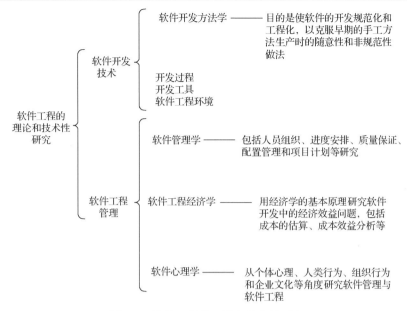

图 3-1　软件工程的理论和技术性研究

（2）软件工程环境。软件工程环境又称软件开发环境，是全面支持软件开发全过程的软件工具集合。这些软件工具按照一定的方法或模式组合起来，支持软件生命周期内各个阶段和各项任务的完成。

计算机辅助软件工程（Computer Aided Software Engineering，CASE）是当前软件工程环境中富有特色的研究工作和发展方向。CASE 将各种软件工具、开发机器和一个存放过程信息的中心数据库组合起来，形成软件工程环境。一个良好的软件工程环境将最大限度地降低软件开发的技术难度并使软件开发的质量得到保证。

3.2　需求分析方法

软件开发方法是软件开发过程所遵循的方法和步骤，其目的在于有效地得到一些工作产品，即程序和文档，并满足质量要求。下面具体介绍需求分析方法。

3.2.1　需求分析与需求分析方法

1．需求分析

需求分析是指分析用户对目标系统的功能、行为、性能、设计约束等方面的期望。需求分析的任务是发现需求并求精、建模和定义需求的过程。需求分析将创建所需的数据模型、功能模型和控制模型。

对软件需求的深入理解是软件开发工作获得成功的前提。需求分析是一项艰巨、复杂的工作。因为只有用户才真正知道自己需要什么，但是他们并不知道怎样用软件实现自己的需求，因此他们对软件需求的描述可能不够准确、具体；或者分析人员知道怎样用软件实现用户的需求，但是在需求分析开始时，他们对用户的需求却并不十分清楚，必须与用户不断沟通。

需求分析阶段的工作概括地说，可以分为 4 个方面：需求获取、需求分析、编写需求规格说明书和需求评审。

(1)需求获取：了解用户当前所处的情况，发现用户所面临的问题和对目标系统的基本需求；接下来应该与用户深入交流，对用户的基本需求反复细化、逐步求精，以得出对目标系统的完整、准确和具体的需求。

(2)需求分析：对获取的需求进行分析和综合，最终给出系统的解决方案和目标系统的逻辑模型。

(3)编写需求规格说明书：需求规格说明书是需求分析的阶段性成果，它可以为用户、分析人员和设计人员之间的交流提供方便，直接支持目标软件系统的确认，又可以作为控制软件开发进程的依据。

(4)需求评审：它是需求分析的最后一关，对需求分析阶段的工作进行复审并验证需求文档的一致性、可行性、完整性和有效性。

2．需求分析方法

需求分析方法可以分为结构化分析方法和面向对象的分析方法。

结构化分析方法：包括面向数据流的结构化分析(Structured Analysis，SA)方法、面向数据结构的 Jackson 系统开发(Jackson System Development，JSD)方法和面向数据结构的结构化数据系统开发(Data Structured System Development，DSSD)方法。

面向对象的分析方法：面向对象分析(Objective-Oriented Analysis，OOA)是面向对象软件工程方法的第一个环节，包括一套概念原则、过程步骤、表示方法、提交文档等规范要求。

另外，根据需求分析建立的模型特性来分，需求分析方法又分为静态分析方法和动态分析方法。

3.2.2　结构化分析方法

1．结构化分析方法的实质

结构化分析方法的实质是着眼于数据流，自顶向下，逐层分解，建立系统的处理流程，以数据流图和数据字典为主要工具，建立系统的逻辑模型。

2．结构化分析方法的常用工具

1)数据流图

数据流图是描述数据处理过程的工具，是需求理解的逻辑模型的图形表示，它直接支持系统的功能建模。数据流图所用主要图形元素如表 3-3 所示。

表 3-3　数据流图所用主要图形元素

符　号	○	→	▭	▭
意　义	加工(转换)	数据流	存储文件	源

在数据流图中，对所有的图形元素都进行了命名，它们都是对一些属性和内容抽象的概括。一个软件系统对其数据流图的命名必须有相同的理解，否则将会严重影响以后的开发工作。

2)数据字典

数据字典是结构化分析方法的核心。数据字典是对所有与系统相关的数据元素的一个有组织的列表，有精确的、严格的定义，使用户和系统分析人员对输入、输出、存储和中间结果有共同的理解。

数据字典的作用是对数据流图中出现的被命名的图形元素进行确切解释。通常数据字典包含的信息有名称、别名、何处使用/如何使用、内容描述、补充信息等。

数据字典中有 4 种类型的条目：数据流、数据项、数据加工和存储。

数据字典中的常用符号如表 3-4 所示。

表 3-4　数据字典中的常用符号

符　号	含　义
=	表示"等价于"、"定义为"或"由什么构成"
+	表示"和""与"
[⋯|⋯]	表示"或"，即从方括号内列出的若干项中选择一个，通常用"|"号隔开供选择的项
{ }	表示"重复"，即重复花括号内的项，$n\{\}m$ 表示最少重复 n 次，最多重复 m 次
( )	表示"可选"，即圆括号里的项可有可无，也可理解为可以重复 0 次或 1 次
**	表示"注解"
..	表示"连接符"

3）判定树

使用判定树进行描述时，应先从问题定义的文字描述中分清哪些是判定条件、哪些是判定的结论，根据描述材料中的连接词找出判定条件之间的从属关系、并列关系、选择关系，并根据它们构造判定树。

4）判定表

判定表与判定树相似，当数据流图中的加工要依赖多个逻辑条件的取值，即完成该加工的一组动作是由某一组条件取值的组合而引发的，则使用判定表描述更加适宜。

判定表由以下 4 部分组成。

（1）基本条件：列出各种可能的条件。

（2）条件项：列出各种可能的条件组合。

（3）基本动作：列出所有的操作。

（4）动作项：列出在对应的条件组合下所选的操作。

3.2.3　软件需求规格说明书

软件需求规格说明书（Software Requirement Specification，SRS）是需求分析阶段的最后成果，是软件开发过程中的重要文档之一。

（1）软件需求规格说明书的作用：便于用户、开发人员进行理解和交流；反映出用户问题的结构，可以作为软件开发工作的基础和依据；作为确认测试和验收的依据。

（2）软件需求规格说明书的内容：把在软件需求中确定的软件范围加以展开，给出完整的数据描述、详细功能说明、恰当的检验标准及其他与需求有关的数据。

（3）软件需求规格说明书的重要性：是确保软件质量的有力措施，衡量软件好坏的标准。软件需求规格说明书的标准如表 3-5 所示。

表 3-5 软件需求规格说明书的标准

名 称	含 义
正确性	SRS 首先要正确地反映待开发系统,体现系统的真实要求
无歧义性	对每一个需求只有一种解释,其陈述具有唯一性
完整性	SRS 要涵盖用户对系统的所有需求,包括全部有意义的需求,如功能、性能、设计、约束、属性或外部接口等方面的需求
可验证性	SRS 描述的每一个需求都可以在有限代价的有效过程中验证确认
一致性	各个需求的描述之间不能有逻辑上的冲突
可理解性	SRS 必须简明易懂,尽量少包含计算机的概念和术语,以便用户和软件人员都能接受它
可修改性	SRS 的结构风格在有需要时不难改变
可追踪性	每一个需求的来源、流向是清楚的,当产生和改变文档编制时,可以方便地引证每一个需求

3.3 结构化设计方法

在需求分析阶段,使用数据流图和数据字典等工具已经建立了系统的逻辑模型,解决了"做什么"的问题。接下来的软件设计阶段,是解决"怎么做"的问题。

3.3.1 软件设计的基本概念

1. 软件设计的基础

软件设计的基本目标是用比较抽象概括的方式确定目标系统如何完成预定的任务,也就是说,软件设计的基本目标是确定系统的物理模型。

软件设计是软件工程的重要阶段,是一个把软件需求转换为软件表示的过程。

软件设计是开发阶段最重要的步骤。从工程管理角度来看,软件设计可以分为两步:概要设计和详细设计。从技术观点来看,软件设计包括软件结构设计、数据设计、接口设计、过程设计 4 个步骤。软件设计的划分如表 3-6 所示。

表 3-6 软件设计的划分

划 分	名 称	含 义
按工程管理角度	概要设计	将软件需求转化为软件体系结构,确定系统及接口、全局数据结构或数据库模式
	详细设计	确立每个模块的实现算法和局部数据结构,用适当方法表示算法和数据结构的细节
按技术观点	结构设计	定义软件系统各主要部件之间的关系
	数据设计	将分析时创建的模型转化为数据结构的定义
	接口设计	描述软件内部、软件和协作系统之间,以及软件与人之间的通信
	过程设计	把系统结构部件转换为软件的过程描述

2. 软件设计的基本原理

软件设计遵循软件工程的基本目标和原则,建立了在软件设计中应该遵循的基本原理和与软件设计有关的概念。

抽象:是人类在认识复杂现象的过程中使用的最强有力的思维工具。抽象就是抽出事物的本质特性,将相似的方面集中和概括起来,而暂时不考虑它们的细节,暂时忽略它们之间的差异。

模块化：把软件划分为独立命名且可以独立访问的模块，每个模块完成一个子功能，把这些模块集成起来构成一个整体，可以完成指定的功能以满足用户的需求。模块化是为了把复杂的问题自顶向下逐层分解成许多容易解决的小问题，这样原来的问题也就容易解决了。模块化使程序结构清晰，容易阅读、理解、测试和调试。

信息隐蔽：应用模块化原理时，自然会产生的一个问题是"为了得到最好的一组模块，应该怎样分解软件？"信息隐蔽原理指出，设计和确定模块时，应使得一个模块内包含的信息(过程和数据)对于不需要这些信息的模块来说，是不能访问的。

模块独立性：每个模块只能完成系统某些独立的子功能，并且与其他模块的联系最少且接口简单。模块独立性的高低是设计好坏的关键，而设计又是决定软件质量的关键环节。通常使用内聚性和耦合性度量软件的模块独立性。

内聚性是对一个模块内的各元素彼此紧密结合程度的度量。内聚性排列如表 3-7 所示。内聚性由弱到强分为偶然内聚、逻辑内聚、时间内聚、过程内聚、通信内聚、顺序内聚和功能内聚。

表 3-7　内聚性排列

分　类	含　义
偶然内聚	一个模块内的各元素之间没有任何联系
逻辑内聚	模块内各元素执行几个逻辑上相关的功能，通过参数确定该模块完成哪一个功能
时间内聚	需要同时或顺序执行的动作组合在一起形成的模块
过程内聚	一个模块内的各元素是相关的，而且必须以特定次序执行
通信内聚	模块内所有处理功能都通过使用公用数据而发生关系
顺序内聚	一个模块内的各元素和同一个功能密切相关，而且这些元素必须按顺序执行，通常前一个元素的输出就是下一个元素的输入
功能内聚	模块内的所有元素共同完成一个功能，缺一不可，模块已不可再分

耦合性是对模块间相互紧密结合程度的度量。耦合性排列如表 3-8 所示。按耦合性由低到高排列分为非直接耦合、数据耦合、标记耦合、控制耦合、外部耦合、公共耦合和内容耦合。

表 3-8　耦合性排列

分　类	含　义
非直接耦合	两个模块没有直接关系，它们之间的联系完全是通过主模块的控制和调用来实现的
数据耦合	一个模块访问另一个模块，被访问模块的输入信息和输出信息都是数据项参数，即两个模块之间通过数据项参数交换信息
标记耦合	当两个以上的模块都需要其余某一个数据结构的子结构时，不是用其余全局变量的方式而是用记录传递的方式来使用这个数据结构的子结构，即两个模块之间通过数据交换信息
控制耦合	指一个模块明显地把开关量、名字等信息送入另一个模块，控制另一个模块的功能
外部耦合	指一组模块都访问同一个全局简单变量，且不通过参数表传递该全局变量的信息
公共耦合	指一组模块都访问同一个全局简单数据结构
内容耦合	指一个模块直接访问另一个模块的内容

3. 结构化设计方法

结构化设计方法是指采用最佳的方法设计系统的各组成部分及各组成部分之间的内部联系的技术。

3.3.2　概要设计

概要设计又称总体设计，概要设计的基本任务如下。

1．设计软件系统结构

在概要设计阶段，须进一步分解、划分模块，划分的具体过程如下。

(1)采用某种设计方法，将一个复杂的系统按功能划分成模块。

(2)确定每个模块的功能。

(3)确定模块之间的调用关系。

(4)确定模块之间的接口，即模块之间传递的信息。

(5)评价模块结构的质量。

2．数据设计

数据设计是实现需求定义和规格说明过程中提出的数据对象的逻辑表示。数据设计的具体任务是：确定输入、输出文件的详细数据结构；结合算法设计，确定算法的逻辑数据结构及其操作；确定需要对逻辑结构进行操作的程序模块，限制和确定各个数据设计决策的影响范围；要与操作系统或调度程序接口所必需的控制表进行数据交换时，确定其详细的数据结构和使用规则；要进行数据的保护性设计；要进行数据的防卫性、一致性、冗余性设计。

3．编写概要设计文档

在概要设计阶段，需要编写的文档有概要设计说明书、数据库设计说明书、集成测试计划等。

4．概要设计文档的评审

概要设计文档的评审内容：概要设计是否完整地实现了需求中规定的功能、性能等要求，设计方案的可行性，关键性处理及内部接口定义的正确性、有效性，各部分的一致性等。其作用是防止在以后的设计中出现问题而返工。

综上所述，概要设计的基本任务如图 3-2 所示。

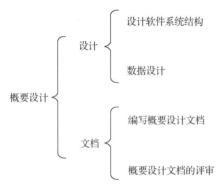

图 3-2　概要设计的基本任务

3.3.3　详细设计

详细设计的任务是为软件结构图中的每一个模块确定实现算法和局部数据结构，用某种选定的过程设计工具表示算法和数据结构的细节。常见的过程设计工具如下。

- 图形工具：程序流程图(一般流程图)、N-S 图、PAD、HIPO 图。
- 表格工具：判定表。
- 语言工具：PDL(伪码)。

1．程序流程图

程序流程图是一种传统的、应用广泛的软件过程设计表示，通常又称程序框图。构成程序流程图的最基本图符有：控制流(→或↓)、加工步骤(　　　)、逻辑条件(　　　)。

按照结构化程序设计要求，由程序流程图构成的任何程序都可用 5 种控制结构来描述。程序流程图的 5 种控制结构如图 3-3 所示。

（1）顺序结构：由几个连续的加工步骤依次排列构成。

（2）选择结构：由某个逻辑判断式的取值决定选择两个加工中的一个。

（3）当型重复结构：先判断循环控制条件是否成立，成立则执行循环体语句。

（4）直到型重复结构：重复执行某些特定的加工，直到循环控制条件成立。

（5）多分支选择结构：列举多种加工情况，根据控制变量的取值（条件），选择执行其中之一。

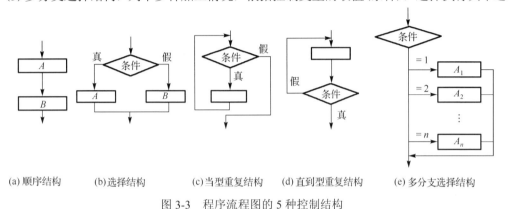

(a)顺序结构　　(b)选择结构　　(c)当型重复结构　　(d)直到型重复结构　　(e)多分支选择结构

图 3-3　程序流程图的 5 种控制结构

2．N-S 图

N-S 图又称盒图，是结构化编程中的一种可视化建模。N-S 图类似于程序流程图，但不同之处在于 N-S 图可以表示程序的结构。

N-S 图的 5 种控制结构如图 3-4 所示。

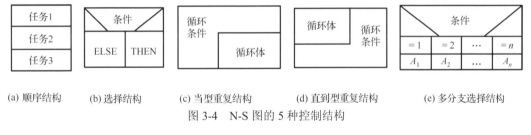

(a) 顺序结构　　(b) 选择结构　　(c) 当型重复结构　　(d) 直到型重复结构　　(e) 多分支选择结构

图 3-4　N-S 图的 5 种控制结构

3．PAD

PAD 是问题分析图（Problem Analysis Diagram）的英文缩写，PAD 用二维树形结构图来表示程序的控制流，将这种图翻译成程序代码比较容易。

PAD 的 5 种控制结构如图 3-5 所示。

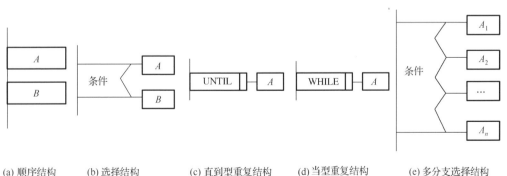

(a) 顺序结构　　(b) 选择结构　　(c) 直到型重复结构　　(d) 当型重复结构　　(e) 多分支选择结构

图 3-5　PAD 的 5 种控制结构

4．PDL

PDL 是过程设计语言(Procedure Design Language)的英文缩写，又称伪码。一般来说，PDL 是一种"混合"语言，它使用一种语言(英语)的词汇，同时却使用另一种语言(某种结构化的程序设计语言)的语法。用 PDL 表示的基本控制结构的常用词汇如表 3-9 所示。

表 3-9　用 PDL 表示的基本控制结构的常用词汇

基本控制结构	常 用 词 汇
选择结构	If/Then/Else/Endif
循环结构	Do While/Enddo、Repeat Until/Endrepeat
分支结构	Case_of/When/Select/Whens/Elect/Endcase

3.4　软件测试

在软件投入运行之前，应进行软件测试，以尽可能多地发现软件中的错误。软件测试是保证软件质量的重要手段，其主要过程涵盖了整个软件的生命周期。软件测试包括需求定义阶段的需求测试、编码阶段的单元测试、集成测试，以及后期的确认测试、系统测试，验证软件是否合格、能否交付用户使用等。

软件测试是为了发现错误而执行程序的过程，是使用人工或自动手段来运行或测定某个系统的过程，其目的在于检验它是否满足规定的需求或弄清预期结果与实际结果之间的差别。

3.4.1　软件测试技术与方法综述

软件测试的方法和技术是多种多样的。软件测试根据软件是否要执行分为静态测试与动态测试；按照测试方法可分为白盒测试与黑盒测试。

1．静态测试与动态测试

1)静态测试

静态测试包括代码检查、静态分析、代码质量度量等。

代码检查：主要检查代码和设计的一致性，包括代码逻辑表达的正确性、代码结构的合理性等方面。

静态分析：是对代码的机械性、程序化的特性进行分析的方法，包括控制流分析、接口分析、表达式分析。

2)动态测试

静态测试实际上不运行软件，主要通过人工方法进行分析。动态测试是基于计算机的测试，是为了发现错误而执行程序的过程，可通过实用例子去执行程序，以发现错误。

动态测试的关键是设计高效、合理的测试用例。测试用例就是为测试设计的数据，由测试输入数据和预期的输出结果两部分组成。测试用例的设计方法一般分为两类：白盒测试和黑盒测试。

2．白盒测试与黑盒测试

白盒测试是指把程序看成一只透明的白盒子，测试者完全了解程序的设计结构和处理过程。它根据程序的内部逻辑来设计测试用例，检查程序中的逻辑通路是否按预定的要求正确工作。

黑盒测试是指把程序看成一只黑盒子，测试者完全不了解或不考虑程序的结构和处理过程。它根据规格说明书的功能来设计测试用例，检查程序的功能是否符合规格说明的要求。

3. 白盒测试的主要方法与测试用例设计

白盒测试又称结构测试或逻辑驱动测试，它根据软件产品的内部工作过程，检查内部成分，以确认每种内部操作均符合设计规格要求。

白盒测试的基本原则：保证所测试模块中每个独立路径至少执行一次；保证所测试模块所有判断的每个分支至少执行一次；保证所测试模块每个循环都在边界条件和一般条件下各执行一次；验证所有内部数据结构的有效性。

白盒测试的主要方法有逻辑覆盖测试、基本路径测试等。

1）逻辑覆盖测试

逻辑覆盖测试是指一系列以程序内部的逻辑结构为基础的测试用例设计技术。程序中的逻辑表示有判断、分支、条件等几种。

(1) 语句覆盖：是指选择足够多的测试用例，使程序中每条语句至少都能被执行一次。语句覆盖是逻辑覆盖中基本的覆盖，尤其对单元测试来说，但是语句覆盖往往没有关注判断中的条件有可能隐含的错误。

(2) 路径覆盖：是指执行足够的测试用例，使程序中所有可能的路径都至少执行一次。

(3) 判定覆盖：是指保证设计的测试用例，使程序中每个取值分支至少执行一次。

(4) 条件覆盖：是指保证设计的测试用例，使程序中每个判断的每个条件的可能取值至少执行一次。

(5) 判定—条件覆盖：是指设计足够的测试用例，使判断中每个条件的所有可能取值至少执行一次，同时每个判断的所有可能取值分支至少执行一次。

2）基本路径测试

基本路径测试的思想和步骤：根据软件过程性描述中的控制流程图确定程序的环路复杂性度量，用此度量定义基本路径集合，并由此导出一组测试用例对每一条独立执行的路径进行测试。

4. 黑盒测试的主要方法与测试用例设计

黑盒测试又称功能测试或数据驱动测试。黑盒测试对软件已经实现的功能是否满足需求进行测试和验证。黑盒测试完全不考虑程序内部的逻辑结构和内部特征，只依据程序的需求和功能规格说明，检查程序功能是否符合它的功能说明。

黑盒测试主要诊断内容：功能不对或有遗漏、界面错误、数据结构或外部数据库访问错误、性能错误、初始和终止条件错误。

黑盒测试的主要方法有等价类划分法、边界值分析法、错误推测法、因果图等。

1）等价类划分法

等价类划分法是一种典型的黑盒测试方法。它将程序所有可能的输入数据划分为若干部分，然后从每个等价类中选取数据作为测试用例。每个等价类中各个输入数据对发现程序错误的概率几乎是相同的。因此，从每个等价类中只取一组数据作为测试数据，这样选取的测试数据最具代表性，最可能发现程序中的错误，并且大大减少了需要的测试数据。使用等价类划分法设计测试方案，得到划分输入集合的等价类。等价类包括有效等价类和无效等价类。

有效等价类：合理、有意义的输入数据构成的集合。

无效等价类：不合理、无意义的输入数据构成的集合。

2）边界值分析法

边界值分析法是对各种输入、输出范围的边界情况设计测试用例的方法。大量的实践表明，使用边界值分析法设计测试用例时，应该选取刚好等于、稍小于和稍大于等价类边界值的数据作为测试数据，这样发现程序中错误的概率较大，而不是选取每个等价类内的典型值或任意值作为测试数据。

通常设计测试方案时，总是将等价类划分法和边界值分析法结合使用。

3）错误推测法

人们可以依靠经验和直觉推测程序中可能存在的各种错误，从而有针对性地检查这些错误的例子。错误推测法是一种凭直觉和经验推测某些可能存在的错误，从而针对这些可能存在的错误设计测试用例的方法。这种方法没有机械的执行过程，主要依靠直觉和经验。

错误推测法针对性强，可以直接切入可能的错误，是一种非常实用、有效的方法。

3.4.2　软件测试的实施

软件测试是保证软件质量的重要手段，软件测试是一个过程，其测试流程是该过程规定的程序，目的是使软件测试工作系统化。

软件测试一般按4步进行：单元测试、集成测试、确认测试和系统测试。

1．单元测试

单元测试是对软件设计的最小单位——模块(程序单元)进行正确性检验的测试。单元测试的目的是发现各模块内部可能存在的各种错误。单元测试的依据是详细设计说明书和源程序。单元测试可以采用静态测试和动态测试。动态测试通常以白盒测试为主，测试其结构；以黑盒测试为辅，测试其功能。

单元测试针对的单个模块通常不是一个独立的程序，要考虑该模块和其他模块的调用关系。在单元测试中，用一些辅助模块去模拟与被测模块相关联的其他模块，即为测试模块设计驱动模块和桩模块，构成一个模拟的执行环境，进行测试。

2．集成测试

集成测试是测试和组装软件的过程。它把模块按照设计要求组装起来同时进行测试，主要目的是发现与接口有关的错误。集成测试主要用于发现设计阶段产生的错误，其依据是概要设计说明书，通常采用黑盒测试。

集成测试包括软件单元的接口测试、全局数据结构测试、边界条件和非法输入的测试等。

集成测试通常采用两种方式将模块组装成程序：非增量方式和增量方式。

非增量方式是先分别测试每个模块，再把所有模块按设计要求组装在一起进行整体测试，因此，非增量方式又称一次性组装方式。

增量方式是把要测试的模块同已经测试好的那些模块连接起来进行测试，测试完以后再把下一个应测试的模块连接起来进行测试。

3．确认测试

确认测试的任务是验证软件的功能和性能及其他特性是否满足需求规格说明书中确定的

各种需求，以及软件配置是否完全、正确。它是以需求规格说明书作为依据的测试。确认测试通常采用黑盒测试。

确认测试首先测试程序是否满足需求规格说明书所列的各项要求，然后要进行软件配置复审。复审的目的在于保证软件配置齐全、分类有序，以及软件配置所有成分的完备性、一致性、准确性和可操作性，并且包括软件维护所必需的细节。

4．系统测试

系统测试是指将通过测试确认的软件作为一个基于计算机系统的元素，与计算机硬件、外部设备、支持软件、数据和人员等其他元素组合在一起，在实际运行环境下对计算机系统进行一系列的集成测试和确认测试。

系统测试的目的是在真实的系统工作环境下检验软件是否能与系统正确连接，发现软件与系统需求不一致的地方。系统测试一般包括功能测试、性能测试、操作测试、配置测试、外部接口测试、安全性测试等。

3.5 程 序 调 试

1．基本概念

对程序成功进行测试之后就要进行程序调试(通常称为排错：Debug)。程序调试的任务是诊断和改正程序中的错误。软件测试贯穿整个软件生命周期，而程序调试主要在开发阶段。

程序调试由两部分组成，一是根据错误的迹象确定程序中错误的确切性质、原因和位置；二是对程序进行修改，排除错误。

2．程序调试方法

程序调试的关键在于推断程序内部的错误位置及原因。从是否跟踪和执行程序的角度来看，程序调试类似于软件测试，可分为静态调试和动态调试。静态调试主要通过人的思维来分析源程序代码和排错，是主要的调试手段，而动态调试是辅助静态调试的。程序调试的主要方法如下。

1) 强行排错法

强行排错法是寻找程序错误原因的很低效的方法，但作为传统的调试方法，目前仍经常使用。其过程可以概括为设置断点、程序暂停、观察程序状态和继续运行程序。在使用任何一种调试方法之前，都必须首先进行周密的思考，并有明确的目的，尽量减少无关信息的数量。

2) 回溯法

回溯法是一种相当常用的调试方法，这种方法适用于调试小程序。从最先发现错误现象的地方开始，人工沿程序的控制流逆向追踪分析程序代码，直到找出错误的原因或确定错误的范围。但是，随着程序规模的扩大，应该回溯的路径数目也变得越来越大，以至于彻底回溯变得完全不可能。

3) 原因排除法

二分法、归纳法和演绎法都属于原因排除法。

(1) 二分法。二分法的基本思路是，如果已经知道每个变量在程序内若干关键点的正确值，则可以通过赋值语句或输入语句在程序中给这些变量赋正确值，然后运行程序并检查所得到的输出结果。如果输出结果正确，则说明错误的原因在程序的前半部分；反之，错误的原因在程序的后半部分。对错误原因所在的那部分再重复使用这个方法,直到把出错范围缩小到可以诊断的程度为止。

(2)归纳法。归纳法是从个别推断出一般的系统化思维方法。使用归纳法进行调试时,首先把与错误有关的数据组织起来进行分析,然后导出对错误原因的一个或多个假设,并利用已有的数据来证明或排除这些假设,直到找到潜在的原因,从而找出错误。

(3)演绎法。演绎法是一种从一般原理或前提出发,经过排除和精化的过程推导出结论的思维方法。采用这种方法调试时,首先假设所有可能的出错原因,然后通过测试来逐个排除假设的原因。如果测试表明某个假设的原因可能是真的原因,则对数据进行细化以准确定位错误。

上述 3 种方法都可以使用调试工具辅助完成,但是工具并不能代替调试人员完成对全部设计文档和源程序的仔细分析与评估。

习　　题

1. 软件按功能可以分为应用软件、系统软件和支撑软件(或工具软件)。下面属于应用软件的是(　　　)。
   A. 学生成绩管理系统　　　　　　　B. C 语言编译程序
   C. UNIX 操作系统　　　　　　　　D. 数据库管理系统
2. 下面属于系统软件的是(　　　)。
   A. 财务管理系统　　　　　　　　　B. 数据库管理系统
   C. 编辑软件 Word　　　　　　　　 D. 杀毒软件
3. 下面描述不属于软件特点的是(　　　)。
   A. 软件是一种逻辑实体,具有抽象性
   B. 软件在使用中不存在磨损、老化问题
   C. 软件复杂性高
   D. 软件使用不涉及知识产权
4. 软件生命周期是指(　　　)。
   A. 软件的定义和开发阶段
   B. 软件的需求分析、设计与实现阶段
   C. 软件的开发阶段
   D. 软件产品从提出、实现、使用维护到停止使用、退役的过程
5. 软件工程的三要素是(　　　)。
   A. 方法、工具和过程　　　　　　　B. 建模、方法和工具
   C. 建模、方法和过程　　　　　　　D. 定义、方法和过程
6. 下面对软件工程的描述正确的是(　　　)。
   A. 软件工程是用工程、科学和数学的原则与方法研制、维护计算机软件的有关技术及管理方法
   B. 软件工程的三要素是方法、工具和进程
   C. 软件工程是用于软件的定义、开发和维护的方法
   D. 软件工程的目标是为了解决软件生产率的问题

7. 软件需求分析阶段的主要任务是（　　）。

　　A．确定软件开发方法　　　　　　　　B．确定软件开发工具

　　C．确定软件开发计划　　　　　　　　D．确定软件系统的功能

8. 下面能作为软件需求分析工具的是（　　）。

　　A．PAD　　　　　　　　　　　　　　B．程序流程图

　　C．甘特图　　　　　　　　　　　　　D．数据流程图

9. 下面不能作为结构化方法软件需求分析工具的是（　　）。

　　A．系统结构图　　　　　　　　　　　B．数据字典

　　C．数据流程图　　　　　　　　　　　D．判定表

10. 软件需求规格说明书的作用不包括（　　）。

　　A．软件验收的依据　　　　　　　　　B．用户与开发人员对软件要做什么的共同理解

　　C．软件设计的依据　　　　　　　　　D．软件可行性研究的依据

11. 软件设计中模块划分应遵循的准则是（　　）。

　　A．低内聚、低耦合　　　　　　　　　B．高耦合、高内聚

　　C．高内聚、低耦合　　　　　　　　　D．以上说法均错误

12. 下面不能作为软件设计工具的是（　　）。

　　A．PAD　　　　　　　　　　　　　　B．程序流程图

　　C．数据流程图　　　　　　　　　　　D．总体结构图

13. 软件测试的目的是（　　）。

　　A．评估软件可靠性　　　　　　　　　B．发现并改正程序中的错误

　　C．改正程序中的错误　　　　　　　　D．发现程序中的错误

14. 下面属于白盒测试方法的是（　　）。

　　A．等价类划分法　　　　　　　　　　B．逻辑覆盖测试

　　C．边界值分析法　　　　　　　　　　D．错误推测法

15. 在黑盒测试方法中，设计测试用例的主要根据是（　　）。

　　A．程序内部逻辑　　　　　　　　　　B．程序外部功能

　　C．程序数据结构　　　　　　　　　　D．程序流程图

16. 下面属于黑盒测试方法的是（　　）。

　　A．语句覆盖　　　　　　　　　　　　B．逻辑覆盖测试

　　C．边界值分析法　　　　　　　　　　D．路径覆盖

17. 下面不属于软件测试实施步骤的是（　　）。

　　A．集成测试　　　　B．回归测试　　　　C．系统测试　　　　D．单元测试

18. 下面对软件测试和软件调试有关概念叙述错误的是（　　）。

　　A．严格执行测试计划，排除测试的随意性

　　B．程序调试通常又称 Debug

　　C．软件测试的目的是发现错误和改正错误

　　D．设计正确的测试用例

第4章 数据库设计基础

内容提要：

本章首先介绍数据库系统的基本概念，然后对常用数据模型进行介绍，最后对关系代数的基本操作和应用实例进行讲解。

重要知识点：

- 数据库系统相关概念。
- 数据库系统的内部结构体系。
- 数据模型。
- 关系模型及其基本运算。

4.1 数据库系统的基本概念

数据库技术是计算机领域的一个重要分支，数据库技术是作为一门数据处理技术发展起来的。随着计算机应用的普及和深入，数据库技术变得越来越重要。本节主要讲解数据库系统的基本概念、特点、内部体系结构及发展历史。

4.1.1 数据、数据库、数据库管理系统

1. 数据

数据（Data）实际上就是描述事物的符号记录。

描述事物的符号可以是数字，也可以是文字、声音、图形、图像等。数据有多种表现形式。

数据库系统中的数据具有长期持久的特点，它们被称为持久性数据。而一般存放在计算机内存中的数据被称为临时性数据。

软件中的数据有一定的结构，数据有型（类型 Type）和值（Value）。整型、实型是指数据的类型，如 15 为数据的值。随着应用的扩大，数据的型也在扩大，如多种相关数据以一定结构方式组合构成数据框架，又称数据结构。数据库中的数据称为数据模式。

过去的软件系统中以程序为主体，数据从属于程序。而近十年来，数据在软件系统中的地位发生了变化，在数据库系统及数据库应用系统中，数据占有主体地位，而程序变为附属地位。在数据库系统中，要对数据进行集中、统一管理，以达到数据被多个应用程序共享的目标。

2. 数据库

数据库（Data Base，DB）是数据的集合，它具有统一的结构形式并存放于计算机存储介质内，是多种应用数据的集成，并可以被各个应用程序所共享。

数据库中的数据按一定的数据模型组织、描述和存储，具有较小的冗余度、较高的数据独立性和易扩展性，并可为各种用户（应用程序）所共享。通俗地讲，数据库就是存放数据的仓库，只不过数据是按数据所提供的数据模式存放的。

数据库中的数据具有两大特点：集成与共享。

3．数据库管理系统

数据库管理系统(Data Base Management System，DBMS)是系统软件，负责对数据库的数据进行组织、操纵、维护、服务等。

数据库管理系统是数据库系统的核心，它位于用户与操作系统之间，从软件分类的角度来说，属于系统软件。数据库管理系统的功能如表 4-1 所示。数据库管理系统语言如表 4-2 所示。

表 4-1　数据库管理系统的功能

功 能 名 称	功 能 说 明
数据模式定义	为数据库构建其数据框架
数据存取的物理构建	为数据模式存取及构建提供有效的存取方法和手段
数据操纵	为用户使用数据库中的数据提供方便，它提供查询、插入、修改、删除数据功能，以及不定期计算及统计功能
数据的完整性、安全性定义与检查	数据库中的数据具有共享性，为了防止在共享使用时出现错误，系统提供了对数据是否被正确使用的检查，以保持数据的安全性和完整性
数据库的并发控制与故障恢复	数据库是一个集成、共享的数据集合体，它能为多个应用程序服务，当多个应用程序并发操作时，数据库管理系统可以控制和管理数据库，使数据库不受破坏
数据服务	数据库管理系统可以对数据库中的数据进行复制、转存、重组、性能监测、分析等

表 4-2　数据库管理系统语言

语 言 分 类	功　　能
数据定义语言(DDL)	负责数据模式定义与数据的物理存取
数据操纵语言(DML)	负责数据的查询、增加、删除、修改操作
数据控制语言(DCL)	负责数据完整性、安全性定义与检查，以及并发控制、故障恢复等

4．数据库系统

数据库系统(Data Base System，DBS)是指引进数据库技术后的计算机系统，它能够有组织地、动态地存储大量相关数据，并为数据处理和信息资源共享提供方便。

数据库系统由 5 部分组成：数据库(数据)、数据库管理系统(软件)、数据库管理员(人员)、系统平台之一(硬件)、系统平台之二(软件)。

5．数据库应用系统

数据库应用系统(Data Base Application System，DBAS)是指系统开发人员利用数据库资源开发出来的、面向某一类实际应用的软件系统。数据库应用系统具体包括数据库、数据库管理系统、数据库管理员和用户、硬件平台、软件平台、应用软件、应用界面。

4.1.2　数据库系统的发展

数据管理的发展历程如表 4-3 所示。

文件系统阶段是数据库系统发展的初级阶段，它具有提供简单的数据共享与数据管理的能力，但是它缺少提供完整、统一的管理和数据共享能力。

然后出现了数据库系统。层次数据库与网状数据库的发展为统一管理与共享数据提供了有力支撑，但是，由于它们脱胎于文件系统，所以这两种系统也存在不足。

表 4-3　数据管理的发展历程

发展阶段	时　间	管 理 特 点
人工管理阶段	20 世纪50 年代前	数据与程序不具有独立性,一组数据对应一个程序,一个程序中的数据不能被其他程序使用,程序与程序之间存在重复数据,称为数据冗余。数据不能长期保存
文件系统阶段	20 世 纪 50～60年代	程序文件和数据文件可以独立存放,数据文件可多次使用。数据文件的数据为满足一个特定应用而存储,不同程序中使用的数据仍会出现重复存储,也会导致数据冗余
数据库系统阶段	20 世纪 60 年代后期	为了实现计算机对数据的统一管理,达到数据共享的目的,发展了数据库技术。数据库技术能够有效地管理和存取大量的数据资源,包括提高数据共享性,多用户同时访问数据库数据,减少数据冗余度等
关系数据库系统阶段	20 世纪 70 年代出现,80 年代得到发展	关系数据库系统结构简单、使用方便、逻辑性强。这一时期产生了各种专用数据库系统:工程数据库系统、图形数据库系统、图像数据库系统、统计数据库系统、知识库系统、分布式数据库系统、并行式数据库系统、面向对象数据库系统

关系数据库系统在 20 世纪 80 年代以后一直占据数据库领域的主导地位。

一般认为,未来的数据库系统应支持数据管理、对象管理和知识管理,应该具有面向对象的基本特征。

4.1.3　数据库系统的特点

1. 数据的集成性

数据的集成性表现在以下几方面。

(1)在数据库系统中,采用统一的数据结构方式(二维表)。

(2)在数据库系统中,按照多个应用的需要组织全局统一的数据结构(即数据模式),既要建立全局的数据结构,又要建立数据间的语义联系,从而构成一个内在紧密联系的数据实体。

(3)数据库系统中的模式由全局数据结构构成,局部结构(如视图)是全局结构的一部分,这种全局与局部相结合的结构模式构成了数据集成性的主要特征。

2. 数据高共享性与低冗余性

由于数据集成使得数据可为多个应用所共享,特别是在网络发达的今天,数据库与网络的结合扩大了数据的应用范围。数据共享可极大减少数据冗余和不必要的存储空间。

3. 数据独立性

数据独立性指数据与程序之间互不依赖,也就是说,数据的逻辑结构、存储结构与存取方式的改变不会影响应用程序。数据独立性包括以下几方面内容。

(1)物理独立性:数据物理结构(如存储设备更换、物理存储方式)的改变不影响数据库的逻辑结构,也不会引起应用程序的变化。

(2)逻辑独立性:数据库整体逻辑结构(如修改数据、增加新数据类型、改变数据间联系等)改变,无须修改应用程序。

4. 数据统一管理与控制

数据库系统不仅为数据提供高度集成环境,同时还为数据提供统一管理手段。

(1)数据的完整性检查:检查数据库中数据的正确性,以保证数据正确。

(2)数据的安全性保护:检查数据库访问者,以防止非法访问。

(3)并发控制:控制多个应用的并发访问所产生的相互干扰,以保证其正确性。

4.1.4　数据库系统的内部结构体系

数据库的产品很多,它们支持不同的数据模型,使用不同的数据库语言,基于不同的操作系统,数据的存储结构也各不相同,但它们的体系结构基本上都具有相同的特征。它们均采用"三级模式和两级映射",这是数据库管理系统内部的系统结构。

1) 三级模式

数据库系统的三级模式是概念模式、外模式和内模式。

(1) 概念模式:是数据库系统中全局数据逻辑结构的描述,是全体用户公共数据视图。

(2) 外模式:又称子模式或用户模式,它是用户的数据视图,也是用户能够看见和使用的局部数据的逻辑结构与特征描述,是与某一应用有关的数据逻辑表示,由概念模式推导而出。

(3) 内模式:又称物理模式,它给出了数据库物理存储结构与物理存取方法。

模式的 3 个级别层次反映了模式的 3 个不同环境及它们的不同需求。其中,内模式处于中心位置,它反映了数据在计算机物理结构中的实际存储形式;概念模式处于中层,它反映了设计者的数据全局逻辑要求;外模式处于最外层,它反映了用户对数据的要求。

2) 两级映射

数据库系统存在以下两级映射。

(1) 概念模式到内模式的映射:数据库只有一个概念模式和一个内模式,所以概念模式到内模式的映射是唯一的,它定义了概念模式描述的全局逻辑结构和内模式描述的存储结构之间的对应关系。当内模式改变时,只要修改概念模式到内模式的映射即可,概念模式可以保持不变,从而使应用程序保持不变,保证了数据的物理独立性。

(2) 外模式到概念模式的映射:对于每个外模式,数据库系统都提供一个外模式到概念模式的映射,它定义了该外模式描述的数据局部逻辑结构和概念模式描述的全局逻辑结构之间的对应关系。当概念模式改变时,只要修改外模式到概念模式的映射即可,外模式可以保持不变。由于应用程序是根据数据的外模式编写的,因此应用程序也不必修改,保证了数据的逻辑独立性。

4.2　数　据　模　型

现有的数据库系统都是基于某种数据模型而建立的,数据模型是数据库系统的基础,理解数据模型的概念对于学习数据库的理论是至关重要的。所谓模型,是对现实世界特征的模拟和抽象。人们对于具体的模型并不陌生,如地图、模型飞机和建筑设计沙盘都是具体的模型。

本节主要讲解数据模型的基本概念、E-R 模型、层次模型、网状模型和关系模型。

4.2.1　数据模型的基本概念

数据库中的数据模型可以将复杂的现实世界要求反映到计算机数据库中的物理世界,这种反映是一个研究逐步转化的过程。它由现实世界开始,经历信息世界而至计算机世界,从而完成整个转化。

现实世界:用户为了某种需要,将现实世界中部分需求用数据库实现。

信息世界：通过抽象对现实世界进行数据库级的刻画而构成的逻辑模型。信息世界与数据库的具体模型有关，如层次、网状、关系模型等。

计算机世界：在信息世界的基础上，用计算机物理结构描述，从而形成计算机世界。

数据是现实世界符号的抽象，而数据模型则是数据特征的抽象。数据模型从抽象层次上描述了数据库系统的静态特征、动态行为和约束条件，因此，数据模型通常由数据结构、数据操作及数据约束 3 部分组成。

(1)数据结构：主要描述数据的类型、内容、性质及数据间的联系等。数据结构是数据模型的基础，数据模型均以数据结构的不同进行分类。

(2)数据操作：主要描述在相应数据结构上的操作类型与操作方式。

(3)数据约束：主要描述数据结构间的语法、语义联系，以及它们之间的制约与依存关系、数据动态变化规则，以保证数据正确、有效与相容。

数据模型按不同应用层次分为以下 3 种类型。

(1)概念数据模型：又称概念模型，它是面向客观世界和用户的模型，它与具体的数据库管理系统和计算机平台无关。它主要着重于对客观世界复杂事物的结构描述及对它们之间联系的刻画，概念模型是整个数据模型的基础。目前，较为有名的概念模型有 E-R 模型、扩充的 E-R 模型等。

(2)逻辑数据模型：又称数据模型，它是一种面向数据库系统的模型。概念模型只有在转换成数据模型后才能在数据库中得以表示。目前，逻辑数据模型有多种，而应用最广的有层次模型、网状模型、关系模型、面向对象模型等。

(3)物理数据模型：又称物理模型，它是一种面向计算机物理表示的模型，此模型给出了数据模型在计算机中物理结构的表示。

4.2.2　E-R 模型

概念模型是面向现实世界的。它的出发点是有效和自然地模拟现实世界，给出数据的概念化结构。应用最为广泛的概念模型是 E-R 模型(或实体联系模型)。它采用了 3 个基本概念：实体、联系和属性。通常首先设计一个 E-R 模型，然后再将其转换成计算机能接受的数据模型。

1. E-R 模型的基本概念

实体：现实世界中的事物可以抽象为实体，实体是概念世界中的基本单位，它是客观存在的且又能相互区别的事物。凡是有共性的实体均可组成一个集体，称为实体集。例如，小李、小赵是实体，他们又均是学生，从而组成实体集。

属性：现实世界中的事物均有一些特征，这些特征可以用属性来表示。属性刻画了实体的特征。一个实体可以有若干个属性。每个属性可以有值，一个属性的取值范围称为该属性的值域。例如，学生有学号、姓名、性别、年龄等，这些都是属性；小李 20 岁、小赵 19 岁，这是值。

联系：现实世界中事物间的关联称为联系。在概念世界中联系反映了实体集间的一定关系。例如，读者与图书之间是阅读关系，工人与设备之间是操作关系，上下级之间是领导关系，生产者与消费者之间是供求关系。实体间的联系有多种，两个实体集间的联系可以分为以下几种。

(1)一对一联系简记为 1：1。例如，一个学校与一个校长是一对一联系。

(2)一对多联系简记为 1：m 或 m：1。例如，一个导师与多个学生是一对多联系；一个学生宿舍与多个学生是一对多联系。

(3)多对多联系简记为 m：n。例如，教师与学生是多对多联系，一个教师教多个学生，一个学生又可受教于多个教师。

2．E-R 模型的图示法

E-R 模型可以用图的形式表示，这种图称为 E-R 图，E-R 图可以直观地表达出 E-R 模型。在 E-R 图中，分别用不同的几何图形表示 E-R 模型中的概念与连接关系。E-R 模型的 5 种图示法如图 4-1 所示。

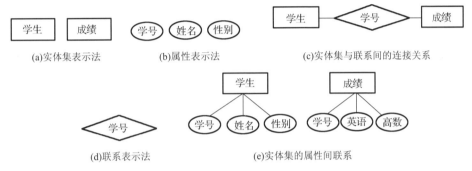

图 4-1　E-R 模型的 5 种图示法

4.2.3　层次模型和网状模型

1．层次模型

层次模型是最早发展起来的数据库模型。层次模型基本上是树形结构，这种结构方式在现实世界中很普遍，如家庭结构、行政组织结构，它们自顶向下、层次分明。

层次模型实际上是由若干表示实体间一对多联系的基本层次联系组成的一棵树，树上每个节点代表一个实体集。

2．网状模型

网状模型的出现略晚于层次模型。网状模型是一个不加任何条件限制的无向图。数据结构采用网状结构体及其之间的联系的模型称为网状模型。

网状模型的特点：允许一个或多个节点无父亲节点；一个节点可以有多于一个的父亲节点。网状模型上的节点就像连入互联网中的计算机一样，可以在任意两个节点之间建立起一条通路。

4.2.4　关系模型

1．关系的数据结构

关系模型采用二维表来表示，简称表。二维表由表框架及表的元组组成。表框架由 n 个命名的属性组成，n 称为属性元数。每个属性有一个取值范围，称为值域。表框架对应了关系的框，即关系模型。二维表示例如表 4-4 所示。

在表框架中可以按行存储数据，每行数据称为元组。一个元组实际上由 n 个元组分量组成，每个元组分量是表框架中每个属性的投影值。一个表框架可以存放 m 个元组，m 称为表的基数。

表 4-4　二维表示例

学　号	姓　名	性　别	年　龄	专　业
2005001	张浩然	男	19	自动化
2005002	李明	男	18	自动化
2005003	王伟	男	19	自动化
2005004	赵俏	女	18	自动化

一个 n 元表框架及框架内 m 个元组构成了一个完整的二维表。二维表一般满足以下性质。

(1)元组个数有限(元组个数有限性)。

(2)元组均不相同(元组唯一性)。

(3)元组次序可以任意交换(元组次序无关性)。

(4)元组分量是不可分割的基本数据项(元组分量原子性)。

(5)属性名各不相同(属性名唯一性)。

(6)属性与次序无关,可任意交换(属性次序无关性)。

(7)元组分量具有与该属性相同的值域(分量值域同一性)。

满足以上 7 个性质的二维表称为关系表。以二维表为基本结构建立的模型称为关系模型。二维表中有键或码的概念。键具有标识元组、建立元组间的联系等重要作用。

二维表中可能有若干个键,它们称为该表的候选码或候选键。从二维表的所有候选键中选取一个作为用户使用的键,称为主键或主码,又称键或码。主键只有一个。如果表 A 中某属性集是某表 B 的键,则称该属性集为 A 的外键或外码。

在关系元组的分量中允许出现空值(Null)以表示信息的空缺。但关系的主键中不允许出现空值,因为主键为空值则失去了其元组标识的作用。

关系框架与关系元组构成一个关系,而关系模式的集合构成一个关系数据库。关系的框架称为关系模式,而关系模式集合构成了关系数据库模式。

2. 关系操纵

关系操纵是建立在数据操纵之上的,一般包括数据查询、数据插入、数据删除及数据修改操作。

数据查询:对一个关系进行查询的基本单位是元组分量,基本操作是先定位后操作,将定位的数据从关系数据库中取出并放入指定的内存。

数据插入:数据插入仅对一个关系而言,在指定关系中插入一个或多个元组。

数据删除:数据删除的基本单位是一个关系内的元组,其功能是将指定关系内的指定元组删除,也就是先定位后删除。

数据修改:数据修改是在一个关系中修改指定的元组与属性。

3. 关系中的数据约束

关系模型中可以有 3 类完整性约束:实体完整性约束、参照完整性约束和用户定义完整性约束。其中,前两种完整性约束是关系模型,由关系数据库系统自动支持。用户定义完整性约束是指用户使用由关系数据库提供的完整性约束语言来设定约束条件,运行时由系统自动检查。

(1)实体完整性约束:该约束要求关系的主键中属性值不能为空值,这是数据库完整性的最基本要求,因为主键是唯一决定元组的。

(2)参照完整性约束:该约束是关系之间相关联的基本约束,它不允许引用不存在的元组,即在关系中的外键是所关联关系中实际存在的元组，或者就为空值。

(3)用户定义完整性约束：这是针对具体数据环境与应用环境由用户具体设置的约束，它反映了具体应用中数据的语义要求。

4.3 关系代数

关系数据库系统的特点之一是它建立在数学理论之上，有很多数学理论可以表示关系模型的数据操作，其中最著名的是关系代数与关系演算。这里主要介绍关系代数。

1. 关系模型中的基本操作

关系是由若干个不同的元组组成的，因此关系可视为元组集合。n 元关系是一个 n 元有序组的集合。关系模型有插入、删除、修改和查询 4 种操作，它们又可以分为以下 6 种基本操作。

(1)关系的属性指定：指定关系内的某些属性，用它确定二维表中的列。

(2)关系的元组选择：用一个逻辑表达式给出关系中所满足表达式的元组，用它确定二维表的行。

(3)两个关系的合并：将两个关系合并为一个关系。

(4)关系的查询：在一个关系或多个关系间进行查询，查询结果也为关系。

(5)关系元组的插入：在关系中添加一些元组。

(6)关系元组的删除：在关系中删除一些元组。

2. 关系模型的基本运算

关系是有序组的集合，可将关系操作看作集合的运算。查询可使用下面几种运算。

(1)投影运算：是一个一元运算，关系 R 通过投影运算后仍为一个关系。R' 是 R 中投影运算所指出的那些域的列所组成的关系。

(2)选择运算：是一个一元运算，关系 R 通过选择运算后仍为一个关系。这个关系是由 R 中那些满足逻辑条件的元组组成的。

(3)笛卡儿积运算：两个关系的合并操作可用笛卡儿积表示。设有 n 元关系 R 及 m 元关系 S，它们分别有 p、q 个元组，则 R 与 S 的笛卡儿积为 $R \times S$，该关系是一个 $n+m$ 元关系，元组个数是 $p \times q$。

3. 关系代数中的扩充运算

除了上述几个最基本的运算外，关系代数中为操作方便还要增添一些运算，称为扩充运算，这些运算均可由基本运算导出。

常用的扩充运算有交运算、除运算、连接运算及自然连接运算等。

(1)交运算：求两个关系中的共有元组，表示为 $R \cap S$。

(2)除运算：将一个关系中的元组去除另一个关系中的元组，表示为 T/S。

(3)连接运算：又称 θ 连接运算，通过它可以将两个关系合并为一个大关系。设两个关系为 R 和 S，i 是 R 中的域，j 是 S 中的域。θ 连接运算表示为 $R|\times|S$，也可表示为 $R|\times|S = \sigma_{i\theta j}(R \times S)$。

在 θ 连接运算中，i 与 j 要具有相同的域。θ 为 "=" 表示等值连接，否则为不等值连接；θ 为 "<" 表示小于连接；θ 为 ">" 表示大于连接。

(4)自然连接运算：它需要满足两个条件，一是两个关系有公共域；二是通过公共域的相等值进行连接。设两个关系为 R 和 S，R 域有 $A_1, A_2, \cdots, A_n$，S 域有 $B_1, B_2, \cdots, B_n$。自然连接运

算也表示为 $R|\times|S$，又可用下式表示：

$$R|\times|S=\pi A_1, A_2, \cdots, A_n, B_j, \cdots, B_m[\sigma A_{i1}=B_1{}^\wedge A_{i2}=\cdots=B_j(R\times S)]$$

4．关系代数的应用实例

关系代数虽然形式简单，但它已经足以表达对表的查询、插入、删除及修改等操作要求。下面通过一个实例来体会一下关系代数在查询方面的应用。

例如，设学生课程数据库中有学生 S、课程 C 和学生选课 SC 3 个关系，关系模式如下。

学生 S(Sno,Sname,Sex,SD,Age)

课程 C(Cno,Cname,Pcno,Credit)

学生选课 SC(Sno,Cno,Grade)

其中，Sno、Sname、Sex、SD、Age、Cno、Cname、Pcno、Credit、Grade 分别代表学号、姓名、性别、所在系、年龄、课程号、课程名、预修课程号、学分、成绩。

下面用关系代数表达式表达以下检索问题。

(1)查询选修课程名为"数学"的学生号和学生姓名。

$$\pi_{\text{Sno,Sname}}(\sigma_{\text{Cname}='数学'}(S \bowtie C \bowtie \text{SC}))$$

【注意】这是一个涉及 3 个关系的检索。

(2)查询选修了课程号为"1"和"3"的学生号。

$$\pi_1(\sigma_{1=4{}^\wedge 2='1'{}^\wedge 5='3'}(\text{SC} \bowtie \text{SC}))$$

(3)查询选修了"操作系统"或"数据库"课程的学号和姓名。

$$\pi_{\text{Sno,Sname}}\{S \bowtie [\sigma_{\text{Cname}='操作系统'\vee \text{Cname}='数据库'}(\text{SC} \bowtie C)]\}$$

(4)查询年龄为 18~20(含 18 和 20)的女生的学号、姓名及年龄。

$$\pi_{\text{Sno,Sname,Age}}[\sigma_{\text{Age}\leqslant 18{}^\wedge \text{Age}\geqslant 20}(S)]$$

(5)查询选修了"数据库"课程的学生的学号、姓名及成绩。

$$\pi_{\text{Sno,Sname,Grade}}[\sigma_{\text{Cname}='数据库'}(S \bowtie C \bowtie \text{SC})]$$

(6)查询选修全部课程的学生姓名及所在系。

$$\pi_{\text{Sname,SD}}\{S \bowtie [\pi_{\text{Sno,Cno}}(\text{SC})\div \pi_{\text{Cno}}(C)]\}$$

(7)查询选修包括"1024"号学生姓名所学课程的学生学号。

$$\pi_{\text{Sno,Cno}}(\text{SC})\div \pi_{\text{Cno}}[\sigma_{\text{Sno}='1024'}(\text{SC})]$$

(8)查询不选修"2"号课程的学生姓名和所在系。

$$\pi_{2,4}(\text{SC}) - \pi_{2,4}[\sigma_{6='2'}(S \bowtie \text{SC})]$$

习　　题

1．在数据管理的 3 个发展阶段中，数据的共享性好且冗余度最小的是(　　)。

  A．人工管理阶段   B．文件系统阶段

  C．数据库系统阶段   D．面向数据应用系统阶段

2. 在数据库管理系统提供的数据语言中，负责数据模式定义的是（　　）。

    A. 数据定义语言　　　　　　　　　B. 数据管理语言

    C. 数据操纵语言　　　　　　　　　D. 数据控制语言

3. 在数据库系统中，考虑数据库实现的数据模型是（　　）。

    A. 概念数据模型　　　　　　　　　B. 逻辑数据模型

    C. 物理数据模型　　　　　　　　　D. 关系数据模型

4. 在数据管理技术发展的 3 个阶段中，数据共享最好的是（　　）。

    A. 人工管理阶段　　　　　　　　　B. 文件系统阶段

    C. 数据库系统阶段　　　　　　　　D. 3 个阶段相同

5. 数据库系统的三级模式不包括（　　）。

    A. 概念模式　　　B. 内模式　　　　C. 外模式　　　　D. 数据模式

6. 在下列软件中，不属于系统软件的是（　　）。

    A. Office 2010　　　B. Windows 7　　　C. Linux　　　　D. 数据库管理系统

7. 在下述描述中，不属于数据库系统特点的是（　　）。

    A. 数据共享　　　B. 数据完整性　　C. 数据冗余度高　D. 数据独立性好

8. 在数据库技术中，为提高数据库的逻辑独立性和物理独立性，数据库的结构被划分为用户级、存储级和（　　）。

    A. 概念级　　　　B. 外部级　　　　C. 管理员级　　　D. 内部级

9. 在下列模式中，能够给出数据库物理存储结构与物理存取方式的是（　　）。

    A. 外模式　　　　B. 内模式　　　　C. 概念模式　　　D. 逻辑模式

10. 在数据库系统中，用于描述客观世界中复杂事物的结构及它们之间联系的是（　　）。

    A. 概念数据模型　　　　　　　　　B. 逻辑数据模型

    C. 物理数据模型　　　　　　　　　D. 关系数据模型

11. 在数据库设计中，将 E-R 图转换为关系数据模型的过程属于（　　）。

    A. 逻辑设计阶段　　　　　　　　　B. 需求分析阶段

    C. 概念设计阶段　　　　　　　　　D. 物理设计阶段

12. 层次型、网状型和关系型数据库的划分原则是（　　）。

    A. 记录长度　　　　　　　　　　　B. 文件的大小

    C. 联系的复杂度　　　　　　　　　D. 数据之间的联系方式

13. 在满足实体完整性约束的条件下，（　　）。

    A. 一个关系中应该有一个或多个候选关键字

    B. 一个关系中只能有一个候选关键字

    C. 一个关系中必须有多个候选关键字

    D. 一个关系中可以没有候选关键字

14. 如下所示，有 3 个关系 R、S、T，则由关系 R 和 S 得到关系 T 的运算是（　　）。

R		
A	B	C
a	1	2
b	2	1
c	3	1

S	
A	B
c	3

T
C
1

A. 自然连接运算　B. 交运算　　　C. 除运算　　　　　D. 并运算

15. 如下所示,有两个关系 R、S,由关系 R 通过运算得到关系 S,则所使用的运算是( )。

R		
A	B	C
a	3	2
b	0	1
c	2	1

S	
A	B
a	3
b	0
c	2

A. 选择运算　　　B. 投影运算　　　C. 插入运算　　　　D. 连接运算

16. 如下所示,有 3 个关系 R、S 和 T,由关系 R 和 S 通过运算得到关系 T,则所使用的运算为( )。

R	
A	B
m	1
n	2

S	
B	C
1	3
3	5

T		
A	B	C
m	1	3

A. 笛卡儿积运算　　　　　　　B. 交运算

C. 并运算　　　　　　　　　　D. 自然连接运算

17. 数据库设计过程不包括( )。

A. 概念设计　　　　　　　　　B. 逻辑设计

C. 物理设计　　　　　　　　　D. 算法设计

18. 在数据库设计中,描述数据间内在语义联系得到 E-R 图的过程属于( )。

A. 逻辑设计阶段　　　　　　　B. 需求分析阶段

C. 概念设计阶段　　　　　　　D. 物理设计阶段

第二部分

计算机基础知识

第5章 计算机及软/硬件系统

内容提要：

本章首先介绍计算机的发展、分类及应用，然后从硬件系统和软件系统两个方面对计算机系统进行了介绍。

重要知识点：

- 计算机的分类。
- 硬件系统。
- 软件系统。

5.1 计算机的发展、分类及应用

5.1.1 计算机的发展

在科学技术发展的历史长河中，计算工具经历了由简单到复杂、由低级到高级的不同阶段，例如，从原始社会的"结绳记事"到中国古代的算盘等。它们在不同的历史时期发挥了各自的作用，同时也孕育了计算机的设计思想和雏形。

1．机械计算机的发展

在电还没有产生的时候，机械计算机是工业革命的产物，相比古老的算盘已经跨出了很大的一步。

1642 年，法国数学家帕斯卡发明了世界上第一台机械式的加法计算器，它是利用齿轮传动原理制成的机械计算机，通过手摇方式操作运算。它被认为是世界上第一台机械计算机。1971 年发明的一种程序设计语言——Pascal 语言，就是为了纪念帕斯卡这位先驱，使他的名字永远留在计算机的时代里。

1671 年，德国数学家莱布尼兹发明了世界上第一台能够进行加、减、乘、除四则运算的机械式计算机。

1822 年，英国数学家巴贝奇设计了差分机和分析机。差分机设计理论非常超前，特别是利用卡片输入程序和数据的设计被早期电子计算机所采用。分析机是现代计算机的雏形。

2．电子计算机的研究

20 世纪初，随着机电工业的发展，出现了一些具有控制功能的元器件，并逐步为计算工具所采用。

1936 年，英国数学家图灵发表了著名的《论可计算数及其在判定课题中的应用》一文，在这篇论文中，图灵给"可计算性"下了一个严格的数学定义，并提出了一种用机器来模拟人们用纸笔进行数学运算的思想模型，通过该模型，可以制造一种十分简单但运算能力极强的计算装置，用来计算所有能想象到的可计算函数，这就是著名的图灵机。图灵机被公认为现代计算机的原型，这台机器可以读入一系列的 0 和 1，这些数字代表了解决某一问题所需的步骤，按这个步骤走下去，就可以解决某一特定问题。图灵的杰出贡献使他成为计算机界的第一人，为了纪念这位伟大的科学家，人们将计算机界的最高奖定名为"图灵奖"。

1942 年，美国爱荷华州立大学的文森特·阿塔纳索夫和他的学生贝利采用二进制数 0 和 1，设计出了一台以电子管为元器件并且能够利用电路执行逻辑运算的数字计算机，这台计算机被命名为"ABC 计算机"，即"Atanasoff-Berry Computer"，以纪念他们两人之间的合作。

3．电子计算机的诞生

研制电子计算机的想法产生于第二次世界大战期间。随着"二战"的爆发，战争带来了强大的新式武器的计算需求，美国陆军机械部在马里兰州的阿伯丁设立了"弹道研究实验室"，并拨款支持美国宾夕法尼亚大学电子工程系教授莫克利和他的研究生埃克特采用电子管建造一台通用电子计算机的计划，用来帮助军方计算弹道轨迹。

1946 年 2 月 14 日，世界上第一台电子数值积分式计算机(Electronic Numerical Integrator And Computer，ENIAC)诞生于美国的宾夕法尼亚大学，并于次日正式对外公布。

ENIAC 占地面积约为 $170m^2$，有 30 个操作台，重达 30t，功率为 150kW，造价为 48 万美元。它包含了 17468 个电子管，每秒可执行 5000 次加法或 400 次乘法运算，其计算速度是手工计算速度的 20 万倍。

ENIAC 诞生后，其本身还存在两大缺点：一是没有存储器，存储量太小，至多只能存储 20 个 10 位的十进制数；二是用布线接板进行程序控制，电路连线烦琐、耗时，每进行一次新的计算，都要用几小时甚至几天的时间重新连接线路，这完全抵消了计算机本身计算速度快所节省的时间。

参与研发 ENIAC 的美籍匈牙利数学家冯·诺依曼为了解决这个问题，在 1946 年提出了关于"存储程序"的改进方案。这个方案包含以下 3 点。

(1)计算机中程序运行和处理所需的数据以二进制形式存放在计算机的存储器中。

(2)程序和数据按执行顺序存放在存储器中，计算机在执行程序时，无须人工干预，能自动、连续地执行程序，并得到预期结果，这就是存储程序的概念。

(3)明确指出计算机应该由运算器、控制器、存储器、输入设备和输出设备 5 部分组成。人们把冯·诺依曼的这个理论称为冯·诺依曼体系结构。冯·诺依曼提出的体系结构奠定了现代计算机结构理论，被誉为计算机发展史上的里程碑，从第一代电子计算机到当前最先进的计算机都采用冯·诺依曼体系结构，直到现在，各类计算机仍没有完全突破冯·诺依曼体系结构的框架。冯·诺依曼被称为"计算机之父"。

4．电子计算机的发展

自世界上第一台电子计算机诞生至今，计算机技术以前所未有的速度迅猛发展。一般根据计算机所采用的物理元器件，将计算机的发展分为以下 4 个阶段。

1)第一代(1946—1959 年)：电子管

在硬件方面，外存储器采用水银延迟线，逻辑元器件采用真空电子管，主存储器采用穿孔卡带、纸带。在软件方面，采用机器语言和汇编语言。在应用领域，以军事和科学计算为主。其特点是体积大、功耗高、可靠性差、速度慢(一般为每秒数千次至数万次)、价格昂贵，但为以后的计算机发展奠定了基础。

2)第二代(1959—1964 年)：晶体管

在硬件方面，逻辑元器件采用晶体管，主存储器采用磁芯存储器，外存储器采用磁带。在软件方面，采用高级语言及其编译程序。在应用领域，以科学计算和事务处理为主，并开始进入工业控制领域。其特点是体积缩小、能耗降低、可靠性提高、运算速度提高(一般为每秒数十万次，可高达三百万次)、性能比第一代计算机有很大的提高。

3)第三代(1964—1970 年)：中、小规模集成电路

在硬件方面，逻辑元器件采用中、小规模集成电路，主存储器采用半导体存储器，外存储器采用磁带、磁盘。在软件方面，出现了分时操作系统，以及结构化、规模化程序设计方法。在应用领域，它开始进入文字处理和图形图像处理领域。其特点是速度更快(一般为每秒数百万次至数千万次)，而且可靠性有了显著提高，价格进一步下降，产品走向通用化、系列化和标准化。

4)第四代(1970 年至今)：大规模和超大规模集成电路

在硬件方面，逻辑元器件采用大规模和超大规模集成电路，主存储器采用半导体存储器，外存储器采用磁带、磁盘、光盘等大容量存储器。在软件方面，出现了数据库管理系统、网络管理系统和面向对象语言等。在应用领域，它从科学计算、事务管理、过程控制逐步走向家庭。其特点是运算速度大幅提高(一般为每秒数亿次至上万亿次)、体积小、价格便宜、使用方便。1971 年，世界上第一台微处理器在美国硅谷诞生，开创了微型计算机的新时代。

5.1.2　计算机的分类

随着计算机技术的发展，计算机家族日渐庞大、种类繁多。我们可以从不同角度对计算机进行分类。

1．按信息的表示方式分类

1)模拟式计算机

模拟式计算机用连续变化的模拟相量，即电压来表示信息，其基本运算部件由通过运算放大器构成的微分器、积分器、通用函数运算器等运算电路组成。模拟式计算机解题速度快、单精度不高、信息不易存储、通用性差，它一般用于解微分方程或自动控制系统设计中的参数模拟。

2)数字式计算机

数字式计算机用不连续的数字相量，即"0"和"1"来表示信息，其基本运算部件是数字逻辑电路。数字式计算机的精度高、存储量大、通用性强，能胜任科学计算、信息处理、实时控制、智能模拟等方面工作。人们通常所说的计算机就是指数字式计算机。

3)数模混合式计算机

数模混合式计算机是综合了数字式和模拟式两种计算机的长处设计出来的。它既能处理数字量，又能处理模拟量。但是这种计算机结构复杂、设计困难，应用较少。

2．按应用范围分类

1)专用计算机

专用计算机是为解决一个或一类特定问题而设计的计算机。其硬件和软件配置依据解决特定问题的需要而定，并不求全。专用计算机配有解决特定问题的固定程序，能高速、可靠地解决特定问题。一般在过程控制中使用此类计算机。

2）通用计算机

通用计算机是为解决各种问题并具有较强的通用性而设计的计算机。它具有一定的运算速度，有一定的存储容量，带有通用的外部设备，配备各种系统软件、应用软件。一般的数字式计算机多属此类计算机。

3．按规模和处理能力分类

1）巨型计算机（Super Computer）

巨型计算机通常是指目前运算速度最快、处理能力最强的计算机，又称超级计算机。巨型计算机实际上是一个巨大的计算机系统，主要用来承担重大的科学研究、国防尖端技术和国民经济领域的大型计算课题及数据处理任务。

2）大型计算机（Mainframe Computer）

大型计算机又称大型主机。大型计算机使用专用的处理器指令集、操作系统和应用软件。"大型计算机"一词最初是指装在非常大的带框铁盒子里的大型计算机系统，以便和一些小的迷你机和微型机区分开来。

3）小型计算机（Mini Computer）

小型计算机是指采用 8～32 个处理器，性能和价格介于 PC 服务器和大型主机之间的一种高性能 64 位计算机。

4）微型计算机（Personal Computer）

微型计算机简称微型机、微机。它是由大规模集成电路组成的体积较小的电子计算机。它是以微处理器为基础，配以内存储器、输入/输出（I/O）接口电路和相应的辅助电路的裸机。其特点是体积小、灵活性大、价格便宜、使用方便。

5）工作站（Workstation）

工作站是介于微型计算机和小型计算机之间的一种高档微型机，是一种以个人计算机和分布式网络计算为基础，通常配有高档的处理器、高分辨率的大屏幕显示器、大容量的内存储器和外存储器，具有较强的数据处理能力和高性能的图形功能的计算机。它主要面向专业应用领域，具备强大的数据运算与图形图像处理能力，是为满足工程设计、动画制作、科学研究、软件开发、金融管理、信息服务、模拟仿真等专业领域而设计开发的高性能计算机。

6）服务器（Server）

服务器又称伺服器。服务器是网络环境中的高性能计算机，它侦听网络上的其他计算机（客户机）提交的服务请求，并提供相应的服务。为此，服务器必须具有承担服务并且保障服务的能力。服务器是网站的灵魂，是打开网站的必要载体，用户无法浏览没有服务器的网站。

5.1.3　计算机的应用

计算机问世初期主要是为了科学计算，随着计算机技术的迅猛发展，数据处理能力和逻辑判断能力增强，计算机的应用已经遍及科学研究、军事技术和人们日常生活等各个方面。

1．科学计算

科学计算又称数值计算，是指利用计算机解决科学研究和工程设计方面的数学计算问题。应用计算机进行科学计算大大提高了科学研究的速度，例如，对于卫星运行轨迹预测、天气预报预测等，之前往往需要专家几天、几周甚至几个月才能完成计算，而用计算机运算可能只用几分钟就能取得准确结果。

2．数据处理

数据处理又称信息处理，是对原始数据进行收集、整理、分类、选择、存储、制表、检索、输出等的加工过程。这个"数据"不仅包含单纯的数字，还包含文字、图像、声音等信息。数据处理是计算机应用最重要的一个方面，涉及范围十分广泛，如文档排版、图书检索、财务管理等。

3．过程控制

过程控制是指利用计算机对生产过程、制造过程或运行过程进行检测与控制，及时搜集监测数据，按最佳值对过程进行调节控制。过程控制被广泛应用于工业环境控制，通过计算机监测可以减小对人的潜在损害，同时可以保证产品质量。

4．计算机辅助

计算机辅助是计算机应用较为广泛的一个领域，现有的设计几乎都可以通过计算机全部或部分实现。计算机辅助主要包括计算机辅助设计、计算机辅助教学、计算机辅助制造等。

5．网络通信

计算机技术和数字通信技术发展相融合产生了计算机网络。计算机网络由一些独立和具备信息交换能力的计算机互联构成，以实现资源共享。计算机在网络方面的应用使人类之间的交流跨越了时间和空间障碍。计算机网络已成为人类建立信息社会的物质基础，它给我们的工作带来了极大的方便和快捷，如全国范围内的银行信用卡的使用、火车和飞机票系统的使用等，以及可以在全球的互联网上进行浏览、检索信息、收发电子邮件、阅读书报、玩网络游戏、选购商品、参与众多问题的讨论、接受远程医疗服务等。

6．人工智能

人工智能(AI)是指使用计算机执行某些人类的智能活动。人工智能的主要内容是研究如何让计算机来完成过去只有人才能做的智能工作，核心目标是赋予计算机人脑一样的智能。人工智能一直是计算机界不断探索的一个领域，也一直是一个前沿领域。其研究内容主要包括智能机器人、专家系统等。目前，人工智能已经应用于机器人、医疗、计算机辅助教育等诸多方面。

7．多媒体应用

多媒体应用是指人们利用计算机实现文本、图形、图像、声音、视频、动画等各种信息综合的表现形式。多媒体应用拓宽了计算机的应用范围，使之可以应用于商业、服务业、广告宣传和家庭等各个方面。同时，多媒体技术和人工智能技术的有机结合促进了虚拟现实技术的发展。

5.1.4　计算机的发展趋势

随着科技的进步，各种计算机技术、网络技术飞速发展，计算机的发展已经进入一个快速而崭新的时代，计算机已经由功能单一、体积巨大发展为功能复杂、体积微小、资源网络化等。那么，未来计算机技术的发展又会沿着怎样的轨迹前进呢？

1．巨型化

巨型化是指为了适应尖端科学技术的需要，发展高速度、大存储容量和功能强大的超级计算机。随着人们对计算机的依赖性越来越强，人们对计算机的存储空间和运行速度等要求会越来越高，尤其在军事和科研教育方面。此外，计算机的功能也将更加多元化。

2．微型化

随着微型处理器(CPU)的出现，计算机中开始使用微型处理器，使计算机体积缩小了，成本降低了。另外，软件行业的飞速发展提高了计算机内部操作系统的便捷度，计算机外部设备也趋于完善。计算机理论和技术上的不断完善促使微型计算机很快渗透到全社会的各个行业和部门中，并成为人们生活和学习的必需品。

3．网络化

互联网将世界各地的计算机连接在一起，从此进入了互联网时代。计算机网络化彻底改变了人类世界，人们通过互联网进行沟通、交流，共享教育资源（文献查阅、远程教育等）、信息等，特别是无线网络的出现，极大地提高了人们使用网络的便捷性，未来计算机将会进一步向网络化方向发展。

4．智能化

计算机人工智能化是未来发展的必然趋势。现代计算机具有强大的功能和运行速度，但与人脑相比，其智能化和逻辑能力仍有待提高。人类在不断探索如何让计算机能够更好地反映人类思维，使计算机能够具有人类的逻辑思维判断能力，可以通过思考与人类沟通、交流，能够抛弃以往的通过编码程序来运行计算机的方法，直接对计算机发出指令。

5.2　计算机系统

一个完整的计算机系统包括硬件系统和软件系统两大部分。计算机系统组成如图 5-1 所示。硬件系统是组成计算机系统的各种物理设备的总称。软件系统是运行、管理、维护计算机而编制的各种程序、数据、文档的集合。

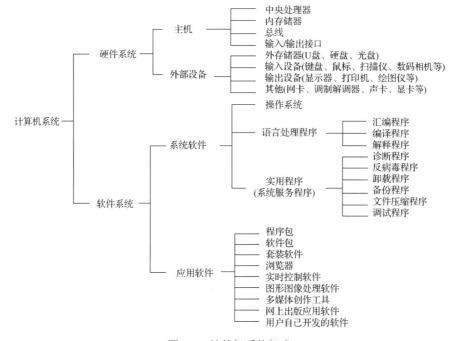

图 5-1　计算机系统组成

5.2.1 硬件系统

硬件系统是指构成计算机的所有实体部件的集合,通常这些部件由电路和电子元器件等物理部件组成。直观地看,硬件系统是指构成计算机的一些看得见、摸得着的物理设备,它是计算机软件运行的基础,也是计算机软件发挥作用、施展其技能的舞台。

计算机硬件系统的基本功能是接受计算机程序的控制来实现数据输入、运算、数据输出等一系列根本性的操作。虽然计算机的制造技术从计算机出现到今天已经发生了极大变化,但在基本的硬件结构方面,一直沿袭着冯·诺依曼体系结构,即计算机硬件系统由运算器、控制器、存储器、输入设备、输出设备 5 大部分构成。计算机主要设备之间的关系如图 5-2 所示。

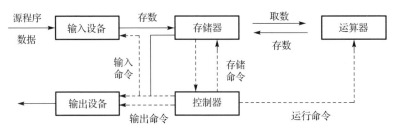

图 5-2　计算机主要设备之间的关系

1. 运算器

运算器(Arithmetic Logic Unit,ALU)是对信息进行加工、运算的部件,其主要部件是算术逻辑单元。运算器的主要功能是对二进制数进行算术运算(加、减、乘、除)、逻辑运算(与、或、非)和位运算(移位、置位、复位)。运算器能实现的运算非常有限,而复杂运算可以通过简单运算的组合实现。运算器具有惊人的运算速度,也正因如此,计算机才具有高速的特点。

运算器的性能指标是衡量整个计算机性能的重要因素之一,与运算器相关的性能指标包括计算机的字长和运算速度。

字长是指计算机运算一次能处理的二进制数据的位数。作为存储数据,字长越长,则计算机的运算精度就越高;作为存储指令,字长越长,则计算机的处理能力就越强。运算速度是指计算机每秒所能执行的加法指令条数,常用百万次/秒(MIPS)来表示。这个指标更能直接地反映计算机的速度。

2. 控制器

控制器(Control Unit,CU)是整个计算机的控制指挥中心,其功能是控制计算机各部件自动协调地工作。控制器负责从存储器中取出指令,然后进行指令的译码和分析,并产生一系列控制信号。这些控制信号按照一定的时间顺序发往各部件,控制各部件协调工作,并控制程序的执行顺序。

控制器和运算器的集合又称中央处理单元(CPU)。随着大规模集成电路技术的发展,通常将 CPU 及其附属部分以较小的尺寸寄存于一个大规模的芯片中,该芯片称为微处理器。

主频是指 CPU 的时钟频率,是计算机的一个重要性能指标,它的高低在一定程度上决定了计算机运算速度的高低。主频以 GHz 为单位。一般来说,主频越高,运算速度越快。

3. 存储器

存储器(Memory)的作用是存放数据和程序,为控制器和运算器提供执行的程序和处理的数据。存储器可以存储原始数据、处理过程中的数据及最后的处理结果。存储器是计算机中数据的存储、交换和传输中心，是计算机系统内部的数据仓库。

存储器分为内存储器和外存储器，又称主存和辅存。其中，内存可以直接被 CPU 访问，存储容量小，运算速度快，断电后数据消失；外存不可以直接被 CPU 访问，存储容量大，运算速度慢，断电后数据不消失。

内存可以分为随机存储器 RAM 和只读存储器 ROM 两种。RAM 是一种可读写存储器，内容可以随时根据需要读出，也可以随时重新写入新的信息。这种存储器又可以分为 SRAM（静态随机存储器）和 DRAM（动态随机存储器）两种。SRAM 的特点是存取速度快，但价格也较高，一般用作高速缓存。DRAM 的特点是存取速度相对于 SRAM 较慢，但价格较低，一般用作计算机的主存。不论是 SRAM 还是 DRAM，当电源电压去掉时，RAM 中保存的信息都将全部丢失。RAM 在计算机中主要用来存放正在执行的程序和临时数据。

ROM 是一种其内容只能被读出而不能被写入和修改的存储器，其存储的信息在制作该存储器时就被写入。在计算机运行过程中，ROM 中的信息只能被读出，而不能写入新的内容。计算机断电后，ROM 中的信息不会丢失，即在计算机重新加电后，其中保存的信息依然是断电前的信息，仍可被读出。ROM 常用来存放一些固定的程序、数据和系统软件等，如检测程序、BOOT ROM、BIOS 等。

为了解决内存与 CPU 的速度不匹配问题，计算机引入了高速缓冲存储器（Cache），Cache 一般用 SRAM 存储芯片实现。Cache 可以分为 CPU 内部的一级高速缓存和 CPU 外部的二级高速缓存。

由于信息处理数据量的增大和用户对数据长期存储的需求，产生了外存。外存主要包括硬盘、U 盘和光盘等。

硬盘（Hard Disk）又称温彻斯特式硬盘，是计算机上的主要外部存储设备。它由磁盘片、读写控制电路和驱动机构成。

硬盘的容量以兆字节（MB）、千兆字节（GB）或百万兆字节（TB）为单位，换算公式为 1TB=1024GB，1GB=1024MB，1MB=1024KB。但硬盘厂商通常使用的是 1GB=1000MB 的近似值，因此在 BIOS 中或在格式化硬盘时看到的容量会比厂家的标称值要小。一个硬盘的容量是由磁头数 H（Heads）、柱面数 C（Cylinders）、每个磁道的扇区数 S（Sectors）和每个扇区的字节数 B（Bytes）决定的，即

$$磁盘总容量=HCSB$$

4．输入/输出设备

计算机通过输入/输出设备及其接口完成信息的输入与输出，从而实现人机通信。输入/输出设备种类繁多，工作原理各异，是计算机系统中最具多样性的设备。

输入设备（Input Device）可分为图像输入设备、图形输入设备和声音输入设备等，其作用是接收计算机外部的数据和程序，即通过输入设备向计算机输入人们编写的程序和数据。常见的输入设备有键盘、鼠标、扫描仪、麦克风等。

输出设备（Output Device）显示计算机的运算结果或工作状态，将存储在计算机中的二进制数据转换成人们需要的各种形式的信号。常见的输出设备有显示器、打印机、音响等。

5．总线

总线（Bus）是计算机各种功能部件之间传送信息的公共通信干线，它是由导线组成的传

输线束。按照计算机所传输的信息种类，计算机的总线可以划分为数据总线、地址总线和控制总线，分别用来传输数据、数据地址和控制信号。总线是一种内部结构，它是 CPU、内存、输入/输出设备传递信息的公用通道，主机的各个部件通过总线相连接，外部设备通过相应的接口电路再与总线相连接，从而形成计算机硬件系统。在计算机系统中，各个部件之间传送信息的公共通路称为总线，微型计算机以总线结构来连接各个功能部件。基于总线结构的计算机如图 5-3 所示。

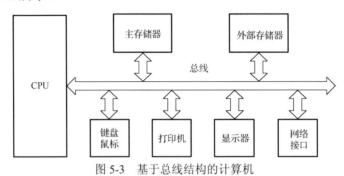

图 5-3　基于总线结构的计算机

总线按其作用可分为以下几种。

(1) 地址总线(A-bus)：用于传送地址信息，CPU 通过它传送需要访问的内存单元地址或外部设备地址。

(2) 数据总线(D-bus)：用于传送数据信息，是 CPU 与各部件交换数据信息的通道。

(3) 控制总线(C-bus)：用于传送控制信号，以协调各部件之间的操作。

通常，将 CPU、内存和输入/输出接口称为计算机的主机，上述 3 种总线是主机内部的总线，实际上在计算机系统中总线一般分为以下两类。

(1) 系统总线：是微机系统中各插件(模块)之间的信息传输通路，如 CPU 模块和存储器模块或 I/O 接口模块之间的传输通路。

(2) 设备总线：是连接主机与外部设备、外部设备与外部设备之间的总线。

系统总线连接主机内部各部件，要求有较高的数据传输速度，总线上的信号有地址信号、数据信号和控制信号。

5.2.2　软件系统

软件系统是指为运行、管理和维护计算机而编写的各种程序、数据和文档的集合。通常，人们把不装备任何软件的计算机称为硬件计算机或裸机。裸机由于不装备任何软件，所以只能运行机器语言程序，这样的计算机，其功能显然不会得到充分、有效的发挥。普通用户使用的是在裸机之上配置若干软件之后构成的计算机系统。计算机硬件是支撑计算机软件工作的基础，没有足够的硬件支持，软件就无法正常工作。

1. 软件

软件是计算机的灵魂，是用户与硬件之间的接口，用户通过软件使用计算机的硬件资源。

软件由计算机语言编写的程序和相关文档组成。所谓程序，实际上是用户用于指挥计算机执行各种动作以便完成指定任务的指令集合，用户要让计算机做的工作可能是很复杂的，因而指挥计算机工作的程序也可能是庞大而复杂的，有时还可能要对程序进行修改与完善。因此，为了便于阅读和修改，必须对程序做必要的说明或整理出有关资料。这些说明或资料(称为文档)在计算机执行过程中可能是不需要的,但对于用户阅读、修改、维护这些程序却是必不可少的。因此,也有人简单地用一个公式来说明软件的基本内容,即软件=程序+文档。

2．程序设计语言

人与计算机的交流是通过语言进行的,计算机能够直接识别的是由 0 和 1 组成的机器语言,但随着计算机技术的不断进步,程序设计语言也发生了翻天覆地的变化,并形成低级语言体系和高级语言体系。其中,低级语言包括机器语言和汇编语言,高级语言是指接近于人类自然语言和数学公式的程序设计语言。

1)机器语言

机器语言(Machine Language)是一种指令集的体系。这种指令集称为机器码(Machine Code),是计算机的 CPU 可以直接解读的数据。

机器语言是用二进制代码(0 和 1)表示的计算机能直接识别和执行的一种机器指令的集合。机器语言是唯一能被计算机直接识别的语言。它是计算机的设计者通过计算机的硬件结构赋予计算机的操作功能。机器语言具有灵活、直接执行和速度快等特点,但同时机器语言要求全部用二进制代码编写程序,通用性差,因此修改和移植非常烦琐,不易为普通人员使用。

2)汇编语言

汇编语言(Assembly Language)是面向机器的程序设计语言。在汇编语言中,用助记符(Memoni)代替机器指令的操作码,用地址符号(Symbol)或标号(Label)代替指令或操作数的地址,这样就增强了程序的可读性并且降低了编写难度,这种符号化的程序设计语言就是汇编语言,又称符号语言。使用汇编语言编写的程序,机器不能直接识别,还要由汇编程序或汇编语言编译器转换成机器指令。汇编程序将符号化的操作代码组装成处理器可以识别的机器指令,这个组装的过程称为组合或汇编。因此,有时候人们也把汇编语言称为组合语言。

3)高级语言

由于汇编语言依赖于硬件体系,且助记符量大难记,于是人们又发明了更加易用的高级语言。在这种语言下,其语法和结构更类似汉字或普通英文,且由于远离对硬件的直接操作,使得一般人经过学习之后都可以编程。高级语言通常按其基本类型、代系、实现方式、应用范围等分类。

高级语言并不是特指某一种具体的语言,它是指一系列比较接近自然语言和数学公式的编程,它基本脱离了机器的硬件系统,用人们更易理解的方式编写程序,如目前流行的 Java、C、C++、C#、Pascal、Python、Prolog、FoxPro 等。

很显然,高级语言是不可以直接被计算机识别和执行的,必须翻译成机器语言程序。高级语言通常采用编译方式和解释方式翻译成机器语言。

3．软件系统的组成

软件系统分为系统软件(System Software)和应用软件(Application Software)两大类。

1)系统软件

系统软件是指控制和协调计算机及外部设备,支持应用软件开发和运行的系统,是无须用户干预的各种程序的集合,主要功能是调度、监控和维护计算机系统;负责管理计算机系统中各种独立的硬件,使得它们可以协调工作。系统软件使得计算机使用者和其他软件将计算机当作一个整体,而无须考虑每个硬件是如何工作的。

系统软件主要包括操作系统(OS)、语言处理系统、数据库管理程序和系统辅助处理程序等。

2) 应用软件

应用软件是用户可以使用的各种程序设计语言，以及用各种程序设计语言编制的应用程序的集合；分为应用软件包和用户程序。应用软件包是利用计算机解决某类问题而设计的程序的集合，供多用户使用。

应用软件是为满足用户不同领域、不同问题的应用需求而提供的软件。它可以拓宽计算机系统的应用领域，放大硬件的功能。应用软件包括办公软件、多媒体处理软件和 Internet 工具软件等。

习　　题

1. 世界上公认的第一台电子计算机诞生的年代是(　　)。
   A. 20 世纪 30 年代　　　　　　　　B. 20 世纪 40 年代
   C. 20 世纪 80 年代　　　　　　　　D. 20 世纪 90 年代
2. 下列不属于计算机人工智能应用领域的是(　　)。
   A. 在线订票　　　B. 医疗诊断　　　C. 智能机器人　　　D. 机器翻译
3. 某台微机安装的是 64 位操作系统，"64 位"指的是(　　)。
   A. CPU 的运算速度，即 CPU 每秒能计算 64 位二进制数据
   B. CPU 的字长，即 CPU 每次能处理 64 位二进制数据
   C. CPU 的时钟主频
   D. CPU 的型号
4. 一个完整的计算机系统应当包括(　　)。
   A. 计算机与外设　　　　　　　　　B. 硬件系统与软件系统
   C. 主机、键盘与显示器　　　　　　D. 系统硬件与系统软件
5. 下列设备组中，完全属于计算机输出设备的一组是(　　)。
   A. 喷墨打印机、显示器、键盘　　　B. 激光打印机、键盘、鼠标
   C. 键盘、鼠标、扫描仪　　　　　　D. 打印机、绘图仪、显示器
6. 下列有关计算机系统的叙述，错误的是(　　)。
   A. 计算机系统由硬件系统和软件系统组成
   B. 计算机软件由各类应用软件组成
   C. CPU 主要由运算器和控制器组成
   D. 计算机主要由 CPU 和内存储器组成
7. 在下列存储器中，访问周期最短的是(　　)。
   A. 硬盘存储器　　　B. 外存储器　　　C. 内存储器　　　D. 软盘存储器
8. 计算机操作系统的主要功能是(　　)。
   A. 管理计算机系统的软硬件资源，以充分发挥计算机资源的效率，并为其他软件提供良好的运行环境
   B. 把高级程序设计语言和汇编语言编写的程序翻译为计算机硬件可以直接执行的目标程序，为用户提供良好的软件开发环境
   C. 对各类计算机文件进行有效的管理，并提交计算机硬件高效处理
   D. 为用户操作和使用计算机提供方便

第6章　计算机中的数据

内容提要：

本章首先介绍数据在计算机中的表示与存储，主要包括数制、字符和汉字等编码形式；然后介绍多媒体数据在计算机中的表示，包括多媒体与多媒体技术的概念、应用及相关技术；最后介绍多媒体的数字化过程。

重要知识点：

● 数制。

● 字符编码。

● 汉字编码。

● 多媒体的数字化。

6.1　数据的表示与存储

人类表示信息的方式包括语言、文字、数字、图形、图像、声音等，动物表达信息的方式有声音、动作等，那么计算机是如何表示信息的呢？

本章就是要说明在计算机中是如何表示信息的，主要介绍字符(包括汉字)和数字在计算机中的表示。首先，要介绍一下计算机中的数据与信息的概念。

6.1.1　数据的表示

在表示身高数据时可以用厘米、米、英尺等作为单位，在表示质量数据时可以用克、千克、吨等作为单位，那么在表示计算机中的数据时用什么作为单位呢？在计算机中数据的单位通常有位、字节和字3种。

1．位

计算机中存储的数据都是二进制数据，二进制数只包括0和1，因此在表示0和1时只要用二进制数据的1位就可以了。位是计算机存储的最小单位。

位的英文是bit，bit代表 binary digit(二进制数字)，是由美国数学家 John Wilder Tukey 提出来的。这个术语在香农的著名论文《通信的数学理论》中第一次被正式使用。

2．字节

计算机存储数据的基本单位是字节，每个字节包含8位。

字节的英文单词是byte，简写为B。计算机存储单位一般用B、KB、MB、GB、TB、PB、EB、ZB、YB来表示，它们之间的关系如下。

1B(Byte，字节)=8bit

1KB(Kilobyte，千字节)=1024B

1MB(Megabyte，兆字节)=1024KB

1GB(Gigabyte，吉字节)1024MB

1TB(Trillionbyte，万亿字节，简称太字节)=1024GB

1PB(Petabyte，千万亿字节，简称拍字节)=1024TB

1EB(Exabyte，百亿亿字节，简称艾字节)=1024PB

1ZB(Zettabyte，十万亿亿字节，简称泽字节)=1024EB

1YB(Yottabyte，一亿亿亿字节，简称尧字节)=1024ZB

这里，各个单位之间的进制是 2^{10}(即 1024)，例如，2GB 内存的容量为 $2\times1024\times$ $1024\times1024B$。

3. 字

一般来说，计算机一次处理的一组二进制数称为一个计算机的字，计算机一次处理的二进制数的位数称为字长。字长与计算机的功能和用途有很大的关系，是计算机的一个重要技术指标。早期的微机字长一般是 8 位和 16 位，例如，Intel 80386 处理器及更高的处理器大多是 32 位。目前，市面上的计算机处理器大部分已达到 64 位。字长直接反映了一台计算机的计算精度，为适应不同的要求，以及协调运算精度和硬件造价间的关系，大多数计算机均支持变字长运算，即机内可实现半字长、全字长(或单字长)和双倍字长运算。例如，对于 32 位处理器来说，半字长处理的就是 16 位数据，全字长处理的就是 32 位数据，双字长处理的就是 64 位数据。在其他指标相同的情况下，字长越长，计算机处理数据的速度就越快。

一台 16 位字长的 PC，可以直接处理 2^{16}(65 536)之内的数字，对于超过 65 536 的数字就要用分解的方法来处理。32 位 PC 比 16 位 PC 性能优越的原因在于，它在一次操作中能处理的数字更大，32 位字长的 PC 能直接处理的数字高达 2^{32}(40 亿)，能处理的数字越大，则操作的次数就越少，从而系统的效率也就越高。

现在 CPU 多数是 64 位，但大多都以 32 位字长运行，都没能展示其字长的优越性。因为它必须与 64 位软件(如 64 位的操作系统等)配合使用，也就是说，字长受软件系统的制约，例如，在 32 位软件系统中 64 位字长的 CPU 只能当 32 位使用。

数据的单位有位、字节、字等，那么计算机中的数据，如字符、数字、汉字、图像、声音等究竟是怎么表示的呢? 在说明这个问题之前要先介绍数制，尤其是二进制数，因为计算机中的数据信息就是用二进制数表示的。

6.1.2　数制

1. 数制的概念

数制就是计数的规则，我们用的都是进位计数制(按照进位的原则进行计数，简称进制数)。例如，我们最常用的就是十进制数(十进制的英文单词是 decimal，简写为 D)。也有一些非进位计数制，如罗马数字。但是非进位计数制使用起来非常不方便，因此已经逐渐被进位计数制所取代。下面说的数制都是指进位计数制。

数制有 3 个要素: 进制、基数和权值。进制就是一个数制当中包含的不同数值的个数，例如，十进制就是数据中只包含 10 个不同的数值。这 10 个不同的数值分别是 0、1、2、3、4、5、6、7、8、9，我们把 0~9 称为十进制的基数。权值就是某一位数据的单位，例如，十进制数 123，3 的单位是 10^0，2 的单位是 10^1，1 的单位是 10^2。一个数就是它的数值与其对应的权值相乘之后再相加得到的结果，例如，$1\times10^2+2\times10^1+3\times10^0=123$。

十进制数的计算方法是"逢 10 进 1，借 1 当 10"。其他的进制数和十进制是完全类似的，其计算规则就是"逢 N 进 1，借 1 当 N"，其中 N 是进制。

生活当中最常用来计数的就是十进制，还有七进制，例如，一周有 7 天；二十四进制，例如，一天有 24 小时，一年有 24 个节气；六十进制，例如，1 小时有 60 分钟，1 分钟有 60 秒，等等。这些数制虽然是生活中常用的，但在计算机中却不方便使用，那么在计算机中有哪些常用的数制呢？

2．计算机中的常用数制

1）二进制

计算机中用的是二进制，只由 0 和 1 构成，它也是最简单的数制。

二进制数在运算时要在数据后面加个下标"2"或"B"，从而与十进制数区分开。例如，在计算机中十进制数 10 用二进制表示为 $(1010)_2$ 或 1010B。

2）八进制

八进制数的基数是 0～7，权值是 8 的幂。运算时在运算数的后面加个下标"8"或"O"（八进制的英文单词是 octal，简写为 O），从而与十进制数区分开。例如，在计算机中十进制数 10 用八进制表示为 $(12)_8$ 或 12O。

八进制的运算法则是"逢 8 进 1，借 1 当 8"。例如，$(40)_8+(40)_8=(100)_8$。

3）十六进制

十六进制的基数是 0～9、A～F（或 a～f，看输出的格式要求用大写字符还是小写字符），权值是 16 的幂，运算时在运算数的后面加个下标"16"或"H"（十六进制的英文单词是 hexadecimal，简写为 H），从而与十进制数区分开。例如，在计算机中十进制数 10 用十六进制表示为 $(A)_{16}$ 或 AH。

十六进制的运算法则是"逢 16 进 1，借 1 当 16"。例如，$(8F)_{16}+(8A)_{16}=(119)_{16}$。

进制的基本内容如表 6-1 所示。

表 6-1　进制的基本内容

	二　进　制	八　进　制	十　进　制	十　六　进　制
规则	逢 2 进 1，借 1 当 2	逢 8 进 1，借 1 当 8	逢 10 进 1，借 1 当 10	逢 16 进 1，借 1 当 16
基数	2	8	10	16
基本符号	0、1	0～7	0～9	0～9、A～F
权值	2^i	8^i	10^i	16^i
符号	B	O	D	H

3．数制转换

不同数制数据之间的换算就是数制转换，我们只研究以下 4 种类型的转换：其他进制转换为十进制，十进制转换为其他进制，二进制转换为八、十六进制，八、十六进制转换为二进制。最后给出十六进制基数转换为二、八、十进制数对应的数值，读者可以根据这些数值进行相应数制之间的快速转换。

1）其他进制转换为十进制

只要将进制数按权值展开即可得到对应的十进制数。

【例 6-1】　求 $(1101.01)_2$ 对应的十进制数。

解：$1\times2^3+1\times2^2+0\times2^1+1\times2^0+0\times2^{-1}+1\times2^{-2}=13.25$

【例 6-2】　求 $(76.5)_8$ 对应的十进制数。

解：$7×8^1+6×8^0+5×8^{-1}=62.625$

【例 6-3】　求 $(FA)_{16}$ 对应的十进制数。

解：$15×16^1+10×16^0=250$

2) 十进制转换为其他进制

将十进制数转化为 R 进制数，只要对其整数部分采用"除 R 取余倒序排列"法，而对其小数部分则采用"乘 R 取整顺序排列"法即可。

【例 6-4】　求 25.75 对应的二进制数。

解：求解过程如图 6-1 所示。

在图 6-1 中，对整数 25 除以 2 求余数，然后倒序排列得到整数部分的二进制数是 11001，对小数 0.75 乘以 2 取整，然后顺序排列得到小数部分的二进制数是 11，因此 25.75 对应的二进制数是 11001.11。

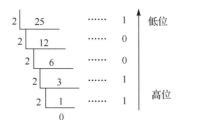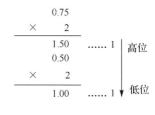

图 6-1　例 6-4 的求解过程

【例 6-5】　求 179.48 对应的八进制数，结果保留 2 位小数。

解：求解过程如图 6-2 所示。

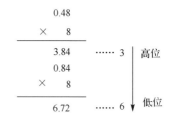

图 6-2　例 6-5 的求解过程

由图 6-2 得到 179.48 对应的八进制数是 263.36(保留 2 位小数)。

【例 6-6】　求 179.48 对应的十六进制数，结果保留 2 位小数。

解：求解过程如图 6-3 所示。

整数部分179除以16取出余数倒序输出　　　小数部分0.48乘以16取出整数顺序输出

16	179	……	3	低位
16	11	……	B	高位
	0			

$$
\begin{array}{r}
0.48 \\
\times\ 16 \\
\hline
7.68 \quad \cdots\cdots\ 7 \\
0.68 \\
\times\ 16 \\
\hline
10.88 \quad \cdots\cdots\ A
\end{array}
$$

图 6-3　例 6-6 的求解过程

由图 6-3 得到 179.48 对应的十六进制数是 B3.7A（保留 2 位小数）。

3）二进制转换为八、十六进制

二进制转换为八进制：以小数点为分界点，向左或向右将每 3 位二进制数转换为 1 位八进制数，若不足 3 位，则整数部分在前面补 0，小数部分在后面补 0。

二进制转换为十六进制：以小数点为分界点，向左或向右将每 4 位二进制数转换为 1 位十六进制数，若不足 4 位，则整数部分在前面补 0，小数部分在后面补 0。

【例 6-7】 将二进制数 1101011.1101 转换为八进制数。

解： $(\underline{001}\ \underline{101}\ \underline{011}.\underline{110}\ \underline{100})_2 = (153.64)_8$

【例 6-8】 将二进制数 1101101.11 转换为十六进制数。

解： $(\underline{0110}\ \underline{1101}.\underline{1100})_2 = (6D.C)_{16}$

4）八、十六进制转换为二进制

八进制转换为二进制：以小数点为分界点，向左或向右将每 1 位八进制数转换为 3 位二进制数，并去掉无意义的 0。

十六进制转换为二进制：以小数点为分界点，向左或向右将每 1 位十六进制数转换为 4 位二进制数，去掉无意义的 0。

5）十六进制基数转换为二、八、十进制数

十六进制基数一共有 16 个，分别是 0～9 和 A～F，十六进制基数转换为二进制、八进制和十进制数对应的数值如表 6-2 所示。

表 6-2　十六进制基数转换为二进制、八进制、十进制数对应的数值

十六进制数	二 进 制 数	八 进 制 数	十 进 制 数
0	0	0	0
1	1	1	1
2	10	2	2
3	11	3	3
4	100	4	4
5	101	5	5
6	110	6	6
7	111	7	7
8	1000	10	8
9	1001	11	9
A	1010	12	10
B	1011	13	11
C	1100	14	12
D	1101	15	13
E	1110	16	14
F	1111	17	15

二进制数是只由 0 和 1 构成的一种数据表达方式，为什么只用 0 和 1 就能表达字符、数字、图像、声音等丰富多彩的内容呢？下面我们就开始说明这个问题。

6.1.3　字符编码

如果要将某种类型的数据输入计算机，一定要把它变成二进制数才可以，同时不同的数据

在计算机中一定要区分开来,不能产生歧义。因此,对于任意类型的数据,如符号、声音、图形、图像等,只要能将它们变成某种可以区分的二进制代码就能够表达对应的信息,这就是编码,把它们对应的二进制编码存储在计算机中就是把对应类型的数据存储在了计算机中。

世界上不同的国家、不同的地区都有自己使用的不同语言或符号,如何将这些符号在计算机中进行编码呢?

1. ASCII 编码

美国信息交换标准代码(American Standard Code for Information Interchange,ASCII)是由美国国家标准学会(American National Standard Institute,ANSD)制定的标准的单字节字符编码方案,用于基于文本的数据。该方案起始于 20 世纪 50 年代后期,在 1967 年确定下来。它最初是美国国家标准,供不同计算机在相互通信时用作共同遵守的西文字符编码标准,现已被国际标准化组织定为国际标准,称为 ISO646 标准(1972 年制定)。ASCII 适用于所有拉丁文字字母,它主要用于显示现代英语和其他西欧语言。

ASCII 采用 7 位二进制数据来表示不同的符号,因此在 ASCII 中共有 128 个不同的符号(包括 95 个可显示字符和 33 个控制字符)。

2. 扩展的 ASCII 编码

由于标准 ASCII 字符集的字符数目只有 128 个,因此在应用中往往无法满足实际要求。为此,国际标准化组织又制定了 ISO2022 标准,它规定了在保持与 ISO646 兼容的前提下将 ASCII 字符集扩充为 8 位代码的统一方法。ISO 陆续制定了一批适用于不同地区的扩充 ASCII 字符集,每种扩充 ASCII 字符集可以分别扩充 128 个字符,这些扩充字符的编码均为高位为 1(即 $D_7=1$)的 8 位代码(对应十进制数为 128~255),称为扩展的 ASCII 编码,但是这些扩展的 ASCII 编码也容易与其他编码发生混淆。

6.1.4　汉字编码

除 ASCII 编码外,每个国家都有自己的标准代码,但这些代码都被融合进了 ISO 的标准当中,我国使用的汉字也不例外。汉字编码有输入码、国标码、机内码、字形码等几种。

1. 输入码

输入码又称外码,是将汉字从外部输入计算机中的一组键盘符号。常用的输入码有拼音码、五笔字型码、自然码、区位码等。一种好的编码应该具有编码规则简单、易学好记、操作方便、重码率低、输入速度快等优点,个人可根据自己的需要进行选择。

2. 国标码

国家标准汉字编码简称国标码,又称交换码。该编码集的全称是《信息交换用汉字编码字符集　基本集》(GB 2312—1980)。该编码用来作为汉字信息交换码。

GB 2312—1980 规定,对任意一个图形字符都采用两个字节表示,每个字节均采用 7 位编码表示。习惯上称第一个字节为高字节,第二个字节为低字节。原则上,两个字节可以表示 65 536(256×256)种不同的符号,作为汉字编码表示的基础是可行的。但考虑到汉字编码与其他国际通用编码,如 ASCII 西文字符编码的关系,我国国家标准局采用了加以修正的两字节汉字编码方案,只用了两个字节的低 7 位。这个方案可以容纳 16 384(128×128)种不同的汉字,但为了与标准 ASCII 兼容,每个字节中都不能再用 32 个控制功能码和码值为 32 的空格及 127 的操作码(删除键),所以每个字节只能有 94(128−34)个编码。这样,双 7 位实际能够表示的字数是 8836(94×94) 个。因此，汉字采用两字节来进行编码，第一字节共有 94 个值，代表区号；第二字节也有 94 个值，代表位号，这可以理解为有 94 个街区，每个街区有 94 个门牌号，每个单元里住着一个汉字。我们把这种编码称为区位码。

在区位码中，01～09 区为符号、数字区，16～87 区为汉字区，10～15 区、88～94 区是有待进一步标准化的空白区。GB 2312—1980 将收录的汉字分为两级：第一级是常用汉字(3755 个)，置于 16～55 区(第 55 区只收录了 89 个汉字)，按汉语拼音字母/笔形顺序排列；第二级汉字是次常用汉字(3008 个)，置于 56～87 区，按部首笔画顺序排列，GB 2312—1980 总计收录了 6763 个汉字。例如，"啊"字收录在第 16 区第 1 位，区位码就是 1601；"才"字收录在第 18 区第 37 位，区位码是 1837。

但是区位码并不是国标码。区位码的范围是 1～94，而国标码避开控制符、空格符和删除符之后的范围是 33～126。因此，要将区位码的范围映射为国标码的范围，只要将区位码的数据加上 32 即可。同时，这个范围是十进制的，而计算机是用二进制数来存储的，因此先将上述范围映射为十六进制(容易转换为二进制)数。1～94(D) 对应的十六进制数是 01～5E(H)，33～126(D) 对应的十六进制数是 21～7E(H)，这样在十六进制的区位码转换为十六进制的国标码时要加上十六进制的 20(H)。例如，"啊"字对应的区位码是 1601(D)，对应的十六进制区位码是 0101(H)，转换为十六进制的国标码是 2121(H)。

3. 机内码

国标码用两个十六进制字节来表示汉字，但是每个字节的范围是 21～7E(H)，这与 ASCII 编码有重复。例如，"啊"字的国标码是 2121(H)，这代表的是一个汉字，还是两个 ASCII 字符呢？7E(H) 由此会产生不确定性。

为了消除这种不确定性，我们再进行一下转换。由于国标码的每个字节都只用了 7(D_6～D_0) 位，最高位 D_7 为 0，正是这一点和 ASCII 编码产生了冲突，因此我们将汉字的最高位 D_7 都转换为 1，就解决了汉字和 ASCII 编码的冲突问题，这样形成的代码就是汉字的机内码。

由于要将 D_7 位转换为 1，故国标码和机内码的转换关系是：国标码+8080(H)=机内码。例如，"啊"字的机内码就等于 2121(H)+8080(H)=A1A1(H)。机内码是汉字在计算机中真正存储的值。

4. 字形码

在计算机中汉字存储为机内码，但是在显示器上我们看到的是方块形的汉字，因此在显示器上输出的并不是汉字的机内码，而是汉字的字形码。

为了将汉字在显示器或打印机上输出，把汉字按图形符号设计成点阵图，就得到了相应的点阵代码，即字形码。

显示一个汉字一般采用 16×16 点阵、24×24 点阵或 48×48 点阵。已知汉字点阵的大小，可以计算出存储一个汉字所需的字节空间。例如，用 16×16 点阵表示一个汉字，就是将每个汉字用 16 行，每行 16 个点来表示，一个点需要 1 位二进制代码，16 个点要用 16 位二进制代码(即 2 字节)，共 16 行，所以需要 16 行×2 字节/行=32 字节，即 16×16 点阵表示一个汉字，字形码要用 32 字节，其计算公式为

$$字节数=点阵行数×(点阵列数/8)$$

全部汉字字形码的集合称为汉字库。汉字库可分为软字库和硬字库。软字库以文件的形

式存放在硬盘上，现在多用这种方式。硬字库则将字库固化在一个单独的存储芯片中，再和其他必要的元器件组成接口卡，插接在计算机上，通常称为汉卡。

综上所述，为在计算机内表示汉字而形成的汉字编码称为内码，内码是唯一的。为方便汉字输入而形成的汉字编码为输入码，属于汉字的外码，输入码因编码方式不同而不同，是多种多样的。为显示和打印输出汉字而形成的汉字编码为字形码，计算机通过汉字内码在字模库中找出汉字的字形码，实现转换。汉字编码的转换过程如图6-4所示。

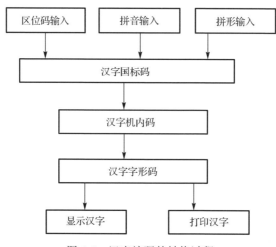

图 6-4　汉字编码的转换过程

6.1.5　BIG5 编码和 GBK 编码

1．BIG5 编码

BIG5 编码是通行于中国台湾、香港、澳门地区的一个繁体字编码方案，俗称大五码，地区标准号为 CNS11643。大五码是使用繁体中文社群中最常用的计算机汉字字符集标准，共收录 13 060 个汉字。大五码属于中文内码(中文编码分为中文内码和中文交换码两类)。

2．GBK 编码

GBK(Chinese Internal Code Specification)是汉字编码标准之一，全称为汉字内码扩展规范，是中华人民共和国全国信息技术标准化技术委员会于 1995 年 12 月 1 日制定，原国家技术监督局标准化司、原电子工业部科技与质量监督司于 1995 年 12 月 15 日联合以技监标函[1995]229 号文件的形式，将它确定为技术规范指导性文件。这一版的 GBK 规范为 1.0 版。

GBK 编码是在 GB 2312—1980 标准基础上的内码扩展规范，使用了双字节编码方案，其编码范围为 8140～FEFE(剔除 XX7F)，共 23 940 个码位，收录了 21 003 个汉字，完全兼容 GB 2312—1980 标准，支持国际标准 ISO/EC 10646-1 和国家标准 GB 13000-1 中的全部中、日、韩汉字，并包含了 BIG5 编码中的所有汉字。

6.2　多媒体技术基础

随着计算机技术的进步，人们不再满足于计算机只能简单地进行计算和单一的程序设计，尤其是随着网络的普及，人们开始更加关注计算机带给我们的内容的多样性。多媒体技术应运而生，给我们的生活、工作带来了翻天覆地的变化，使得人们的生活更加丰富多彩。多媒体技术是一门综合技术，将文字、图像、声音和影像等媒体有机结合起来。

6.2.1　多媒体及多媒体技术

"多媒体"一词译自英文"Multimedia"，而该词又是由"Multiple"和"Media"复合而成的。媒体(Medium)原有两重含义：一是指存储信息的实体，如磁盘、光盘、磁带、半导体存储器等，中文常译作媒质；二是指传递信息的载体，如数字、文字、声音、图形等，中文译作媒介。所以与多媒体对应的一词是单媒体(Monomedia)，从字面上看，多媒体就是由若干种单媒体复合而成的。

多媒体技术从不同的角度有不同的定义。有人将多媒体计算机定义为一组硬件和软件设备，结合了各种视觉和听觉媒体，能够产生令人印象深刻的视听效果。视觉媒体包括图形、动画、图像和文字等媒体，听觉媒体包括语言、立体声响和音乐等媒体。还有人将多媒体定义为传统的计算媒体(文字、图形、图像及逻辑分析方法等)与视频、音频及为了知识创建和表达形成的交互式应用的结合体。概括起来，多媒体技术用于计算机交互式综合处理多媒体信息(文本、图形、图像和声音)，使多种信息建立逻辑连接，集成为一个系统并具有交互性。简而言之，多媒体技术就是具有集成性、实时性和交互性的计算机综合处理声音、文字、图像信息的技术。多媒体在我国也有自己的定义，一般认为多媒体技术就是能对多种载体(媒介)上的信息和多种存储体(媒介)上的信息进行处理的技术。

6.2.2　多媒体技术的特性及应用

多媒体技术主要有以下 5 个特性。

1．同步性

多媒体技术的同步性主要是指多媒体业务终端上显示的图像、声音和文字是以同步的方式工作的。

2．集成性

多媒体技术的集成性是指多媒体将各种媒体有机地组织在一起，共同地表达一个完整的多媒体信息，使声音、文字、图像一体化。

3．交互性

多媒体技术的交互性是指计算机能和人进行对话，以便进行人工干预和控制。交互性是多媒体技术的关键特性。

4．数字化

多媒体技术的数字化是指媒体信息以数字的形式进行存储和处理。

5．实时性

多媒体技术是多种媒体组成的技术，在这些媒体中，有些媒体是与时间相关的，这就决定了多媒体技术必须支持实时处理，如果不能保证连续性，就失去了它的应用价值。

目前为止，多媒体的应用领域已涉及诸如广告、艺术、教育、娱乐、工程、医药、商业及科学研究等行业。

6.2.3　多媒体系统的组成及关键技术

1. 多媒体系统的组成

一般的多媒体系统由多媒体硬件系统、多媒体操作系统、媒体处理系统工具和用户应用软件 4 部分组成。

多媒体硬件系统：包括计算机硬件、声音/视频处理器、多种媒体输入/输出设备及信号转换装置、通信传输设备及接口装置等。其中，最重要的是根据多媒体技术标准而研制生成的多媒体信息处理芯片和板卡、光盘驱动器等。

多媒体操作系统：又称多媒体核心系统(Multimedia Kernel System)，包括实时任务调度、多媒体数据转换、同步控制多媒体设备及图形用户界面管理等。

媒体处理系统工具：又称多媒体系统开发工具软件，是多媒体系统的重要组成部分。

用户应用软件：根据多媒体系统终端用户要求而定制的应用软件或面向某一领域的用户应用软件系统，它是面向大规模用户的系统产品。

2. 多媒体系统的关键技术

多媒体系统的关键技术在于以下几方面。

(1)多媒体数据压缩/解压缩技术：数据压缩算法分为无损压缩和有损压缩两种，无损压缩适用于重构的信号与原始的信号完全相同的场合，一般很常见的例子就是磁盘文件的压缩，它要求还原后不能有任何差错；有损压缩又称不可逆压缩，其重构的信号未必和原始信号完全一样，对图像、声音、视频都可以采用有损压缩。

(2)超大规模集成电路芯片技术。

(3)大容量光盘存储技术：目前比较流行的载体有 CD-ROM 光盘(容量约为 700MB)、DVD光盘(单层面的 DVD 容量为 4.7GB，双层面的 DVD 容量可达 17GB)。

(4)多媒体网络通信技术。

(5)多媒体系统软件技术。

(6)多媒体流技术。

6.2.4　多媒体的数字化

将许多复杂多变的信息转变为可以度量的数字、数据，再用这些数字、数据建立适当的数字化模型，把它们转变为一系列二进制代码，引入计算机内部，进行统一处理，这就是多媒体数字化的基本过程。

对于数字、文字、图像、语音，以及虚拟现实、可视世界的各种信息等，都可以通过采样定理用 0 和 1 来表示，这样数字化以后的 0 和 1 就是各种信息最基本、最简单的表示。因此，计算机不仅可以计算，还可以发出声音、打电话、发传真、放录像、放电影。

1. 声音

声音是最重要的一种媒体，所以用计算机表示声音也是媒体数字化的一个重要课题。声音作为波的一种，频率和振幅就成了描述波的重要属性，频率的大小与通常所说的音高对应，而振幅影响声音的大小。声音可以分解为不同频率、不同强度正弦波的叠加。这种变换(或分解)的过程，称为傅里叶变换(Fourier Transform)。

声音信号在用电来表示时是模拟信号，而计算机内部使用的是数字信号，将连续的模拟信号变成离散的数字信号采用的基本技术就是脉冲编码调制(Pulse Code Modulation，PCM)，它主要包括采样、量化和编码 3 个基本过程。

采样过程将连续时间模拟信号变为离散时间、连续幅度的抽样信号，就是对模拟信号进行周期性扫描，把时间上连续的信号变成时间上离散的信号。该模拟信号经过采样后还应当包含原信号中的所有信息，也就是说能不失真地恢复原模拟信号。其采样速率的下限是由采样定理确定的，采样速率取 8Kbit/s。

量化过程将抽样信号变为离散时间、离散幅度的数字信号，就是将经过抽样得到的瞬时值的幅度离散，即用一组规定的电平，将瞬时抽样值用最接近的电平值来表示。一个模拟信号经过抽样量化后，得到已量化的脉冲幅度调制信号，它仅为有限个数值，一般为 8 位、16 位，量化位数越大，采集到的样本精度就越高，声音的质量就越高，但同样量化位数越多，所占的存储空间就越大。

编码过程将量化后的信号编码为一个二进制码组输出。编码就是用一组二进制码组来表示每一个有固定电平的量化值。然而，实际上量化是在编码过程中同时完成的，故编码过程又称模数转换，可记作 A/D。

常见的声音格式有 WAV、OGG、FLAC、APE 等。其中，WAV 是微软公司开发的一种声音文件格式，用于保存 Windows 平台的音频信息资源，为 Windows 平台及其应用程序所支持；OGG 对音频进行有损压缩编码，但通过使用更加先进的声学模型去减小损失，因此，相同码率编码的 OGG 比 MP3 音质更好一些，文件也更小一些；FLAC 是一套著名的自由音频压缩编码，其特点是无损压缩，它不会破坏任何原有的音频资讯，所以可以还原音乐光盘音质，它为很多软件及硬件音频产品所支持；APE 是流行的数字音乐文件格式之一，与 MP3 这类有损压缩方式不同，APE 是一种无损压缩音频技术，也就是说，将从音频 CD 上读取的音频数据文件压缩成 APE 格式后，还可以再将 APE 格式的文件还原，而且还原后的音频文件与压缩前的一模一样，没有任何损失。

2. 图像

图像就是所有具有视觉效果的画面，它包括纸介质上的、底片或照片上的及电视、投影仪或计算机屏幕上的画面。根据图像记录方式的不同，可将图像分为两大类：模拟图像和数字图像。模拟图像可以通过某种物理量(如光、电等)的强弱变化来记录图像亮度信息，如模拟电视图像；数字图像则用计算机存储的数据来记录图像上各点的亮度信息。

数字图像是由扫描仪、摄像机等输入设备捕捉实际的画面产生的图像。数字图像用数字描述像素点、强度和颜色。描述信息文件存储量较大，所描述对象在缩放过程中会损失细节或产生锯齿。在显示方面，它将对象以一定的分辨率分辨以后，将每个点的色彩信息以数字化方式呈现，可直接在屏幕上快速显示。分辨率和灰度是影响显示的主要参数。图像适用于表现含有大量细节(如明暗变化、场景复杂、轮廓色彩丰富)的对象，如照片、绘图等，通过图像软件可进行图像的处理，以得到更清晰的图像或产生特殊效果。

计算机中的图像按处理方式不同可以分为位图(Bitmap)和矢量图。

位图又称点阵图像或绘制图像，由像素(图片元素)的单个点组成。这些点可以进行不同的排列和染色以构成图样。当放大位图时，可以看见构成整个图像的无数个单个方块。扩大位图尺寸的效果是增大单个像素，从而使线条和形状显得参差不齐。然而，如果从稍远的位置观看它，位图的颜色和形状又显得是连续的。

　　矢量图是根据几何特性来绘制图形，矢量可以是一个点或一条线，矢量图只能靠软件生成，文件占用内存空间较小，因为这种类型的图像文件包含独立的分离图像，可以无限制地重新组合。其特点是放大后图像不会失真，与分辨率无关，适用于图形、文字和一些标志、版式设计等。

　　常见的图像格式有 BMP、TIFF、JPEG、GIF、PSD 等。其中，BMP 格式是 Windows 中的标准图像文件格式，它以独立于设备的方法描述位图，各种常用的图形图像软件都可以对该格式的图像文件进行编辑和处理；TIFF 格式是常用的位图图像格式，TIFF 格式位图可具有任意大小和分辨率，用于打印、印刷输出的图像建议保存为该格式；JPEG 格式是一种高效的压缩格式，可对图像进行大幅压缩，最大限度地节约网络资源，提高传输速度，因此用于网络传输的图像一般采用该格式；GIF 格式在各种图像处理软件中通用，是经过压缩的文件格式，因此一般占用空间较小，适合于网络传输，常用于存储动画效果图片；PSD 格式是 Photoshop 软件中使用的一种标准图像文件格式，可以保留图像的图层、通道、蒙版等信息，便于后续修改和特效制作。

习　　题

1. 在计算机中，组成一字节的二进制位位数是(　　)。

　　A. 1　　　　　　　　B. 2　　　　　　　　C. 4　　　　　　　　D. 8

2. 将十进制数 35 转换成二进制数是(　　)。

　　A. 100011B　　　B. 100111B　　　C. 111001B　　　　D. 110001B

3. 已知英文字母 m 的 ASCII 码值是 109，那么英文字母 j 的 ASCII 码值是(　　)。

　　A. 111　　　　　B. 105　　　　　C. 106　　　　　　D. 112

4. 在微机中，西文字符所采用的编码是(　　)。

　　A. EBCDIC 码　　B. ASCII 码　　C. 国标码　　　　　D. BCD 码

5. 计算机对汉字信息的处理过程实际上是各种汉字编码间的转换过程，这些编码主要包括(　　)。

　　A. 汉字外码、汉字内码、汉字输出码等

　　B. 汉字输入码、汉字区位码、汉字国标码、汉字输出码等

　　C. 汉字外码、汉字内码、汉字国标码、汉字输出码等

　　D. 汉字输入码、汉字内码、汉字地址码、汉字字形码等

6. 全高清视频的分辨率为 1920×1080 像素，如果一张 BMP 数字格式的真彩色图像的像素为 1920×1080，则所需存储空间是(　　)。

　　A. 1.98MB　　　B. 2.96MB　　　C. 5.93MB　　　　D. 7.91MB

7. 数字媒体已经广泛使用，下列属于视频文件格式的是(　　)。

　　A. MP3 格式　　B. WAV 格式　　C. RM 格式　　　　D. PNG 格式

8. 在声音的数字化过程中，如果采样时间、采样频率、量化位数和声道数都相同，则所占存储空间最大的声音文件格式是(　　)。

　　A. WAV 波形文件　　　　　　　　B. MPEG 音频文件

　　C. RealAudio 音频文件　　　　　　D. MIDI 电子乐器数字接口文件

第7章　计算机网络

内容提要：

本章首先介绍网络的基本概念、分类及一些常用的网络拓扑结构，然后介绍 Internet 基础及计算机病毒的相关知识。

重要知识点：

● 计算机网络的分类。
● TCP/IP。
● IP 协议。
● 计算机病毒的分类。

计算机网络是 20 世纪最伟大的发明之一。人们只要通过鼠标、键盘，就可以在网络上查找、订购、交流。计算机网络已经深深地影响和改变了人们的工作和生活方式，并正以极快的速度不断地发展和更新着。

7.1　计算机网络基础

7.1.1　计算机网络的基本概念

计算机网络是指将地理位置不同的具有独立功能的多台计算机及其外部设备，通过通信线路连接起来，在网络操作系统、网络管理软件及网络通信协议的管理和协调下，实现资源共享和信息传递的计算机系统。

1. 数字信号与模拟信号

数字信号是指自变量是离散的，因变量也是离散的信号，这种信号的自变量用整数表示，因变量用有限数字中的一个数字来表示。在计算机中，数字信号的大小常用有限位的二进制数表示。

模拟信号是指信息参数在给定范围内表现为连续的信号，如电话线传输的按照声音强弱幅度连续变化产生的电信号。

2. 调制与解调

调制是指将各种数字基带信号转换为适于信道传输的数字调制信号(已调信号或频带信号)。解调是指在接收端将收到的数字频带信号还原为数字基带信号。

我们常说的 Modem，其实是 Modulator(调制器)与 Demodulator(解调器)的简称，中文称为调制解调器。

3. 带宽

带宽(Band Width)在模拟信号系统中又称频宽，是指在固定的时间可传输的资料数量，即在传输管道中可以传递数据的能力。在数字设备中，带宽通常以比特率(bit/s)来表示，即每秒可传输的二进制位数。在模拟设备中，频宽通常以每秒传送周期或频率(Hz)来表示。对于数字信号而言，带宽是指单位时间能通过链路的数据量。

7.1.2　计算机网络的分类

虽然网络类型的划分标准各种各样，但是按地理范围进行划分则是一种大家都认可的通用网络划分标准。按此标准可以把网络划分为局域网、城域网、广域网 3 种。下面简要介绍这几种计算机网络。

1．局域网

局域网(Local Area Network，LAN)是在局部地区范围内的网络，它所覆盖的地区范围较小。局域网在计算机数量配置上没有太多的限制，少的可以只有两台计算机，多的可达几百台计算机。一般来说，在企业局域网中，工作站的数量在几十到两百台左右。网络所涉及的地理距离一般来说可以为 10km 以内。局域网一般位于一个建筑物或一个单位内，不存在寻径问题，不包括网络层的应用。

2．城域网

城域网(Metropolitan Area Network，MAN)一般来说是在一个城市，但不在同一地理小区范围内的计算机互联网络。这种网络的连接距离可以在 10～100km。在一个大型城市或都市地区，一个 MAN 通常连接着多个 LAN，如连接政府机构、医院、电信及公司企业的 LAN 等。由于光纤连接的引入，使 MAN 中高速的 LAN 互联成为可能。

3．广域网

广域网(Wide Area Network，WAN)又称远程网，是在不同城市之间的 LAN 或 MAN 的互联，地理范围可从几百千米到几千千米。这种城域网因为所连接的用户多，总出口带宽有限，所以用户的终端连接速率一般较低，通常为 9.6Kbit/s～45Mbit/s，如 CHINANET、CHINAPAC 和 CHINADDN 网。

7.1.3　网络拓扑结构

网络拓扑(Topology)结构是指用传输介质互连各种设备的物理布局，是构成网络成员间特定的物理的(真实的)或逻辑的(虚拟的)排列方式。如果两个网络的连接结构相同，则它们的网络拓扑相同，尽管它们各自的内部物理接线、节点间距离可能会有所不同。常见的网络拓扑结构如图 7-1 所示。

1．星型拓扑结构

在星型拓扑结构中，网络中的各节点通过点到点的方式连接到一个中央节点(一般是集线器或交换机)上，由该中央节点向目的节点传送信息。中央节点执行集中式通信控制策略，在星型网中任何两个节点要进行通信都必须经过中央节点的控制，因此中央节点相当复杂，负担比各节点重得多，容易形成"瓶颈"，一旦发生故障，则全网受影响。总的来说，星型拓扑结构相对简单，便于管理，建网容易。

2．环型拓扑结构

环型拓扑结构是使用公共电缆组成一个封闭的环，各节点直接连到环上，信息沿着环按一定方向从一个节点传送到另一个节点。其优点是所有站点都能公平访问网络的其他部分，网络性能稳定。但是因为数据传输需要通过环上的每一个节点，如果某一节点出现故障，则会影响全网的正常工作。

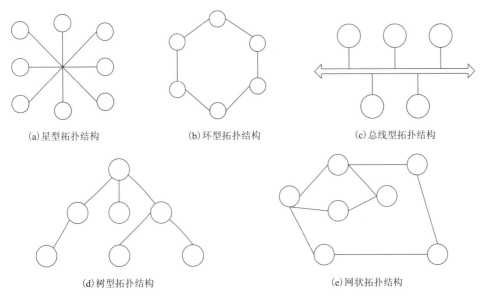

(a)星型拓扑结构　　　　　　(b)环型拓扑结构　　　　　　(c)总线型拓扑结构

(d)树型拓扑结构　　　　　　　　　(e)网状拓扑结构

图 7-1　常见的网络拓扑结构

3．总线型拓扑结构

总线型拓扑结构是采用单根传输线作为公用的传输介质，将网络中所有的计算机通过相应的硬件接口和电缆直接连接到这根共享的总线上。其优点是节点加入和退出比较简单，总线上某个节点故障不会影响其他节点之间的通信，不会造成网络瘫痪，可靠性较高，是局域网普遍采用的拓扑形式。

4．树型拓扑结构

树型拓扑结构是节点按照层次进行连接，像树一样，有分支、根节点、叶子节点等，信息交换主要在上、下节点之间进行，它可以看作星型拓扑结构的一种扩展。

5．网状拓扑结构

网状拓扑结构各节点通过传输线互相连接起来，并且每个节点至少与其他两个节点相连。网状拓扑结构具有较高的可靠性，但其结构复杂，实现起来费用较高，不易管理和维护，不常用于局域网。

7.2　Internet 基础

Internet 又称国际互联网，始于 1968 年美国国防部高级研究计划局（ARPA）提出并资助的 ARPANET 网络计划，其目的是将各地不同的主机以一种对等的通信方式连接起来，最初只有 4 台主机。此后，大量的主机和用户接入这个网络，形成了现在的国际互联网。

Internet 是全球性的网络，是一种公用信息的载体，是大众传媒的一种，具有快捷性、普及性，是现今最流行、最受欢迎的传媒之一。这种大众传媒比以往的任何一种通信媒体都要快。互联网是由一些使用公用语言互相通信的计算机连接而成的网络，即广域网、局域网及单机按照一定的通信协议组成的国际计算机网络。

我国于 1994 年 4 月正式接入 Internet，从此中国的网络建设进入了快速发展阶段。经过多年的发展，我国互联网主干网络已经发展到了 8 个，即中国公用计算机互联网(CHINANET)、网通宽带中国 CHINA169 网、中国科技网(CSTNET)、中国教育和科研计算机网(CERNET)、中国移动互联网(CMNET)、中国联通互联网(UNINET)、中国铁通互联网(CRNET)和中国国际经济贸易互联网(CIETNET)。

7.2.1　TCP/IP

TCP/IP 是 Transmission Control Protocol/Internet Protocol 的简写，即传输控制协议/因特网互联协议，又称网络通信协议，是 Internet 最基本的协议及基础。TCP/IP 不是 TCP 和 IP 这两个协议的合称，而是指 Internet 整个 TCP/IP 协议族。从协议分层模型方面来讲，TCP/IP 由 4 个层次组成：网络接口层、网络层、传输层、应用层。TCP/IP 定义了电子设备如何接入 Internet 及数据如何在它们之间传输的标准。通俗而言，TCP 负责发现传输的问题，一旦有问题就发出信号，要求重新传输，直到所有数据安全、正确地传输到目的地，而 IP 是给 Internet 的每台计算机规定一个地址。

TCP/IP 并不完全符合 OSI(Open System Interconnect)的 7 层参考模型，OSI 是传统的开放式系统互联参考模型，是一种通信协议 7 层抽象的参考模型，其中每一层执行某一特定任务。该模型的目的是使各种硬件在相同的层次上相互通信，这 7 层是物理层、数据链路层(网络接口层)、网络层、传输层、会话层、表示层和应用层。TCP/IP 采用 4 层的层级结构，每一层都呼叫它的下一层所提供的网络来完成自己的需求。由于 ARPANET 的设计者注重的是网络互联，允许通信子网(网络接口层)采用已有的或是将来有的各种协议，所以这个层次中没有提供专门的协议。实际上，TCP/IP 可以通过网络接口层连接到任何网络上，如 X.25 交换网或 IEEE802 局域网。

7.2.2　IP 地址

IP 中还有一个非常重要的内容，那就是给 Internet 的每台计算机和其他设备都规定了一个唯一的地址，称为 IP 地址。网络地址是 Internet 协会的 ICANN(the Internet Corporation for Assigned Names and Numbers)分配的，下有负责北美地区的 InterNIC、负责欧洲地区的 RIPENIC 和负责亚太地区的 APNIC，目的是保证网络地址的全球唯一性。主机地址由各个网络的系统管理员分配。因此，网络地址的唯一性与网络内主机地址的唯一性确保了 IP 地址的全球唯一性。由于有这种唯一的地址，才保证了用户在联网的计算机上操作时，能够高效而且方便地从千千万万台计算机中选出自己所需要的对象来。

按照 TCP/IP 规定，IP 地址用二进制形式来表示，每个 IP 地址长度为 32 位，即 4 字节。一个采用二进制形式的 IP 地址是一串很长的数字，处理起来十分费劲。为了方便人们使用，IP 地址经常被写成十进制的形式，中间使用符号"."分开不同的字节。例如，IP 地址可以表示为"10.0.0.1"。IP 地址的这种表示法称为"点分十进制表示法"，这显然比 1 和 0 容易记忆得多。

IP 地址格式：IP 地址=网络地址+主机地址。

IP 地址分为 5 类，A 类保留给政府机构，B 类分配给中等规模的公司，C 类分配给任何需要的人，D 类用于组播，E 类用于实验，各类 IP 地址可容纳的地址数目不同。

对于 A、B、C 类 IP 地址，当将 IP 地址写成二进制形式时，A 类地址的第一位总是 1，B 类地址的前两位总是 10，C 类地址的前三位总是 110。

1．A 类地址

(1) A 类地址第 1 字节为网络地址，其他 3 字节为主机地址。它的第 1 字节的第 1 位固定为 0。

(2) A 类地址网络号范围为 1.0.0.0～127.0.0.0。

(3) A 类地址中的私有地址和保留地址如下。

10.×.×.× 是私有地址(所谓私有地址，就是在互联网上不使用，而用于局域网中的地址)，其范围为 10.0.0.0～10.255.255.255。

127.×.×.× 是保留地址，用于循环测试。

2．B 类地址

(1) B 类地址第 1 字节和第 2 字节为网络地址，其他 2 字节为主机地址。它的第 1 字节的前两位固定为 10。

(2) B 类地址网络号范围为 128.0.0.0～191.255.0.0。

(3) B 类地址的私有地址和保留地址如下。

172.16.0.0～172.31.255.255 是私有地址。

169.254.×.× 是保留地址，如果用户的 IP 地址是自动获取的，而用户在网络上又未找到可用的 DHCP 服务器，就会得到其中一个 IP 地址。

191.255.255.255 是广播地址，不能分配。

3．C 类地址

(1) C 类地址第 1 字节、第 2 字节和第 3 字节为网络地址，第 4 字节为主机地址。另外，第 1 字节的前 3 位固定为 110。

(2) C 类地址网络号范围为 192.0.0.0～223.255.255.0。

(3) C 类地址中的私有地址如下。

192.168.×.× 是私有地址(如 192.168.0.0～192.168.255.255)。

4．D 类地址

(1) D 类地址不分网络地址和主机地址，它的第 1 字节的前 4 位固定为 1110。

(2) D 类地址范围为 224.0.0.0～239.255.255.255。

5．E 类地址

(1) E 类地址不分网络地址和主机地址，它的第 1 字节的前 4 位固定为 1111。

(2) E 类地址范围为 240.0.0.0～247.255.255.255。

Internet 的主机都有一个唯一的 IP 地址，IP 地址用一个 32 位的二进制数表示一个主机号码，但 32 位地址资源有限，已经不能满足用户的需求了，因此 Internet 研究组织发布新的主机标识方法，即 IPv6(Internet Protocol Version 6)，又称下一代互联网协议，它是由 IETF(Internet Engineering Task Force) 小组设计的用来替代现行 IPv4(现行的 IP)的一种新的 IP。在 RFC(Request for Comments Document)1884 中，规定的标准语法建议把 IPv6 地址的 128 位(16 字节)写成 8 个 16 位的无符号整数，每个整数用 4 个十六进制位表示，这些数之间用冒号(：)分开，如 3fe：3201：1401：1280：c8f：fe4d：db39：1984。

7.2.3　域名系统

IP 地址是 Internet 主机作为路由寻址用的数字型标识，不容易记忆。因而产生了域名

(Domain Name)这一字符型标识。

域名系统(Domain Name System，DNS)是 Internet 的一项核心服务，它作为可以将域名和 IP 地址相互映射的一个分布式数据库，能够使人们更方便地访问互联网，而不用去记住能够被机器直接读取的 IP 数串。

域名系统是树形结构，其形式有 COM(企业)、NET(网络运行服务机构)、GOV(政府机构)、ORG(非营利性组织)、EDU(教育)几种，其注册、运行工作由 Network Solution 公司负责。

域名可分为不同的级别，包括顶级域名、二级域名等。

顶级域名分为两类，一是国家顶级域名，200 多个国家和地区都按照 ISO3166 国家代码分配了顶级域名，例如，中国是 CN，美国是 US，日本是 JP 等；二是国际顶级域名，例如，企业是 COM，网络运行服务机构是 NET，非营利性组织是 ORG 等。大多数域名争议都发生在 COM 的顶级域名下，因为多数公司上网的目的都是为了赢利，为加强域名管理，解决域名资源的紧张，Internet 协会、Internet 分址机构及世界知识产权组(WIPO)等国际组织经过广泛协商，在原来 3 个国际通用顶级域名的基础上，新增加了 7 个国际通用顶级域名：FIRM(公司企业)、STORE(销售公司或企业)、WEB(突出 WWW 活动的单位)、ARTS(文化、娱乐单位)、REC(消遣、娱乐活动的单位)、INFO(提供信息服务的单位)、NOM(个人)，并在世界范围内选择新的注册机构来受理域名注册申请。

二级域名是指顶级域名之下的域名。在国际顶级域名下，它是指域名注册人的网上名称，如 IBM、Yahoo、Microsoft 等；在国家顶级域名下，它是表示注册企业类别的符号，如 COM、EDU、GOV、NET 等。

中国在国际互联网络信息中心正式注册并运行的顶级域名是 CN，这也是中国的一级域名。在顶级域名之下，中国的二级域名又分为类别域名和行政区域名两类。类别域名共 6 个，包括用于科研机构的 AC、用于工商金融企业的 COM、用于教育机构的 EDU、用于政府部门的 GOV、用于互联网络信息中心和运行中心的 NET、用于非营利性组织的 ORG。而行政区域名有 34 个，分别对应中国各省、自治区和直辖市。

7.2.4　Internet 应用

Internet 的应用方式随着时代的发展而不断创新，但是最常用的依然是万维网、电子邮件等。

1. 万维网

WWW(World Wide Web)中文称为万维网、环球网等，简称 Web。万维网分为 Web 客户端和 Web 服务器程序。万维网可以让 Web 客户端(常用浏览器)访问浏览 Web 服务器上的页面。万维网提供丰富的文本和图形、音频、视频等多媒体信息，将这些内容集合在一起，并提供导航功能，使用户可以方便地在各个页面之间进行浏览。由于万维网内容丰富、浏览方便，目前已经成为互联网最重要的服务。

万维网是一个资料空间。在这个空间中，一样有用的事物称为一种"资源"，并且由一个全域"统一资源标识符(URL)"标识。这些资源通过超文本传输协议 HTTP(HyperText Transfer Protocol)传送给使用者，而后者通过点击链接来获得资源。万维网联盟又称 W3C (World Wide Web Consortium)理事会。1994 年 10 月，拥有"世界理工大学之最"称号的麻省理工学院(MIT)

成立计算机科学实验室。建立者是万维网的发明者蒂姆·伯纳斯·李。蒂姆·伯纳斯·李是万维网联盟的领导人，这个组织的作用是使计算机能够在万维网上不同形式的信息间更有效地进行存储和通信。

万维网常被当成 Internet 的同义词，但两者有着本质的区别。Internet 指的是一个硬件的网络，全球的所有计算机通过网络连接后便形成了 Internet，而万维网则更倾向于一种浏览网页的功能。

2．电子邮件

电子邮件(E-mail)是一种用电子手段提供信息交换的通信方式，是互联网应用最广的服务。通过网络的电子邮件系统，用户可以以非常低廉的价格、非常快速的方式与世界上任何一个角落的网络用户联系。

电子邮件地址的格式：用户名@电子邮件服务器名，它由 3 部分组成。

第 1 部分"用户名"代表用户信箱的账号，对于同一个邮件接收服务器来说，这个账号必须是唯一的；第 2 部分"@"是分隔符；第 3 部分"电子邮件服务器名"是用户信箱的邮件接收服务器域名，用以标识其所在的位置。

7.3　计算机病毒

计算机病毒是计算机数据安全的头号杀手。国务院颁布的《中华人民共和国计算机信息系统安全保护条例》及公安部出台的《计算机病毒防治管理办法》将计算机病毒均定义如下：计算机病毒是指编制或者在计算机程序中插入的破坏计算机功能或者毁坏数据，影响计算机使用，并能自我复制的一组计算机指令或者程序代码。这是目前官方最权威的关于计算机病毒的定义，此定义也被通行的《计算机病毒防治产品评级准则》的国家标准所采纳。

7.3.1　计算机病毒的特征

计算机病毒一般具有寄生性、破坏性、传染性、可触发性、潜伏性和隐蔽性等特征。

1．寄生性

计算机病毒可以寄生在其他可执行的程序中，因此，它能享有被寄生的程序所能得到的一切权利。

2．破坏性

计算机病毒可以导致正常的程序无法运行，把计算机内的文件删除或受到不同程度的损坏。通常表现为增、删、改、移。

3．传染性

传染性是病毒的基本特征。计算机病毒是一段人为编制的计算机程序代码，这段程序代码一旦进入计算机并得以执行，它就会搜寻其他符合其传染条件的程序或存储介质，确定目标后再将自身代码插入其中，达到自我繁殖的目的，只要一台计算机染毒，如不及时处理，那么病毒会在这台计算机上迅速扩散，可通过各种可能的渠道，如软盘、硬盘、移动硬盘、计算机网络等去传染其他的计算机。当用户在一台计算机上发现了病毒时，往往曾在这台计算机上使用过的 U 盘也已感染上了病毒，而与这台计算机联网的其他计算机可能也被该病毒感染了。是否具有传染性是判别一个程序是否为计算机病毒的最重要依据。

4．可触发性

因某个事件或数值的出现，诱使病毒实施感染或进行攻击的特性称为可触发性。病毒的触发机制就是用来控制感染和破坏动作的频率的。病毒具有预定的触发条件，这些条件可能是时间、日期、文件类型或某些特定数据等。病毒运行时，触发机制检查预定条件是否满足，如果满足，则启动感染或破坏动作，使病毒去感染或进行攻击；如果不满足，则使病毒继续潜伏。

5．潜伏性

一个编制精巧的计算机病毒程序进入系统之后一般不会马上发作，因此病毒可以静静地躲在磁盘或磁带里待上几天甚至几年，一旦时机成熟，得到运行机会，就四处繁殖、扩散，继续危害。有些病毒像定时炸弹一样，让它什么时候发作是预先设计好的。例如，对于黑色星期五病毒，不到预定时间人们一点儿都觉察不出来，而等到条件具备时它一下子就爆发出来，对系统进行破坏。

6．隐蔽性

计算机病毒具有很强的隐蔽性，有的可以通过病毒软件检查出来，有的根本就查不出来，有的时隐时现、变化无常，这类病毒处理起来通常很困难。

7.3.2　计算机病毒的分类

计算机病毒的分类方式有很多，其中按照计算机病毒的感染方式可分为以下 5 类。

1．引导型病毒

引导型病毒是指寄生在磁盘引导区或主引导区的计算机病毒。此种病毒利用系统引导时不会对主引导区的内容进行正确性判断的缺点，在系统引导的过程中进行系统入侵，驻留内存，监视系统运行，伺机传染和破坏。按照引导型病毒在硬盘上的寄生位置，又可将其细分为主引导记录病毒和分区引导记录病毒。主引导记录病毒感染硬盘的主引导区，如大麻病毒、2708 病毒、火炬病毒等；分区引导记录病毒感染硬盘的活动分区引导记录，如小球病毒等。

2．文件型病毒

文件型病毒主要感染计算机中的可执行文件(.exe)和命令文件(.com)。文件型病毒对计算机的源文件进行修改，使其成为新的带有计算机病毒的文件，一旦计算机运行该文件就会被感染，从而达到传播的目的。

3．混合型病毒

混合型病毒是指具有引导型病毒和文件型病毒寄生方式的计算机病毒，所以其破坏性更大，传染的机会也更多，杀灭也更困难。这种病毒扩大了病毒程序的传染途径，它既感染磁盘的引导记录，又感染可执行文件。当染有此种病毒的磁盘用于引导系统或调用执行染毒文件时，病毒都会被激活。因此，在检测、清除混合型病毒时，必须全面、彻底地根除。如果只发现该病毒的一个特性，而把它当作引导型或文件型病毒进行清除，虽然看起来是清除了，但还留有隐患，这种经过消毒后的"洁净"系统更富有攻击性。这类病毒有 Flip 病毒、新世纪病毒、One-half 病毒等。

4．宏病毒

宏病毒是一种寄存在文档或模板的宏中的计算机病毒。一旦打开这样的文档，其中的宏就会被执行，于是宏病毒就会被激活，转移到计算机上，并驻留在 Normal 模板上。此后，所有自动保存的文档都会"感染"上这种宏病毒，而且如果其他计算机用户打开了感染病毒的文档，宏病毒又会转移到该计算机上。

5．网络病毒

网络病毒通过计算机网络传播感染网络中的可执行文件。如果在 E-mail 中收到带有网络病毒的可执行文件，计算机数据就会被监测或破坏。

7.3.3　计算机感染病毒的常见症状及预防

计算机病毒虽然难以检测，但是只要细心观察计算机的运行状况，依然可以发现计算机感染病毒的一些异常状况。常见的一些异常状况如下。

(1)在特定情况下，屏幕上出现某些异常字符或特定画面。

(2)文件长度异常增减或莫名产生新文件。

(3)一些文件打开异常或突然丢失。

(4)系统无故进行大量磁盘读写或未经用户允许进行格式化操作。

(5)系统出现异常的重启现象，经常死机、蓝屏或无法进入系统。

(6)可用的内存或硬盘空间变小。

(7)打印机等外部设备出现工作异常。

(8)在汉字库正常的情况下，无法调用和打印汉字或汉字库无故损坏。

(9)磁盘上无故出现扇区损坏。

(10)程序或数据神秘地消失了，文件名不能辨认等。

当前，病毒制造者的技术越来越高，病毒的欺骗性和隐蔽性也越来越强。要在具体实践中细心观察，发现计算机的异常现象。

提高系统的安全性是预防计算机感染病毒的一个重要方面，但完美的系统是不存在的，过于强调提高系统的安全性将使系统多数时间用于病毒检查，系统将失去可用性、实用性和易用性。加强内部网络管理人员及使用人员的安全意识，利用多计算机系统常用口令来控制对系统资源的访问，这是防病毒进程中最容易和最经济的方法之一。安装杀毒软件并定期更新，也是预防病毒的重要手段。另外，不使用来历不明的程序或数据；不轻易打开来历不明的电子邮件；使用新的计算机系统或软件时要先杀毒后再使用；备份系统和参数，建立系统的应急计划；专机专用；分类管理数据等，都可以预防计算机被病毒感染。

习　　题

1．造成计算机中存储数据丢失的原因主要是(　　)。
　　A．病毒侵蚀、人为窃取　　　　　　B．计算机电磁辐射
　　C．计算机存储器硬件损坏　　　　　D．以上全部都是

2．计算机安全是指计算机资产安全，即(　　)。
　　A．计算机信息系统资源不受自然有害因素的威胁和危害
　　B．信息资源不受自然和人为有害因素的威胁和危害
　　C．计算机硬件系统不受人为有害因素的威胁和危害
　　D．计算机信息系统资源和信息资源不受自然和人为有害因素的威胁和危害

3．以下不属于计算机网络主要功能的是（　　）。

    A．专家系统   B．数据通信   C．分布式信息处理   D．资源共享

4．在 Internet 中实现信息浏览查询服务的是（　　）。

    A．DNS   B．FTP   C．WWW   D．ADSL

5．在 Internet 中完成从域名到 IP 地址或从 IP 地址到域名转换服务的是（　　）。

    A．DNS   B．FTP   C．WWW   D．ADSL

6．关于电子邮件，下列说法错误的是（　　）。

    A．必须知道收件人的 E-mail 地址   B．发件人必须有自己的 E-mail 账户

    C．收件人必须有自己的邮政编码   D．可以使用 Outlook 管理联系人信息

第三部分

Word 2016 文档编排

第 8 章 Word 2016 文档的简单编辑

内容提要：

本章首先介绍 Word 2016 工作界面，然后介绍段落结构调整、边框和底纹设置、查找和替换功能、页眉和页脚设置、页面设置、样式使用等。

重要知识点：

- 段落结构调整。
- 边框和底纹设置。
- 查找和替换功能。
- 页眉和页脚设置。
- 页面设置。
- 样式使用。

8.1 Word 2016 工作界面

Word 2016 功能更强大，可以打开并编辑 PDF，快速放入并观看联机视频而不离开文档，以及在任意屏幕上使用阅读模式观看而不受干扰。可以让用户创建、编辑、审阅和标注文档，还可以与他人实时分享文档。阅读文档时，新增的 Insights for Office（Office 见解）可以让用户检索图片、参考文献和术语解释等网络资源。

Word 2016 工作界面如图 8-1 所示。

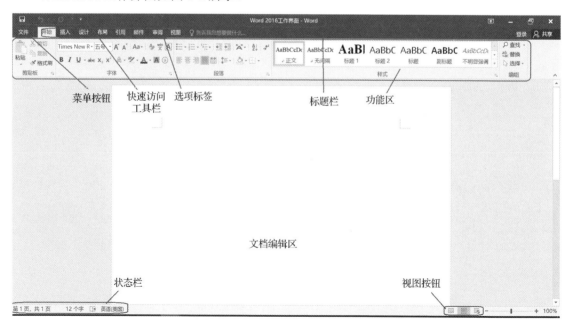

图 8-1　Word 2016 工作界面

- 快速访问工具栏：主要包括一些常用命令，如"保存""撤销""恢复"按钮。单击快速访问工具栏最右端的下拉按钮，可以添加其他常用命令或经常要用到的命令。
- 菜单按钮：就是"文件"按钮，其中包括"信息""新建""打印""共享""打开""关闭""保存"等常用命令。
- 选项标签：功能区中的各个选项标签都包含一组功能菜单。
- 功能区：主要包含"开始""插入""设计""布局""引用""邮件""审阅""视图"等选项卡，以及工作时要用到的命令。功能区是 Word 2016 软件中常用的区域，如图 8-2 所示为"开始"选项卡功能区。

图 8-2　"开始"选项卡功能区

- 状态栏：为用户提供页码、字数统计、拼音语法检查、改写、视图方式、显示比例等辅助功能的区域，实时为用户显示当前工作信息。
- 视图按钮：包含 Word 2016 中常用的视图按钮，如页面视图、阅读视图、Web 视图等。
- 标题栏：显示正在编辑的文件名称。
- 文档编辑区：用户工作的主要区域，用来实现文档的显示和编辑。在这个区域中经常用到的工具包括水平标尺、垂直标尺、对齐方式、显示段落等。

8.2　Word 2016 文档的创建、打开和保存

8.2.1　创建文档

1. 创建空白文档

启动 Word 2016 软件，可直接生成空白文档，也可以通过单击"文件"→"新建"选项，单击"空白文档"来新建空白文档。创建空白文档界面如图 8-3 所示。

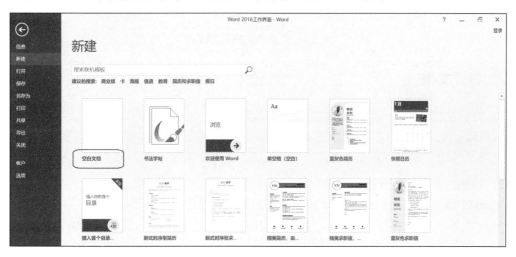

图 8-3　创建空白文档界面

2．使用模板创建文档

也可以选择图 8-3 中的其他模板来创建文档。例如，根据"蓝灰色简历"创建文档，操作步骤如下。

(1)单击"文件"→"新建"选项，在弹出界面中选择"蓝灰色简历"模板，单击"创建"按钮，结果如图 8-4 所示。

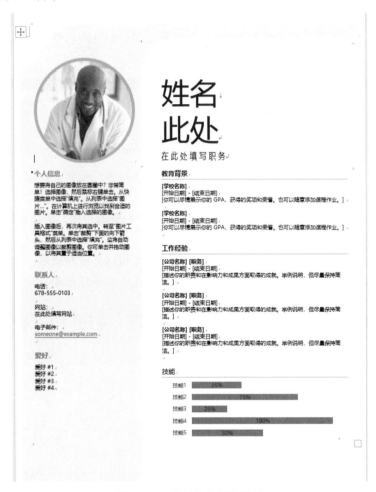

图 8-4　　"蓝灰色简历"模板

8.2.2　打开文档

1．打开文档

用户可以使用"打开"命令打开文档，也可以直接双击文档打开。操作步骤如下。

使用"打开"命令，单击"文件"→"打开"选项，打开文档对话框如图 8-5 所示。

2．快速打开最近打开过的文档

Word 2016 可以自动记住用户最近编辑过的文档，操作方法如下。

单击"文件"→"打开"选项，单击右边的"最近"菜单项，用户最近编辑过的文档就会显示在右边列表中，如图 8-6 所示。

图 8-5　打开文档对话框

图 8-6　最近编辑过的文档

8.2.3　保存文档

1. 直接保存文档

可通过以下两种方法直接保存文档。

（1）单击 Word 2016 工作界面左上角快速访问工具栏中的"保存"图标，如图 8-7 所示，可以保存文档。

图 8-7　单击"保存"图标

(2) 也可以直接单击 Word 2016 工作界面右上角的"关闭"按钮，弹出对话框，提示是否保存文档，单击"保存"按钮，如图 8-8 所示，就可保存该文档。

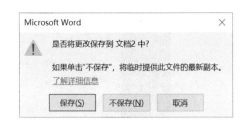

图 8-8　单击"保存"按钮

2．设置自动保存文档

Word 2016 提供了自动保存文档功能，按一定的时间间隔自动保存对文档的修改，可以避免用户因忘记存盘而丢失文档信息。

操作步骤如下。

(1) 单击"文件"→"选项"选项，弹出"使用 Word 时采用的常规选项"窗口，如图 8-9 所示。

图 8-9　"使用 Word 时采用的常规选项"窗口

(2) 单击"保存"选项，弹出"自定义文档保存方式"窗口，如图 8-10 所示。

(3) 选中"保存自动恢复信息时间间隔"复选框，在"分钟"微调框中默认的自动保存时间间隔为 10 分钟，用户可以根据自己的需要进行调整。

(4) 单击"确定"按钮完成设置。

3．保存为不同类型的文件

Word 2016 软件中可以支持多种保存类型，有纯文本、RTF 格式、PDF、网页等。单击"文件"→"另存为"选项，展开"保存类型"下拉菜单，可以选择要保存的文件类型，如图 8-11 所示。

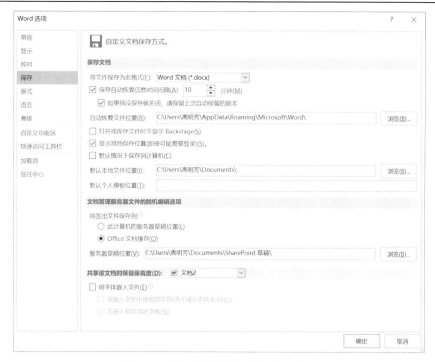

图 8-10　"自定义文档保存方式"窗口

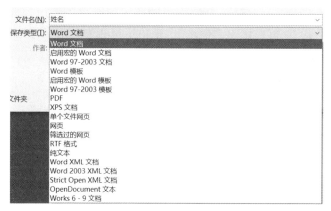

图 8-11　"保存类型"下拉菜单

【注意】

● 纯文本格式将使文件中的格式和图片等全部丢失。

● RTF 格式是许多软件都能识别的文件格式，如 Word、WPS Office、Excel 等都可以打开 RTF 格式的文件，通用兼容性是 RTF 格式的最大优点，但同时它也有缺点，如文件一般相对较大(可能因为嵌入了兼容各种应用程序的控制符号)，Word 等应用软件特有的格式可能无法正常保存等。

● PDF 是一种通用文件格式，不管创建源文档时使用的是哪种应用程序和平台，它均可以保留源文档的字体、图像、图形和版面设置。PDF 格式的电子书具有纸版书的阅读效果，而显示大小可任意调节，给读者提供了个性化的阅读方式。PDF 文件的显示不会因操作系统的语言、字体及显示设备的改变而变化，阅读起来很方便。

● 文档如果另存为网页格式，就可以用浏览器打开、预览了。

8.3　输　入　文　本

输入文本是 Word 2016 最基本的操作之一，任何文档的修改、编辑都离不开文本的输入。下面介绍输入方式的切换。

1．大小写的切换

操作步骤如下。

(1)选取文本。

(2)单击"开始"→"字体"工具栏中的"Aa"下拉按钮，弹出"Aa"下拉菜单，如图 8-12 所示。

(3)单击"Aa"下拉菜单中的一项，可以设置为相应的输入方式，如"句首字母大写""切换大小写"等。

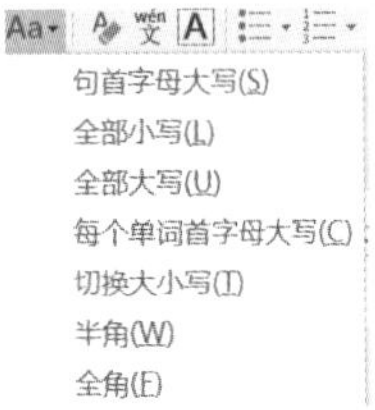

图 8-12　"Aa"下拉菜单

2．全角与半角的切换

操作步骤如下。

(1)选取文本。

(2)单击"开始"→"字体"工具栏中的"Aa"下拉按钮，弹出"Aa"下拉菜单，如图 8-12 所示。

(3)在"Aa"下拉菜单中选中"半角"，全角字符变为半角字符；选中"全角"，半角字符变为全角字符。

8.4　文档内容的快速选定

Word 中的很多操作只针对选定的文档内容起作用。选定文档内容的常用方法包括拖动鼠标、使用 Shift 键及使用键盘等。

● 将光标从要选定的文档内容起始位置拖到其结束位置，光标经过的文本区域即被选定。

● 将光标移到需要选定的字符前，按住 Alt 键，拖动光标，可选定光标经过的矩形区域。

● 在按住 Ctrl 键的情况下，通过拖动鼠标可以选择不连续的多个区域。

● 按住 Ctrl 键，单击所选句子中的任意地方，整个句子就被选定。

● 单行选取：将光标移到该行左边空白处，待光标变成斜向上方的箭头时单击。

● 段落选取：将光标移到该段左边空白处，待光标变成斜向上方的箭头时双击。

● 全文选取：按"Ctrl+A"键选定整篇文档。

8.5　段落结构调整

段落结构是指以段落为单位的格式设置。段落结构包括了段落本身的格式和段落之间的格式等内容。本节主要介绍段落缩进和间距、换行和分页等内容。

8.5.1　段落缩进和间距

段落缩进是指段落在水平方向的排列分布，间距是指段落之间垂直方向的距离。有效设定缩进方式和间距能够增强文档的可读性。

1. 设置方法 1

(1)打开要编辑的文档，单击"开始"→"段落"工具栏右下角的启动按钮(方框处)，如图 8-13 所示。

图 8-13　段落"启动"按钮(方框处)

(2)打开"段落"对话框，如图 8-14 所示，单击"缩进和间距"选项卡，可以设置段落对齐方式、段落大纲级别、段落缩进和间距等段落格式。

图 8-14　"段落"对话框

2. 设置方法 2

(1)打开文档，找到菜单栏中的"布局"选项卡。

(2)在"布局"选项卡中有段落的缩进和间距设置，如图 8-15 所示，进行相应修改即可。

图 8-15　段落的缩进和间距设置

图 8-16　"换行和分页"选项卡

8.5.2　换行和分页

在编辑文档的过程中，会按照默认设置自动给文档换行和分页，但有时并不符合阅读习惯。例如，一个段落的第一行内容排在了上个页面的最下一行，这时可以通过设定"换行和分页"选项进行调整。

具体操作如下。

(1)单击"开始"→"段落"工具栏右下角的启动按钮，弹出"段落"对话框，打开"换行和分页"选项卡，如图 8-16 所示。

(2)选中"孤行控制"和"与下段同页"复选框，单击"确定"按钮，完成分页设置。文档中就不会再出现一个段落第一行内容排在上个页面最下一行的情况了。

【注意】

● 孤行控制：避免"段落的首行出现在页面底端""段落的最后一行出现在页面顶端"的情况。

● 与下段同页：将所选段落与下一段落归于同一页。

● 段中不分页：使一个段落不被分在两个页面中。

● 段前分页：在所选段落前插入一个人工分页符强制分页。

● 取消行号：在所选的段落中取消行号。

● 取消断字：在所选的段落中取消断字。

8.6　边框和底纹设置

设置边框和底纹能突出显示文档内容或使文档更加美观。本节将介绍文字边框和底纹设置、段落边框和底纹设置、页面边框和底纹设置。

8.6.1　文字边框和底纹设置

例如，为文档中的"中国梦"文字添加蓝色双波浪线，以及宽度为 0.75 磅的边框和底纹。操作步骤如下。

(1)选中要设置边框和底纹的文字。

(2)单击"开始"→"段落"组的"边框"按钮，单击"边框和底纹"，弹出"边框和底纹"对话框，如图 8-17 所示。

(3)设置边框。选择"边框"选项卡，然后在"设置"中选择"方框"；在"样式"中选择"双波浪线"，在"颜色"中选择"蓝色"，在"宽度"中选择"0.75 磅"；在"应用于"中选择"文字"。此时，在"预览"中可以看到边框的设置效果，如图 8-18 所示。

(4)设置底纹。选择"底纹"选项卡，然后在"填充"中选择"黄色"，在"图案"里的"样式"中选择"灰色 12.5%"，在"颜色"中选择"红色"；在"应用于"中选择"文字"。此时，在"预览"中可以看到底纹的设置效果，如图 8-19 所示。

图 8-17　"边框和底纹"对话框

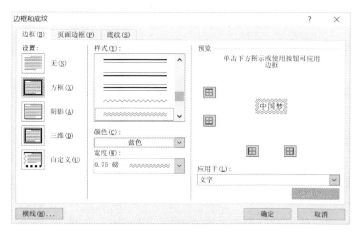

图 8-18　边框的设置效果

图 8-19　底纹的设置效果

注：如果想删除底纹，可在界面左边"填充"中选择"无颜色"，在"图案"里的"样式"中选择"清除"，"颜色"选择"自动"。

(5)在"边框和底纹"对话框中单击"确定"按钮，完成设置。

8.6.2　段落边框和底纹设置

Word 2016中也可以为段落设置边框和底纹，操作步骤如下。

(1)选择段落区域。

(2)在"开始"选项卡的"段落"工具栏中单击"边框和底纹"下拉按钮，并在打开的菜单中选择"边框和底纹"选项。

(3)弹出"边框和底纹"对话框，单击"边框"选项卡，如图 8-20 所示，分别设置边框的样式、颜色和宽度，在"应用于"中选择"段落"，然后单击"选项"按钮。

图 8-20　"边框"选项卡

(4)弹出"边框和底纹选项"对话框，如图 8-21 所示，设置"距正文间距"中的数值，单击"确定"按钮。

(5)返回"边框和底纹"对话框，单击"底纹"选项卡，如图 8-22 所示，设置段落底纹的填充颜色和图案，在"应用于"中选择"段落"，单击"确定"按钮，即可完成段落边框和底纹的设置。

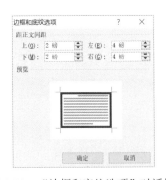

图 8-21　"边框和底纹选项"对话框

图 8-22　"底纹"选项卡

8.6.3　页面边框和底纹设置

1. 设置页面边框

Word 2016中提供了多种线条样式和颜色的页面边框,用户可以为文档中每一页的任意一边或多边添加边框。

例如，为当前文档添加艺术型边框，操作步骤如下。

(1) 打开要设置边框的文档。

(2) 在"开始"选项卡的"段落"工具栏中单击"边框和底纹"下拉按钮，并在打开的菜单中选择"边框和底纹"，弹出"边框和底纹"对话框。

(3) 单击"页面边框"选项卡，如图 8-23 所示，在界面左边 "设置"中设置边框类型为"方框"；在界面中间可以设置边框的样式、颜色、宽度及艺术型，在"艺术型"中选择一种艺术型样式；在界面右边可以设置边框的应用范围，在"应用于"中选择"整篇文档"，同时在"预览"中可以看到页面边框的设置效果。

(4) 单击"确定"按钮，完成设置。

注：如果要删除边框，则在界面右边"应用于"中选择"整篇文档"，在界面左边"设置"中选择"无"即可。

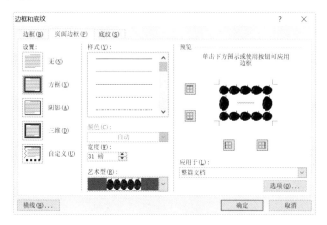

图 8-23　"页面边框"选项卡

2．设置页面底纹

页面底纹是指作为文档背景的图案、颜色等内容。通过设置页面底纹，可以使文档更加美观。这里主要介绍设置页面背景、添加图片或文字作为页面水印的方法。

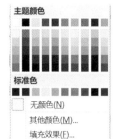

- 添加页面背景颜色：为页面添加背景颜色，可以通过单击"设计"→"页面背景"→"页面颜色"菜单项，在弹出的"页面颜色"下拉菜单(如图 8-24 所示)中选取背景颜色。既可以从"主题颜色"中选取，也可以从"标准色"中选取，同时为了获取更加丰富的颜色选择范围，可单击"其他颜色"选项，弹出"颜色"对话框，在其中选取颜色。

图 8-24　"页面颜色"下拉菜单

注：在"颜色"对话框中有"标准"选项卡(如图 8-25 所示)和"自定义"选项卡(如图 8-26 所示)，用户可以选择标准颜色，也可以自定义颜色。

- 设置页面背景填充效果：是指通过明暗、阴影、纹理、图案和图片等方式，改变页面背景的显示效果。可以通过单击"设计"→"页面背景"→"页面颜色"→"填充效果"选项，打开"填充效果"对话框，如图 8-27 所示，可以分别在"渐变""纹理"

"图案""图片"选项卡中设置页面背景填充效果。

注：如果想删除背景颜色或填充效果，则只要单击"设计"→"页面背景"→"页面颜色"选项，在弹出的下拉菜单中选择"无颜色"即可。

图 8-25　"标准"选项卡

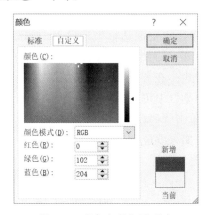
图 8-26　"自定义"选项卡

● 设置页面水印：水印是指作为文档背景图案的文字或图片，可以增强文档显示效果或标识文档状态。在页面视图或打印的文档中可以看到水印。通过单击"设计"→"页面背景"→"水印"选项，打开"水印"下拉菜单，如图 8-28 所示。可以选择系统提供的模板，如"机密""紧急"等，也可以选择"Office.com 中的其他水印"或"自定义水印"。如果想要删除水印，则只要单击"删除水印"选项即可。

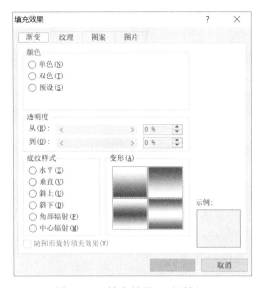
图 8-27　"填充效果"对话框

图 8-28　"水印"下拉菜单

(1)自定义水印：单击"自定义水印"选项，弹出"水印"对话框，如图 8-29 所示，可选择"无水印""图片水印""文字水印"。

(2)设置图片水印：选择"图片水印"选项，单击"选择图片"按钮，弹出"插入图片"对话框，选择作为水印的图片，可以在"缩放"中设置缩放比例，也可以选中"冲蚀"复选框。图片水印的设置如图 8-30 所示。

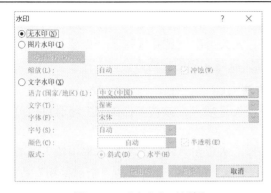
图 8-29　"水印"对话框

图 8-30　图片水印的设置

(3) 设置文字水印：选择"文字水印"选项，可以设置"语言""文字""字体""字号""颜色""版式"等。文字水印的设置如图 8-31 所示。

图 8-31　文字水印的设置

8.7　格式刷的使用

很多用户在使用 Word 2016 编写文档时，想使文档某几部分的格式是一样的，但一个一个修改既费时又费力，这时就要用到快捷工具"格式刷"了。

例如，要把某文档的第 2 章所有二级标题设置为"2.1 概述"的格式。

先用光标选中该文档中的"2.1 概述"，然后单击"格式刷"按钮 　，接着选中其他二级标题，此时，它们的格式即会与"2.1 概述"的格式相同。

【注意】单击一次格式刷，小刷子只刷一次便失效了，如果要刷多次，可以双击"格式刷"按钮，这样就可以连续使用多次了。再单击格式刷，小刷子就失效了。

8.8　查找和替换功能

Word 2016 的查找和替换功能非常强大，在文档的编辑中，熟练使用这一功能可以解决好多问题。下面通过实例来介绍这一功能的应用。

1．查找所有相匹配的字、词、句、段落的方法

打开文档，单击菜单栏中的"编辑"→"查找"选项卡，或直接按"Ctrl+F"组合键打开"查找和替换"对话框。

在"查找内容"中输入想要查找的内容，然后单击"查找下一处"按钮，就会自动找到并选择要找的内容，再单击"查找下一处"按钮，就会再次找到并选择下一处要找的内容，直到找到最后一个，软件就会自动提示"Word已完成对文档的搜索"。

2. 替换所有相匹配的字、词、句、段落的方法

打开文档，单击菜单栏中的"编辑"→"替换"选项卡，或按"Ctrl+H"组合键打开替换功能设置界面。

在"查找内容"文本框中输入要替换掉的内容，然后在"替换为"文本框中输入要替换成的内容，最后单击"替换"按钮，就可以一个一个地替换了；建议单击"全部替换"按钮，可以一次性替换文档中所有要替换的词(比较节省时间)。替换完毕后会提示"Word已完成对所选内容的搜索，共替换××处。是否搜索文档其余部分?"。

例如，将文档中所有绿色文本替换为标题2。

操作步骤如下。

(1)按"Ctrl+H"组合键打开"查找和替换"对话框。

(2)把光标放入"查找内容"后的文本框中，单击"更多"按钮展开窗口，在"格式"下拉菜单中单击"字体"选项，打开字体设置窗口，在窗口中将字体颜色设置为"绿色"。"替换"选项卡如图8-32所示。

图8-32　"替换"选项卡

(3)把光标放入"替换为"后面的文本框中，单击"格式"→"样式"选项，在弹出的"替换样式"对话框中选择"标题2 Char，标题样式= Char"，单击"确定"按钮，如图8-33所示。

(4)单击"全部替换"按钮，设置完成后的"替换"选项卡如图8-34所示。

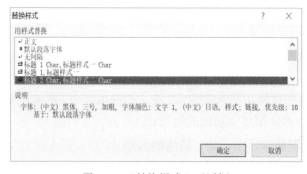

图8-33　"替换样式"对话框

图 8-34　设置完成后的"替换"选项卡

8.9　页眉和页脚设置

用户可以在页眉和页脚中插入文本或图形，如页码、日期、单位标识等，这些信息通常打印在文档中每页的顶部或底部。单击"插入"选项卡，进入"页眉和页脚"工具栏，其中包含页眉、页脚、页码 3 部分。

1. 设置页眉和页码

例如，将文档页眉设置为"计算机高级应用"，页码在页眉的右边显示。

操作步骤如下。

(1)将光标定位到要设置页眉的文档任意位置。

(2)单击"插入"→"页眉"→"空白(三栏)"选项。页眉的设置如图 8-35 所示。

图 8-35　页眉的设置

(3)删除左边的"键入文字",在中间"键入文字"位置输入"中国梦,富强梦"。

(4)在右边"键入文字"位置插入页码,将光标移到右边"键入文字"处,删除"键入文字",在"页眉和页脚"工具栏中,单击"页码"→"当前位置"→"普通数字"选项。页码的设置如图 8-36 所示。

图 8-36　页码的设置

2．调整页眉和页脚位置

例如,设置文档奇数页和偶数页的页眉和页脚不同,并使页眉和页脚距边界分别为"1.5 厘米"和"1.75 厘米"。

操作步骤如下。

(1)单击"页面布局"→"页面设置"工具栏右下角的"启动"按钮,弹出"页面设置"对话框,如图 8-37 所示,单击"版式"选项卡。

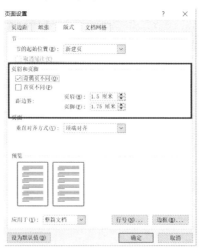

图 8-37　"页面设置"对话框

(2)选中"奇偶页不同"复选框,并在"距边界"后分别设置页眉和页脚距边界的距离,然后单击"确定"按钮。

8.10　页　面　设　置

文档输出前，可以根据需要对页面的参数进行设置。页面设置包括设置页边距、纸张、每页行数和每行字符数等。

1．设置页边距

页边距确定了页面四周的空白区域。

例如，将"纸张大小"设为"16 开"，页面上、下页边距均设为"2.54 厘米"，左、右页边距均设为"3.17 厘米"。

操作步骤如下。

(1)单击"布局"→"页面设置"工具栏右下角的"启动"按钮，打开"页面设置"对话框。

(2)单击"页边距"选项卡，页边距的设置如图 8-38 所示。

(3)在"页边距"选项卡中，还可以对"纸张方向""页码范围"等进行设置。

图 8-38　页边距的设置

2．设置纸张

Word 2016 中默认"纸张大小"为"A4"，需要其他大小的纸张可以重新设定。

操作步骤如下。

(1)单击"布局"→"页面设置"工具栏右下角的"启动"按钮，打开"页面设置"对话框。

(2)单击"纸张"选项卡，在其中进行相应设置即可。如果想自行设置纸张大小，可以选择"自定义大小"选项。纸张的设置如图 8-39 所示。

3．设置每页行数和每行字符数

有时，用户对文档中每页行数和每行字符数有要求，通过对文档页面参数的设置，可以十分方便地控制文档每页行数和每行字符数。

例如，设置文档中每页显示 41 行，每行显示 40 个字符。

操作步骤如下。

图 8-39　纸张的设置

(1)单击"布局"→"页面设置"工具栏右下角的"启动"按钮,弹出"页面设置"对话框,单击"文档网格"选项卡。

(2)单击"指定行和字符网格"选项,将"字符数"中"每行"微调框的数值调整为"40","行数"中"每页"微调框的数值调整为"41",单击"确定"按钮。文档网格的设置如图 8-40 所示。

图 8-40　文档网格的设置

8.11　主题的使用

通过使用主题，可以快速改变 Word 2016 文档的整体外观，主要包括字体、颜色、图形对象效果等。

操作步骤如下。

（1）在 Word 2016 文档中，单击"设计"→"主题"下拉按钮。Word 2016 内置主题如图 8-41 所示。

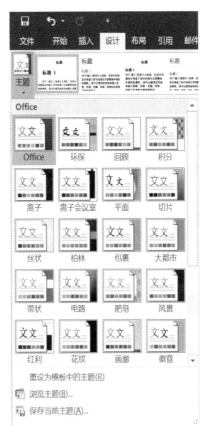

图 8-41　Word 2016 内置主题

（2）在打开的"主题"下拉列表中选择合适的主题。

（3）如果希望将主题恢复为 Word 2016 模板默认的主题，可以在"主题"下拉列表中单击"重设为模板中的主题"选项。

8.12　使用样式统一的文档格式

样式规定了 Word 2016 文档中的标题、正文等各文本元素的格式，使用样式能够迅速改变文档的外观。可以帮助用户轻松统一文档格式，构建文档大纲、简化格式的修改和编辑、生成文档目录等。

8.12.1　应用样式

操作步骤如下。

(1)选取要应用样式的文本。

(2)单击"开始"→"样式"的"其他"按钮，展开"快速样式库"下拉菜单。

(3)单击选中需要的样式，将光标放到某样式上时可以看到预览效果。通过快速样式库设置样式如图 8-42 所示。

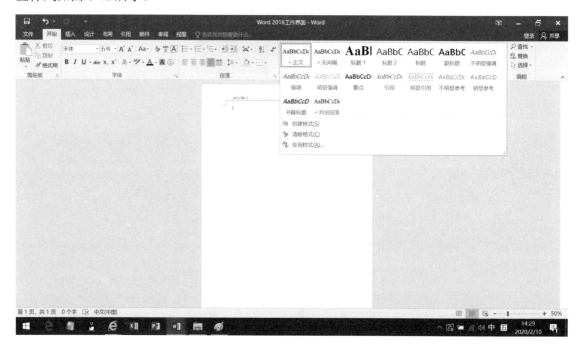

图 8-42　通过快速样式库设置样式

8.12.2　新建样式

如果 Word 2016 中的样式不能满足用户的需要，则用户可以自己创建新的样式。

例如，创建一个名为"新正文"的样式，该样式基于系统内的"正文"样式，在此基础上修改为"仿宋"字体、"小四号"字、"单倍行距"等。

操作步骤如下。

(1)单击"开始"→"样式"工具栏右下角的"启动"按钮，打开"样式"窗口，如图 8-43 所示。

(2)单击"样式"窗口左下角的"新建样式"按钮，弹出"根据格式设置创建新样式"对话框，如图 8-44 所示。

(3)在"属性"栏"名称"文本框中输入"新正文"，"样式类型"设置为"段落"，"样式基准"设置为"正文"。

(4)单击"格式"按钮，"字体"设置为"仿宋，小四号"，在"段落"中单击"单倍行距"选项。单击"确定"按钮，完成设置。这时，样式库中会出现"新正文"样式。

图 8-43　"样式"窗口(1)　　　　　　　图 8-44　"根据格式设置创建新样式"对话框

8.12.3　修改样式

修改样式是指修改文档中定义的样式的具体格式。修改样式后，原来应用了该样式的文本格式将相应改变。

例如，将"标题 1"样式改为"黑体，二号字，加粗"。

操作步骤如下。

(1)在"样式"窗口中，右击"标题 1"样式，在弹出的菜单中单击"修改"选项，弹出"修改样式"对话框，如图 8-45 所示。

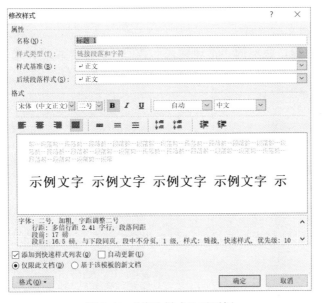

图 8-45　"修改样式"对话框

(2)在"修改样式"对话框中，将字体修改为"黑体，二号字，加粗"。修改样式结果如图 8-46 所示。也可以单击左下角的"格式"按钮，对字体、段落等进行修改。

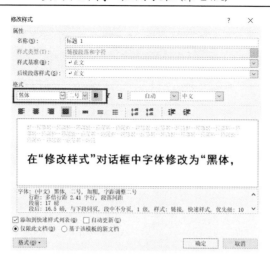

图 8-46　修改样式结果

(3)单击"确定"按钮,完成修改。

8.12.4　复制样式

在编辑文档过程中,如果要使用其他模板或文档的样式,可以将其复制到当前的活动文档或模板中,而不必重复创建相同的样式。

例如,打开"素材"文件夹下的"Word_样式标准.docx"文件,将其文档样式库中的"标题1,标题样式一"和"标题2,标题样式二"复制到当前文档样式库中。

操作步骤如下。

(1)打开要复制样式的文档,单击"开始"→"样式"工具栏右下角的"启动"按钮,打开"样式"窗口,如图 8-47 所示。

(2)单击"样式"窗口底部的"管理样式"按钮,弹出"管理样式"对话框,如图 8-48所示。

图 8-47　"样式"窗口(2)

图 8-48　"管理样式"对话框

(3)单击"导入/导出"按钮，打开"管理器"对话框，如图 8-49 所示。单击"样式"选项卡，左侧区域显示的是当前文档中所包含的样式列表，右侧区域则显示默认文档模板中所包含的样式列表。

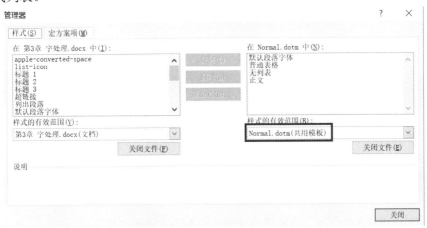

图 8-49　"管理器"对话框

(4)单击右侧的"关闭文件"按钮，此时该按钮会变成"打开文件"按钮，继续在"管理器"对话框中单击"打开文件"按钮。

(5)在弹出的"打开"对话框中，首先展开"文件类型"列表框，从中选择"Word 文档(*.docx)"选项，然后在"素材"文件夹下选择要打开的文件，这里选择文件"Word_样式标准.docx"，最后单击"打开"按钮。

(6)选择右侧"到 Word_样式标准.docx"列表中的"标题 1，标题样式一"和"标题 2，标题样式二"(可以按住 Ctrl 键实现多选)，单击"复制"按钮即可将所选格式复制到当前文档中。最后单击"关闭文件"按钮。复制样式如图 8-50 所示。

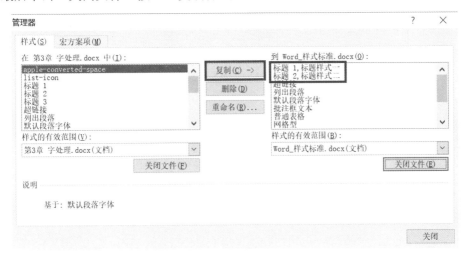

图 8-50　复制样式

【注意】复制样式时，既可以把右边列表框中的样式复制到左边，又可以把左边列表框中的样式复制到右边，如果有同名样式会提示是否覆盖。

习　题

1. 在 Word 文档编辑过程中，如需将特定的计算机应用程序窗口画面作为文档的插图，最优的操作方法是(　　)。

　　A．使所需画面窗口处于活动状态，按下 PrintScreen 键，再粘贴到 Word 文档指定位置

　　B．使所需画面窗口处于活动状态，按下 Alt+PrintScreen 组合键，再粘贴到 Word 文档指定位置

　　C．利用 Word 插入"屏幕截图"功能，直接将所需窗口画面插入 Word 文档指定位置

　　D．在计算机系统中安装截屏工具软件，利用该软件实现屏幕画面的截取

2. 在 Word 文档中，学生"张小民"的名字被多次错误地输入为"张晓明""张晓敏""张晓民""张晓名"，纠正该错误的最优操作方法是(　　)。

　　A．从前往后逐个查找错误的名字，并更正

　　B．利用 Word "查找"功能搜索文本"张晓"，并逐一更正

　　C．利用 Word "查找和替换"功能搜索文本"张晓*"，并将其全部替换为"张小民"

　　D．利用 Word "查找和替换"功能搜索文本"张晓?"，并将其全部替换为"张小民"

3. 小王需要在 Word 文档中将应用了"标题 1"样式的所有段落格式调整为"段前、段后各 12 磅，单倍行距"，最优的操作方法是(　　)。

　　A．将每个段落逐一设置为"段前、段后各 12 磅，单倍行距"

　　B．将其中一个段落设置为"段前、段后各 12 磅，单倍行距"，然后利用格式刷功能将格式复制到其他段落

　　C．修改"标题 1"样式，将其段落格式设置为"段前、段后各 12 磅，单倍行距"

　　D．利用查找替换功能，将"样式：标题 1"替换为"行距：单倍行距，段落间距段前：12 磅，段后：12 磅"

第 9 章 图文混排和表格

内容提要：

本章主要介绍图片的插入和格式设置，形状、图表、SmartArt 图形、艺术字、公式和符号的插入和编辑，超链接、书签、封面的使用；详细介绍表格的使用。

重要知识点：

- 图片的插入和格式设置。
- 图表、SmartArt 图形、艺术字的插入和编辑。
- 公式和符号的插入。
- 超链接、书签、封面的使用。
- 表格的使用。

9.1 图片的插入和格式设置

图片可以美化和丰富文档，编辑过程主要是图片的插入和格式设置，主要包括环绕方式、对齐、位置、大小、样式、颜色等的设置。

例如，在 Word 2016 文档中，插入图片"抗击疫情.jpg"，环绕方式为"上下型"，图片"左右居中"对齐，距正文上下均为"0.5cm"，图片高度为"8 厘米"、宽度为"12 厘米"，图片设置为"透明色"。

操作步骤如下。

(1)单击"插入"→"图片"选项，选中 "抗击疫情.jpg"文件，单击"插入"按钮。

(2)选中图片，右击，在弹出的快捷菜单中选择"设置自选图形/图片格式"→"版式"→"高级"，在打开的窗口中单击"文字环绕"选项卡，设置图片环绕方式为"上下型"，距正文上下均为"0.5 厘米"。选择不同布局的方法如图 9-1 所示。

(3)在"图片工具格式"选项卡"调整"组中单击"重新着色"右边的三角按钮，单击"设置透明色"。图片结果样式如图 9-2 所示。

图 9-1 选择不同布局的方法

图 9-2 图片结果样式

【**注意**】图片的布局还有"嵌入型""四周型""浮于文字上方"等,可用一张图片试验不同方式的效果。

9.2　形状、图表、SmartArt 图形的插入和编辑

1. 形状的插入和编辑

Word 2016 的插入形状包括线条、矩形、基本形状、箭头总汇、流程图、公式形状、星与旗帜等。

操作步骤如下。

(1)将光标定位在要插入形状的位置。单击"插入"→"插图"工具栏中的"形状"→"新建绘图画布"选项,新建一个绘图区域。

(2)单击"形状"下拉按钮,选择一种形状,在绘图区空白位置画出该形状。

(3)选中该形状,单击"绘图工具"→"格式"选项卡,可以设置"形状样式""形状填充""形状轮廓"等。

2. 图表的插入和编辑

通过单击"插入"→"插图"工具栏中的"图表",可以插入图表。Word 2016 中的图表类型有柱形图、折线图、饼图等。Word 2016 图表的数据来源于 Excel 表。

在 Word 2016 中创建图表的步骤如下。

(1)将光标定位到要插入图表的位置,切换到"插入"工具栏。在"插图"工具栏中单击"图表"按钮。

(2)打开"插入图表"对话框,如图 9-3 所示,在左侧的图表类型列表中选择需要创建的图表类型,在右侧图表子类型列表中选择合适的图表,并单击"确定"按钮。

图 9-3　"插入图表"对话框

(3)在并排打开的 Word 2016 窗口和 Excel 2016 窗口中,用户首先要在 Excel 2016 窗口中

编辑图表数据。例如，修改系列名称和类别名称，并编辑具体数值。在编辑 Excel 2016 表格数据的同时，Word 2016 窗口中将同步显示图表结果。Word 2016 中生成图表如图 9-4 所示。

（4）完成 Excel 2016 表格数据的编辑后关闭 Excel 2016 窗口，在 Word 2016 窗口中可以看到创建完成的图表。

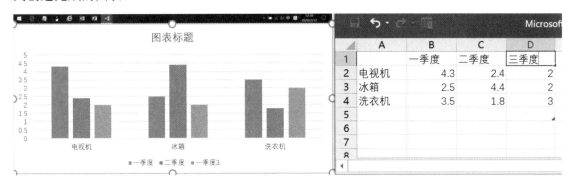

图 9-4　Word 2016 中生成图表

3．SmartArt 图形的插入和编辑

Word 2016 中的 SmartArt 图形类型有流程、循环、层次结构、关系等。SmartArt 图形的每种类型都包含几个不同的布局。如果觉得自己的 SmartArt 图形看起来不够生动，则可以切换到包含子形状的不同布局，或者应用不同的 SmartArt 样式或颜色变体。

插入 SmartArt 图形的操作步骤如下。

（1）将光标定位到要插入 SmartArt 图形的位置，切换到"插入"工具栏。在"插图"工具栏中单击"SmartArt"按钮。

（2）在打开的"选择 SmartArt 图形"对话框（如图 9-5 所示）中，单击左侧的类别名称选择需要的类别，然后在该对话框右侧单击选择需要的 SmartArt 图形，并单击"确定"按钮。

（3）在插入的 SmartArt 图形中单击文本占位符，输入需要的文字即可。

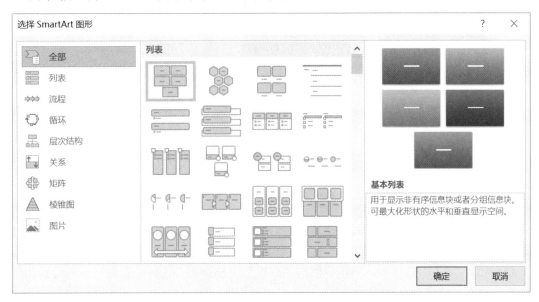

图 9-5　"选择 SmartArt 图形"对话框

9.3 艺术字的插入和编辑

在制作 Word 2016 文档时，如果觉得字体太过单调，则可以使用艺术字使文档突显重点、彰显个性、美化效果。下面将介绍插入艺术字的方法。

操作步骤如下。

(1)单击"插入"选项卡，单击"艺术字"下拉按钮，选择艺术字效果，如图 9-6 所示。

(2)在文本框中输入文字。

(3)如果有需要，可以在"绘图工具格式"选项卡的"形状样式"中选择艺术字的形状，如图 9-7 所示。

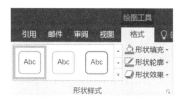

图 9-6　选择艺术字效果　　　　　图 9-7　选择艺术字的形状

(4)如果要对艺术字的样式进行更改，则可以在"艺术字样式"中选择所要更改的样式，如图 9-8 所示。

(5)还可以对艺术字的方向进行设置，单击"旋转"下拉按钮，选择需要的旋转角度即可，如图 9-9 所示。

图 9-8　更改艺术字样式　　　　　图 9-9　设置艺术字旋转

9.4 公式和符号的插入和编辑

日常使用 Word 2016 或撰写数学论文时，经常会遇到插入数学公式或数学符号的情况。

操作步骤如下。

(1)单击"插入"选项后，单击右侧的"公式"下拉按钮，这时会看到许多系统默认的数学公式。插入公式如图 9-10 所示。

图 9-10　插入公式

（2）插入公式后，菜单栏会出现"公式工具设计"选项卡，如图 9-11 所示，里面包含各种数学符号，可以选择自己需要的。

图 9-11　"公式工具设计"选项卡

（3）如果系统默认的公式不是你需要的，则可以选择"插入新公式"。

（4）如果是插入符号，则单击"插入"选项，单击右侧"符号"旁的小三角按钮，打开"符号"选项卡，从中可以选择编码、子集、字体，然后选择需要的符号即可，如图 9-12 所示。

图 9-12　"符号"选项卡

9.5　超链接和书签的使用

在 Word 2016 文档中，用户可以创建书签超链接，从而实现链接到同一 Word 2016 文档中特定位置的目的。

操作步骤如下。

（1）先设置书签，将光标定位至要插入书签的段落处，单击"插入"→"书签"选项，在弹出的"书签"窗口中输入书签名，单击"添加"按钮，然后单击"确定"按钮。插入书签如图 9-13 所示。

（2）接下来设置超链接。右击要设置超链接的字样，在弹出的菜单中选择"超链接"。

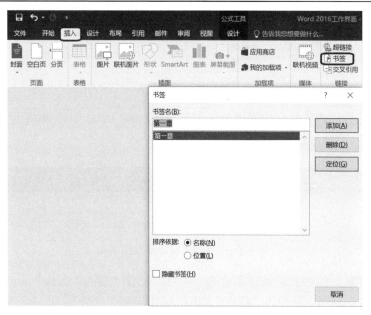

图 9-13   插入书签

(3)在"插入超链接"对话框(如图 9-14 所示)中,在"链接到"栏中选择"本文档中的位置",并选择之前设置好的标签,单击"确定"按钮。

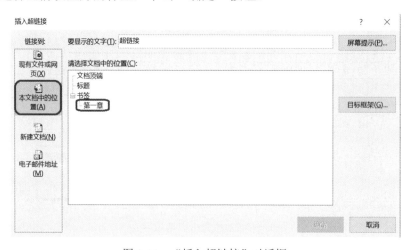

图 9-14   "插入超链接"对话框

(4)设置完毕只要按住 Ctrl 键,再单击超链接对象就会跳转到书签所在段落位置。

【注意】"超链接+书签"是 Word 2016 的黄金组合,可方便地实现文档内部的信息跳转。当设置完毕后,即使将 Word 2016 文档转换为 PDF 文档,也依然支持此跳转功能。

9.6   封面的使用

在 Word 2016 中内置了很多类型的封面模板,利用它可以快速地做一个漂亮、醒目的封面。例如,为简历添加一个完美的封面。

操作步骤如下。

（1）在简历文档中，单击"插入"选项，在"页面"工具栏中单击"封面"按钮，在内置的封面库中，根据个人喜好选择一个与整个简历风格相匹配的封面，如"积分"。插入内置封面如图 9-15 所示。

（2）单击候选封面，快速将选择的封面插入文档的首页，即封面在文档的首页显示。

（3）预置的封面插入文档中后，在相应位置输入个人信息，并将不需要的内容删除即可。积分封面如图 9-16 所示。

图 9-15　插入内置封面　　　　　　　　　　图 9-16　积分封面

9.7　表格的使用

表格又称表，它既是一种可视化的交流模式，又是一种组织、整理数据的手段。在 Word 2016 中，表格的操作主要包括其他数据导入表格、表格格式设置、表格公式的计算、文本转换成表格等。

9.7.1　其他数据导入表格

1. 把 Excel 表导入 Word 2016 文档

操作步骤如下。

（1）进入 Word 2016 文档，单击"插入"→"对象"选项，选择"由文件创建"，如图 9-17 所示。

图 9-17　插入对象

(2)单击"浏览"按钮，选择要导入的 Excel 表，单击"确定"按钮，如图 9-18 所示。

图 9-18　选择要导入的 Excel 表

2．将 TXT 文件数据导入 Word 2016 文档生成表格

操作步骤如下。

(1)进入 Word 2016 文档，单击"文件"→"选项"→"快速访问工具栏"选项，在"从下列位置选择命令"中找到"所有命令"。

(2)在"所有命令"中有一个"插入数据库"选项，用鼠标选定后单击中间的"添加"按钮，使其出现在右边的方框中，然后单击"确定"按钮。添加"插入数据库"图标到常用工具栏如图 9-19 所示。

图 9-19　添加"插入数据库"图标到常用工具栏

（3）回到 Word 2016 文档页面中，将鼠标放置在想要导入
数据的位置上，单击"快速访问工具栏"中的"插入数据库"
图标，如图 9-20 所示。

（4）在弹出的"数据库"窗口（如图 9-21 所示）中，单击"获
取数据"按钮，找到 TXT 文件并打开，如图 9-22 所示，单击
"确定"按钮。

图 9-20　"插入数据库"图标

图 9-21　"数据库"窗口

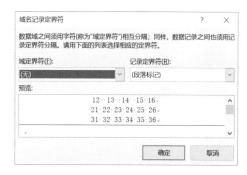

图 9-22　找到 TXT 文件并打开

（5）回到"数据库"窗口，单击"插入数据"按钮，再单击"确定"按钮，完成数据导入，
如图 9-23 所示。

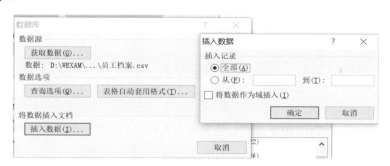

图 9-23　完成数据导入

9.7.2　表格格式设置

1. 表格样式的选择

在 Word 2016 中，有多种内置的表格样式，可以帮助用户快速设置表格样式。

操作步骤如下。

（1）在表格内单击，将光标定位到表格中。

（2）在"表格工具"→"设计"→"表格样式"工具栏中，单击需要的样式。设置表格样
式如图 9-24 所示。

（3）如果感觉显示的表格样式不符合要求，则可以单击图 9-2 中右下角方框中所示的下拉
三角按钮。

（4）在打开的"表格样式"界面中，单击合适的样式应用到表格中。

（5）如需修改表格样式，则可以单击 "修改表格样式"按钮，打开"修改样式"对话框，
如图 9-25 所示，即可修改样式，设置完成后单击"确定"按钮。

图 9-24　设置表格样式

图 9-25　"修改样式"对话框

2．表格边框、底纹设置

例如，在 Word 2016 中完成表格边框及底纹设置，将表格的外框线设置为 1.5 磅蓝色双实线，内框线设置为 1 磅红色单实线；为表格第一列加茶色底纹。

操作步骤如下。

（1）打开需要编辑的 Word 2016 文档，选中整个表格。单击"格式"→"边框与底纹"选项，打开"边框和底纹"对话框。

（2）外框线设置：在"边框和底纹"对话框中，单击"边框"选项卡，然后在"设置"中选择"方框"，在"样式"中选择"双实线"，在"颜色"中选择"蓝色"，在"宽度"中选择"1.5 磅"，在"应用于"中选择"表格"，最后单击"确定"按钮。表格外框线设置如图 9-26 所示。

图 9-26　表格外框线设置

（3）内框线设置：在"边框和底纹"对话框中，单击"边框"选项卡，然后在"设置"中选择"自定义"，在"样式"中选择"单实线"，在"颜色"中选择"红色"，在"宽度"中选择"1.0磅"，在"应用于"中选择"表格"，最后单击"确定"按钮。表格内框线设置如图 9-27 所示。

（4）底纹设置：在"边框和底纹"对话框中，单击"底纹"选项卡，然后在"填充"中选择"茶色"，在"应用于"中选择"单元格"，最后单击"确定"按钮。表格底纹设置如图 9-28 所示。

图 9-27　表格内框线设置　　　　　　　　　　　图 9-28　表格底纹设置

9.7.3　表格公式的计算

在 Word 2016 中，用户可以借助 Word 2016 提供的数学公式运算功能对表格中的数据进行数学运算，包括加、减、乘、除，以及求和、求平均值等常见运算。但是，一般不建议用它来做大量的数据运算。

例如，计算学生成绩表中的学生成绩总分。

操作步骤如下。

（1）打开 Word 2016 文档，在表格中，将光标定位在"总分"下的第一个单元格中。在"表格工具"栏中，单击"布局"选项卡，单击"数据"工具栏中的"公式"按钮。

（2）弹出"公式"对话框，在"公式"文本框中自动显示求和公式"=SUM（LEFT）"，它表示计算当前单元格左侧所有单元格的数据之和。

（3）单击"确定"按钮，返回单元格，表格公式计算结果如图 9-29 所示。

学号	姓名	数学	语文	英语	计算机	总分
20170101	李丽	89	78	89	89	345
20170102	王芳	90	77	88	69	
20170103	张小五	78	88	78	87	

图 9-29　表格公式计算结果

（4）选中用公式完成计算的数字，然后右击，在弹出的快捷菜单中选择"复制"选项。

（5）按"Ctrl+V"组合键，将公式粘贴到本列其他单元格中。粘贴公式结果如图 9-30 所示。

学号	姓名	数学	语文	英语	计算机	总分
20170101	李丽	89	78	89	89	345
20170102	王芳	90	77	88	69	345
20170103	张小五	78	88	78	87	345

图 9-30　粘贴公式结果

(6)按"Ctrl+A"组合键,选中整篇文档,然后右击,在弹出的快捷菜单中选择"更新域",如图9-31所示。公式更新结果如图9-32所示。

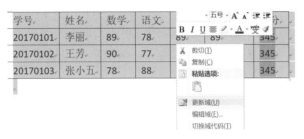

图9-31　选择"更新域"

学号	姓名	数学	语文	英语	计算机	总分
20170101	李丽	89	78	89	89	345
20170102	王芳	90	77	88	69	324
20170103	张小五	78	88	78	87	331

图9-32　公式更新结果

【说明】如果用户要进行其他计算,如求平均值、计数,可以在"公式"对话框中的"粘贴函数"下拉列表中选择合适的函数,然后分别使用左侧(LEFT)、右侧(RIGHT)、上面(ABOVE)和下面(BELOW)等参数进行函数设置。粘贴函数选择如图9-33所示。

图9-33　粘贴函数选择

9.7.4　文本转换成表格

在日常工作中,常将文档中已有的文本直接以表格的形式显示,这时可以使用文本转换成表格功能。

转换时,首先文本内容一定要相对规范,就是要像表格那样规范,否则无法成功转换。

操作步骤如下。

(1)选中内容,然后单击"表格"下拉按钮,在其下拉菜单中选择"文本转换成表格",如图9-34所示。

(2)在弹出的"将文字转换成表格"对话框(如图9-35所示)中一般保持默认设置,也可以自己修改,如修改"文字分隔位置"中所用的分隔符,然后单击"确定"按钮。

图 9-34　选择"文本转换成表格"

图 9-35　"将文字转换成表格"对话框

习　　题

1. 如果希望为一个多页的 Word 文档添加页面图片背景，最优的操作方法是(　　)。
   A．在每一页中分别插入图片，并设置图片的环绕方式为衬于文字下方
   B．利用水印功能，将图片设置为文档水印
   C．利用页面填充效果功能，将图片设置为页面背景
   D．执行"插入"→"页面背景"命令，将图片设置为页面背景

2. 在 Word 中，不能作为文本转换为表格的分隔符是(　　)。
   A．段落标记　　　　　　B．制表符　　　　　　C．@　　　　　D．##

3. 某 Word 文档中有一个 5 行×4 列的表格，如果要将另外一个文本文件中的 5 行文字复制到该表格中，并且使其正好成为该表格一列的内容，最优的操作方法是(　　)。
   A．在文本文件中选中这 5 行文字，将其复制到剪贴板；然后回到 Word 文档中，将光标置于指定列的第一个单元格，将剪贴板的内容粘贴过来
   B．将文本文件中的 5 行文字，一行一行地复制、粘贴到 Word 文档表格对应列的 5 个单元格中
   C．在文本文件中选中这 5 行文字，将其复制到剪贴板，然后回到 Word 文档中，选中对应列的 5 个单元格，将剪贴板的内容粘贴过来
   D．在文本文件中选中这 5 行文字，将其复制到剪贴板，然后回到 Word 文档中，选中该表格，将剪贴板的内容粘贴过来

第10章 文档的高级排版

内容提要：

本章主要介绍 Word 2016 高级排版功能。其中，使用项目符号、编号和多级列表可以使文档的结构更加清晰；通过设置脚注和尾注，可以对文档正文中没有涉及的内容进行补充说明；使用索引，将文档中的关键词及位置列出，可方便查找；使用目录，列出文档的各级标题及页码，可方便阅读；通过对文档的审阅，可为文档的修改提供交互平台等。

重要知识点：

- 项目符号、编号和多级列表。
- 脚注和尾注。
- 索引。
- 目录。
- 文档的审阅。
- 文档的属性。

10.1 项目符号和编号

项目符号是指为强调效果，将并列的文档内容列出而采用的特定的符号标识。

例如，将素材中以"（一）公开情况"开始小节中的项目符号修改为符号"❖"。

操作步骤如下。

(1)先选中这几个项目，单击"开始"→"段落"工具栏中的"项目符号"下拉按钮。

(2)在"项目符号"下拉菜单中，单击"定义新项目符号"选项，打开"符号"对话框，单击"符号"选项卡，如图 10-1 所示。

(3)在"字体"中选择"Wingdings"并选择符号"❖"，单击"插入"按钮。

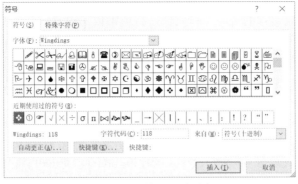

图 10-1 "符号"选项卡

可以为同一级别且内容有先后关系的文本添加编号。既可以插入一级编号，又可以插入多级编号，还可以自定义编号的样式。一般使用"项目符号和编号"对话框或工具栏中的"编号"按钮，在文档中插入编号。

10.2　文档的分页和分节

1．文档的分页

Word 2016 会按照默认设置自动为文档分页和换行，但有时默认设置不符合阅读习惯，用户可以自行插入分页符或对"换行和分页"选项卡另行设置。

操作步骤如下。

（1）把光标放在要分页的位置。

（2）单击"布局"→"分隔符"→"分页符"选项，就可以从当前位置把文档分页。插入分页符如图 10-2 所示。

也可以对"换行和分页"选项卡进行一些特殊设置，操作如下。

（1）单击"开始"→"段落"右下角的"启动"按钮，弹出"段落"对话框，单击"换行和分页"选项卡，如图 10-3 所示。

（2）在"分页"中选择相应的选项。

图 10-2　插入分页符　　　　　　　　　　图 10-3　"换行和分页"选项卡

2．文档的分节

进行 Word 2016 文档排版时，经常要对同一文档中的不同部分采用不同的版面设置，例如，设置不同的页面方向、页边距、页眉和页脚，或重新分栏排版等。这时，就要对文档进行分节，在不同的节中可以设置不同的版面格式。Word 2016 默认将整个文档视为一节。

插入分节符的操作步骤如下。

（1）把光标放在要插入分节符的位置。

（2）单击"布局"→"分隔符"→"分节符"选项，从"分节符"中选择需要的分节符类型。

● "下一页"：分节符后的文本从新的一页开始。

● "连续"：新节与其前面一节同处于当前页中。

● "偶数页"：分节符后面的内容转入下一个偶数页。

● "奇数页"：分节符后面的内容转入下一个奇数页。

(3)插入分节符后，要使当前节的页面设置与其他节不同，只要单击"布局"→"页面设置"工具栏中的"启动"按钮，打开"页面设置"对话框，在"应用于"中选择"本节"即可，如图10-4所示。

图10-4　设置应用于"本节"

【注意】分节后的页面设置可更改的内容有页边距、纸张大小、纸张的方向(纵横混合排版)、打印机纸张来源、页面边框、垂直对齐方式、页眉和页脚、分栏、页码编排、行号、脚注和尾注等。

10.3　多　级　列　表

当文档的层次关系比较复杂时，可以用多级列表功能给文档标题添加多级编号。多级编号可以清晰地显示文档的层次结构。

例如，书稿中包含3个级别的标题，分别用"(一级标题)""(二级标题)""(三级标题)"字样标出。所有一级标题均设置为"标题1"，显示格式为"第1章，第2章，…"；所有二级标题均设置为"标题2"，显示格式为"1-1，1-2，2-1，2-2，…"；所有三级标题均设置为"标题3"，显示格式为"1-1-1，1-1-2，2-1-1，2-1-2，…"。

操作步骤如下。

(1)将文档中所有用"(一级标题)"标识的段落，设为"标题1"；所有用"(二级标题)"标识的段落，设为"标题2"；所有用"(三级标题)"标识的段落，设为"标题3"。

(2)选中所有一级标题，单击"段落"工具栏中的"多级列表"按钮，然后选择"定义新多级列表"，打开"定义新多级列表"对话框，如图10-5所示。在"输入编号的格式"中输入"第1章"，在"此级别的编号样式"中选择"1，2，3，…"样式，单击"更多"按钮，在"将级别链接到样式"中选择"标题1"，在"要在库中显示的级别"中选择"级别1"，单击"确定"按钮。

（3）选中所有二级标题，选择"段落"工具栏中的"多级列表"按钮，然后选择"定义新多级列表"，打开"定义新多级列表"对话框，设置二级标题多级列表，如图 10-6 所示。

图 10-5　"定义新多级列表"对话框　　　　　图 10-6　设置二级标题多级列表

（4）选中所有三级标题，用上述方法设置三级标题，如图 10-7 所示。

【注意】如果有编号错误，可以选中编号后右击，在弹出的快捷菜单中单击"设置编号值"选项，如图 10-8 所示，然后在打开的窗口中修改编号即可。

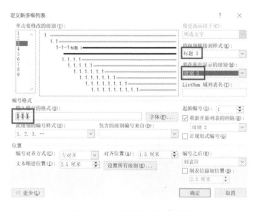

图 10-7　设置三级标题　　　　　　　　　图 10-8　"设置编号值"选项

10.4　脚注和尾注

脚注和尾注一般用于在文档中显示应用资料的来源，或者用于输入说明性或补充性的信息。脚注位于当前页面的底部或指定文字下方，尾注位于文档的结尾或指定节的结尾。

1．添加脚注

操作步骤如下。

（1）选中需要添加脚注的词语。

（2）单击"引用"→"插入脚注"选项。

（3）文档会跳转到页底，在该位置输入说明性文字，即脚注。

（4）完成后在原词语旁会出现一个小数字，光标停放在该词语上时即可显示脚注。

注：插入尾注的方法相同。

2.将脚注转换成尾注

例如,将文档中的所有脚注转换为尾注,并使其位于每节的末尾。

操作步骤如下。

(1)将光标定位在任意一个脚注处,单击"引用"→"脚注"工具栏右下角的"启动"按钮,打开"脚注和尾注"对话框。

(2)在"位置"→"脚注"中选择"页面底端",在"将更改应用于"中选择"整篇文档",然后单击"转换"按钮,在弹出的窗口中选择"脚注全部转换成尾注",单击"确定"按钮。将脚注转换成尾注如图10-9所示。

(3)将光标定位在任意一个尾注处,打开"脚注和尾注"对话框,在"尾注"中选择"节的结尾",在"将更改应用于"中选择"整篇文档",单击"应用"按钮。设置尾注在节的结尾如图10-10所示。

图 10-9　将脚注转换成尾注　　　　　　　图 10-10　设置尾注在节的结尾

10.5　索　　引

索引是指将文档中的某些单词、词组、短语单独列出。索引中标出了上述内容的页码,可方便用户查找。一般要先标记索引项,然后生成索引。

1.标记索引项

标记索引项后,Word 2016会在文档中添加特殊的 XE(索引项)域。

例如,将文档中所有的文本"ABC分类法"都标记为索引项。

操作方法如下。

(1)单击"开始"→"查找"选项,查找文本"ABC分类法"。

(2)找到"ABC分类法"后,选择"引用"→"索引"工具栏中的"标记索引项",弹出"标记索引项"对话框,如图10-11所示,然后单击"标记全部"按钮,所有"ABC分类法"就都标记了索引项。

(3)标记索引项后,文本的后面会出现用"{ }"括起来的索引项域。标记索引项的结果如图10-12所示。

【注意】"标记索引项"对话框不关闭,可以方便地标记其他索引项。

(4)单击"关闭"按钮,关闭"标记索引项"对话框。

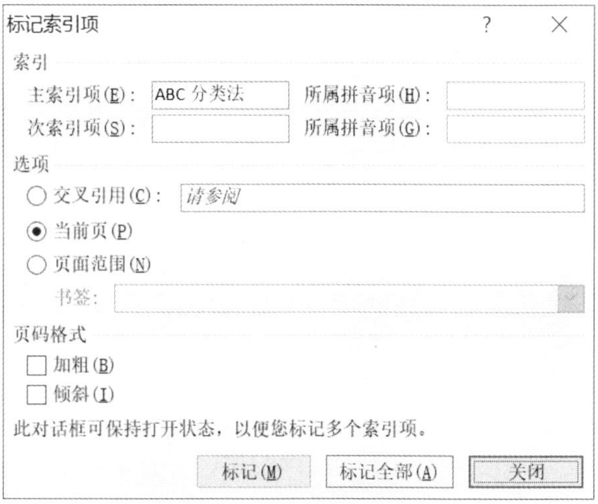

图 10-11 “标记索引项”对话框

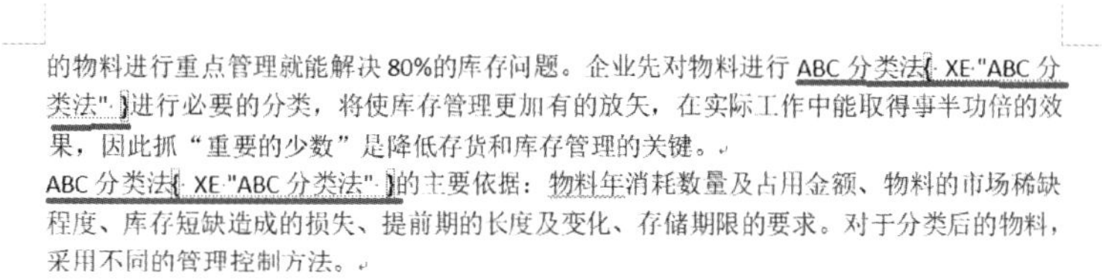
的物料进行重点管理就能解决 80%的库存问题。企业先对物料进行 ABC 分类法{ XE "ABC 分类法" }进行必要的分类，将使库存管理更加有的放矢，在实际工作中能取得事半功倍的效果，因此抓“重要的少数”是降低存货和库存管理的关键。

ABC 分类法{ XE "ABC 分类法" }的主要依据：物料年消耗数量及占用金额、物料的市场稀缺程度、库存短缺造成的损失、提前期的长度及变化、存储期限的要求。对于分类后的物料，采用不同的管理控制方法。

图 10-12 标记索引项的结果

2. 生成索引

在标记好所有索引项后，选择一种索引格式来生成索引。Word 2016 会自动收集索引项，按字母顺序给索引项排序，并显示其页码。

例如，生成文档中的索引。

操作步骤如下。

(1) 将光标定位到放置索引的位置。单击“引用”→“索引”→“插入索引”选项，弹出“索引”对话框，如图 10-13 所示。

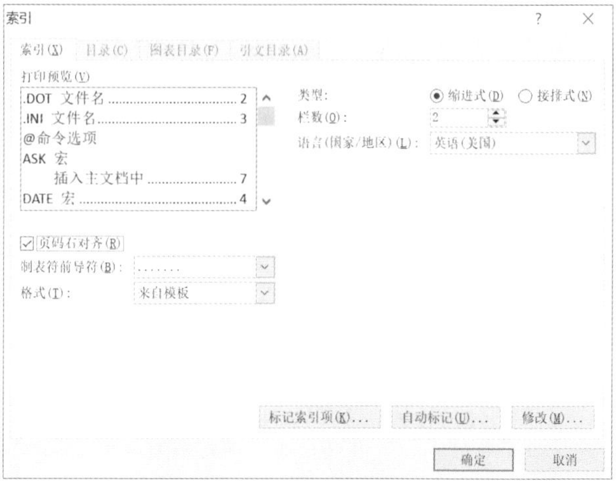

图 10-13 “索引”对话框

(2)选中"页码右对齐"复选框,在"类型"中选择"缩进式"选项。

(3)单击"确定"按钮。生成的索引如图 10-14 所示。

图 10-14　生成的索引

3．更新索引

添加或删除索引项标记后可以更新索引,以使索引保持最新。

例如,删除文档中文本"供应链"的索引项标记,更新索引。

操作步骤如下。

(1)单击"开始"→"查找"选项,查找到"供应链"的索引项标记,删除大括号及里面的内容。

(2)将光标定位到索引的任意位置,选中索引,单击"引用"→"索引"工具栏中的"更新索引"选项,系统会自动更新,从索引中去除"供应链"的索引。更新索引的操作如图 10-15 所示。更新索引后的结果如图 10-16 所示。

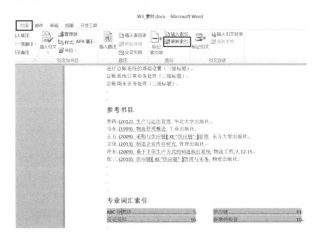

图 10-15　更新索引的操作

图 10-16　更新索引后的结果

10.6 目 录

目录就是文档中各级标题及其对应页码的列表，通常放在正文之前。Word 2016 目录分为文档目录、图目录、表目录等多种类型。

例如，在书稿的最前面插入目录，要求包含第 1～3 级标题及对应页码，格式选择"流行"。操作步骤如下。

(1)将光标定位在文档正文的前面，单击"引用"→"目录"工具栏中的下拉按钮，选择"自定义目录"，弹出"目录"对话框，如图 10-17 所示。

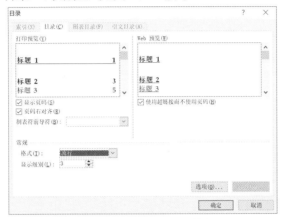

图 10-17 "目录"对话框

(2)选中"显示页码"和"页码右对齐"复选框，在"格式"中选择"流行"，在"显示级别"中选择"3"，单击"确定"按钮。

10.7 文档的审阅

Word 2016 提供了多种方式来协助用户完成文档审阅的相关操作，同时用户还可以通过全新的"审阅"窗口来快速对比、查看、合并、统一文档的多个修订版本。

10.7.1 设置修订

在对文档进行修改时，若希望记下修改的痕迹，跟踪文档中所有内容的变化情况，则要将文档设置为修订状态。

例如，把标题改为"会计电算化"，删除正文第三段内容，并保留修改痕迹。操作步骤如下。

(1)单击"审阅"→"修订"下拉按钮，在弹出的下拉菜单中选择"修订"，将文档设为修订状态，此时"修订"按钮背景以灰色显示。设置修订如图 10-18 所示。

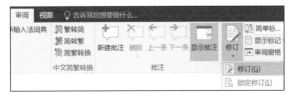

图 10-18 设置修订

(2)修改标题为"会计电算化",删除正文第三段,修订结果如图 10-19 所示。

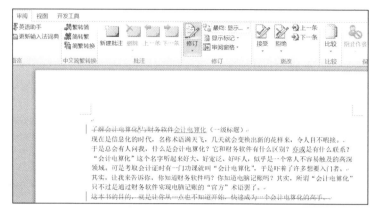

图 10-19　修订结果

图 10-20　接受修订

(3)如果想取消修订状态,可以单击工具栏中的"修订"下拉按钮,取消其背景灰色显示。

用户可以接受或拒绝修订,操作步骤如下。

(1)单击"审阅"→"接受"下拉按钮,可以接受一条修订,也可以接受所有修订,如图 10-20 所示。

(2)单击"审阅"→"拒绝"下拉按钮,可以拒绝修订。

10.7.2　设置批注

审阅文档时,有时会对修改的内容做一个说明,或者向文档作者询问一些问题,这时就要在文档中插入批注。批注和修订的区别在于,批注并不在原文的基础上修改,而是在文档页面的空白处添加相关的注释信息,并用有颜色的方框括起来。

1.添加批注

操作步骤如下。

(1)选中要添加批注的文本。

(2)单击"审阅"→"新建批注"选项,在所选内容的右侧空白区出现批注编辑框,如图 10-21 所示。

(3)在批注编辑框中输入文本,完成批注设置。

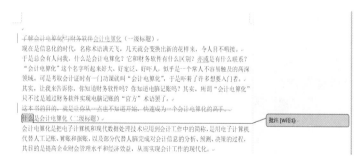

图 10-21　新建批注

2．删除批注

既可以只删除一条批注，也可以同时删除所有批注。

操作步骤如下。

(1)右击所要删除的批注，在弹出的快捷菜单中单击"删除批注"选项，就可以删除一条批注，如图 10-22 所示。

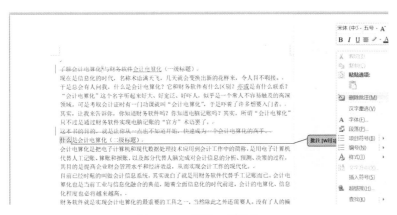

图 10-22　删除一条批注

(2)选取任意一条批注，单击"审阅"→"删除"下拉按钮，在弹出的下拉菜单中单击"删除文档中的所有批注"选项，如图 10-23 所示，即可删除所有批注。

3．筛选修订和批注

文档通常会被不同的人进行修订和添加批注，Word 2016 可实现对不同人的修改痕迹用不同的颜色加以区分。有时希望文档中只显示某一人的修订和批注意见。

操作步骤如下。

(1)单击"审阅"→"修订"→"显示标记"下拉按钮，在弹出的下拉菜单中单击"特定人员"选项，如图 10-24 所示。从图 10-24 中可以看出，目前审阅者有两位：用户 1 和 gmf。

(2)如果只想查看用户 1 的修订或批注，则选中"用户 1"复选框，取消选中其他审阅者前面的复选框，这样就只能看到用户 1 的修订或批注了。

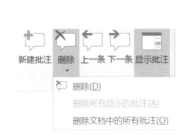

图 10-23　"删除文档中的所有批注"选项

图 10-24　"特定人员"选项

4．审阅修订和批注

文档修订完成后，用户还要对文档的修订和批注进行最终审阅。

图 10-25　"接受"下拉菜单

操作步骤如下。

(1)通过单击"审阅"→"上一条"或"下一条"按钮,可以定位文档中的修订或批注。

(2)对修订部分可以接受或拒绝,若接受则单击"审阅"→"接受"下拉按钮,在弹出的下拉菜单中,根据情况分别选择"接受并移到下一条""接受修订"或"接受对文档的所有修订"。"接受"下拉菜单如图 10-25 所示。

(3)对于"批注",审阅后则进行删除操作。

10.7.3　快速比较文档

文档经过审阅后,用户可能希望通过对比的方式查看修订前后两个文档的变化情况,这时可以用 Word 2016 的"比较文档"功能实现。

操作步骤如下。

(1)单击"审阅"→"比较"下拉按钮,在弹出的下拉菜单中单击"比较"按钮,打开"比较文档"对话框,如图 10-26 所示。

图 10-26　"比较文档"对话框

(2)在"原文档"区域,单击右边的下拉按钮找到作为原文档的文档。在"修订的文档"区域,单击右边的下拉按钮找到修订完成后的文档。选择要比较的文档如图 10-27 所示。

图 10-27　选择要比较的文档

(3)单击"确定"按钮,完成比较,生成"比较结果"文档。文档比较结果如图 10-28 所示。在中部"比较的文档"窗口将显示文档的修订痕迹,原文档与修订的文档不同之处会突出显示。其左侧窗口自动统计了原文档与修订的文档之间的具体差异情况,其右侧窗口显示原文档与修订的文档。

10.7.4　文档保护

在文档中输入文字后,文字可能是比较隐私或重要的数据,用户不希望被别人看到或修改。Word 2016 文档保护功能可以将私密的文件设成只读或只能做批注状态,或者只允许他人修改文档中的部分文本。这些可以通过"限制编辑"功能中的"格式设置限制""编辑限制"等来完成。

图 10-28　文档比较结果

1. 格式设置限制

操作步骤如下。

(1)单击"审阅"→"限制编辑"选项，在编辑区右侧出现"限制格式和编辑"窗口，共包括"格式设置限制""编辑限制""启动强制保护"3 项设置。文档"限制编辑"设置如图 10-29所示。

图 10-29　文档"限制编辑"设置

(2)在"限制格式和编辑"窗口"格式设置限制"中选中"限制对选定的样式设置格式"复选框，然后单击"设置"按钮，打开"格式设置限制"对话框，如图 10-30 所示，通过对选定的样式限制格式，可以防止样式被修改，也可以防止样式被直接应用。

(3)在"当前允许使用的样式"中不选想要限制格式的复选框，如"标题 1，标题样式一(推荐)""标题 2，标题样式二(推荐)"，即可对选定的项目进行格式限制。设置完成后，单击"确定"按钮进行确认。

(4)出现提示对话框"该文档可能包含不允许的格式或样式，您是否希望将其删除？如果点击'是'的话，样式全部会还原成默认的样式"。

(5)回到 Word 文档编辑区，单击"限制格式和编辑"窗口中"启动强制保护"下方的"是，启动强制保护"按钮，打开"启动强制保护"对话框，如图 10-31 所示。选择"密码"选项，并在下方的"新密码(可选)"栏中输入新密码，新密码要重复输入一次以防输入错误。

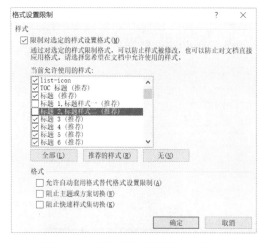

图 10-30 "格式设置限制"对话框

图 10-31 "启动强制保护"对话框

(6)设置完成后，"限制格式和编辑"窗口中出现权限提示"文档受密码保护，特殊限制有效，可以在此区域内自由编辑。仅可使用部分样式格式化文本"。

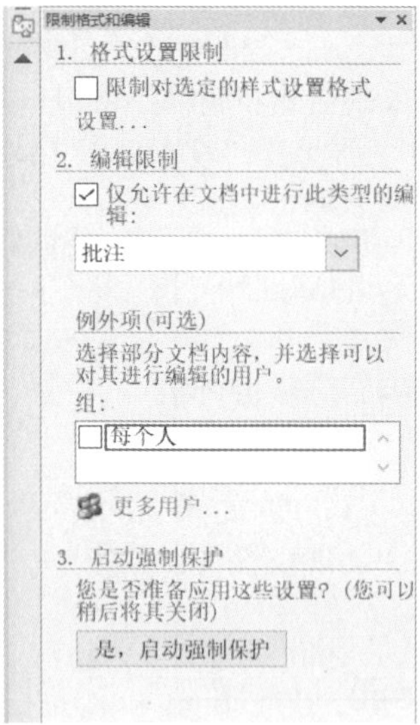

2. 编辑限制

操作步骤如下。

(1)与格式设置限制的设置方法第(1)步相同，打开"限制格式和编辑"窗口，选中"编辑限制"下方的"仅允许在文档中进行此类型的编辑"复选框。选择一种编辑模式，如"批注"，如图 10-32 所示。

(2)单击"启动强制保护"下方的"是，启动强制保护"按钮，选择密码保护的方法，在密码栏中输入密码，这个步骤和前面步骤中设置密码的方法一样。

(3)在"限制格式和编辑"窗口中显示保护文档的权限提示"文档受密码保护，特殊限制有效，只能在此区域中插入批注"。

(4)再在编辑区选定一些文本，对其进行删除或更改操作，文档的状态栏立即显示"不允许修改，因为此文档已锁定"。

图 10-32 文档编辑限制

(5)如果要取消文档保护功能，则单击"审阅"→"取消文档保护"选项，要求输入刚才设置的密码，输入密码后单击"确定"按钮，即可取消文档的保护功能。

3. 文档权限设置

如果文档已经完成修改，在文档共享之前，可先对文档权限进行限制。

操作步骤如下。

(1)单击"文件"→"信息"→"保护文档"下拉按钮，弹出"保护文档"下拉菜单，如图 10-33 所示。

图 10-33　"保护文档"下拉菜单

(2)单击"标记为最终状态"选项来标记文档为最终状态,如图 10-34 所示,则文档被设置为"只读"并禁用相关的内容编辑命令。如果想取消,只要再次单击"标记为最终状态"选项即可。

图 10-34　标记文档为最终状态

(3)也可以为文档设置密码,共享文档的用户只有使用密码才能打开文档。单击"文件"→"信息"→"保护文档"→"用密码进行加密"选项,弹出"加密文档"对话框,如图 10-35所示。输入密码后单击"确定"按钮,弹出"确认密码"对话框,再次输入密码,然后单击"确定"按钮,如图 10-36 所示。

图 10-35　"加密文档"对话框

图 10-36　"确认密码"对话框

10.7.5　使用文档部件

对某段频繁使用的文档内容(文本、图片、表格、段落等)进行封装,从而方便保存和重复使用,快速生成成品文档,即为文档部件。文档部件功能为在文档中共享已有的设计或内容提供了高效手段。

例如,为了在以后的准考证制作中再利用表格内容,将文档中的表格内容保存至"表格"部件库,命名为"准考证",并在新文件中利用此"表格"部件创建一个新表格。

操作步骤如下。

(1)选中表格,单击"插入"→"文档部件"→"将所选内容保存到文档部件库"选项,如图 10-37 所示。

(2)在弹出的"新建构建基块"对话框(如图 10-38 所示)"名称"中输入"准考证",在"库"中选择"表格"。

图 10-37　"将所选内容保存到文档部件库"选项

图 10-38　"新建构建基块"对话框

(3)单击"确定"按钮,完成文档部件的创建。

(4)打开或新建另外一个文档,将光标定位在要插入文档部件的位置,单击"插入"→"表格"→"快速表格"下拉按钮,从其下拉菜单中可以找到刚才新建的文档部件,并可将其直接重用在文档中。通过文档部件快速创建准考证如图 10-39 所示。

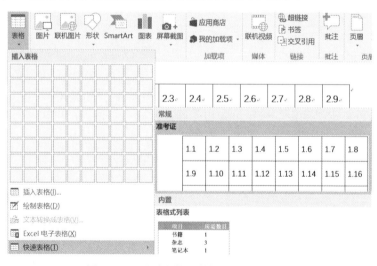

图 10-39　通过文档部件快速创建准考证

10.8　拼写和语法检查

Word 2016 的拼写和语法检查功能开启后，将自动在它认为有错的字句下面加上波浪线，从而提醒用户。如果出现拼写错误，则用红色波浪线标记；如果出现语法错误，则用绿色波浪线标记。

1．打开拼写和语法检查功能

操作步骤如下。

(1)单击"文件"→"选项"按钮，弹出"Word 选项"对话框，单击"校对"选项卡，如图 10-40 所示。在"校对"选项卡中可以设置拼写和语法检查功能。

(2)单击"确定"按钮，完成拼写和语法检查功能的启动。

图 10-40　"校对"选项卡

2．应用拼写和语法检查功能

应用拼写和语法检查功能可以快速、自动地识别文档中的拼写和语法错误，从而极大地提高工作效率。

操作步骤如下。

(1)单击"审阅"→"拼写和语法"菜单项，弹出"拼写检查"对话框，如图 10-41 所示。Word 2016 自动检查出拼写错误，并以红色标记，而且在"拼写检查"对话框"忽略"按钮下方的文本框中给出更正提示。

(2)单击"拼写检查"对话框中的"更改"或"全部更改"按钮，将自动用正确的单词替换原有单词。

【注意】如果确认单词没有拼写错误，只是该单词不在 Word 2016 词典中，则可单击"拼写检查"对话框中的"忽略"按钮。

(3)完成全文检查后会提示"拼写和语法检查已完成"，如图 10-42 所示，单击"确定"按钮完成检查。

图 10-41　"拼写检查"对话框

图 10-42　提示"拼写和语法检查已完成"

10.9　文档的属性

1．设置文档"只读"或"隐藏"属性

操作步骤如下。

(1)查看文档属性。选中文档，右击文档图标，在弹出的快捷菜单中单击"属性"选项，弹出如图 10-43 所示的文档属性设置对话框。

(2)设置文档属性。在"常规"选项卡中，选中"只读"或"隐藏"复选框，可以分别设置文档"只读"或"隐藏"属性。设置为"只读"属性后，文档将无法修改；设置为"隐藏"属性后，在默认状态下，Windows 系统中将不再显示该文档。

2．设置"标题"和"作者"属性

操作步骤如下。

(1)显示属性。打开文档，单击"文件"→"信息"选项，在窗口的右侧，单击"属性"下拉按钮，弹出"属性"下拉菜单，如图 10-44 所示。

(2)设置属性。选择"高级属性"会生成高级属性对话框(如图 10-45 所示)，在"摘要"选项卡中可设置"标题"和"作者"属性。

图 10-43　文档属性设置对话框

3．添加自定义属性

有时要为文档添加自定义属性。例如，为文档添加自定义属性，名称为"新冠病毒"，类型为"是或否"，取值为"否"。

图 10-44　"属性"下拉菜单

操作步骤如下。

(1)在高级属性对话框中，单击"自定义"选项卡，如图 10-46 所示。

图 10-45　高级属性对话框

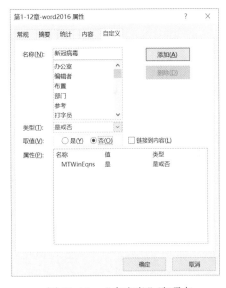

图 10-46　"自定义"选项卡

(2)在"自定义"选项卡中，在"名称"后面输入"新冠病毒"，在"类型"中选择"是或否"，在"取值"后面选中"否"单选按钮。

(3)单击"添加"按钮。

习　　题

1.张经理在对 Word 文档格式的工作报告进行修改时，希望在原始文档显示其修改的内容和状态，最优的操作方法是（　　）。

A．利用"审阅"选项卡的批注功能，为文档中每一处需要修改的地方添加批注，将自己的意见写到批注框里

B．利用"插入"选项卡的文本功能，为文档中每一处需要修改的地方添加文档部件，将自己的意见写到文档部件中

C．利用"审阅"选项卡的修订功能，选择带"显示标记"的文档修订查看方式后单击"修订"按钮，然后在文档中直接修改内容

D．利用"插入"选项卡的修订标记功能

2．小华利用 Word 编辑一份书稿，出版社要求目录和正文的页码分别采用不同的格式，且均从第 1 页开始，最优的操作方法是（　　　）。

A．将目录和正文分别存在两个文档中，分别设置页码

B．在目录与正文之间插入分节符，在不同的节中设置不同的页码

C．在目录与正文之间插入分页符，在分页符前后设置不同的页码

D．在 Word 中不设置页码，将其转换为 PDF 格式时再增加页码

第11章 邮件合并

内容提要:

本章主要介绍邮件合并的应用和邮件合并的操作过程。

重要知识点:

● 邮件合并的应用。

● 邮件合并的操作过程。

在日常工作中,经常会遇到这种情况:处理的文件内容基本都是相同的,只是具体数据有变化而已。例如,邀请函只是被邀请人的姓名、称谓有区别,其他内容是相同的。此时可以灵活运用邮件合并功能,这样不仅操作简单,而且还可以设置各种格式,打印效果又好,可以满足很多不同客户的需求。

邮件合并是指在邮件文档的固定内容中,合并与发送一批与信息相关的数据,这些数据可以来自 Excel 表、Access 数据表等,从而批量生成需要的邮件文档,大大提高了工作效率。

例如,要给全校几千名学生都制作一份准考证,而准考证模板是不变的,变的是里面的照片、姓名、年龄等信息,如果一张一张地去做,会花费很长时间,而利用邮件合并功能来制作,几分钟就能全部搞定,这就是它的强大之处。

类似地,批量生成成绩单、邀请函、工资条等,都可以利用邮件合并功能来实现。

邮件合并的 3 个基本过程如下。

1. 创建主文档

主文档就是前面提到的固定不变的主体内容,如信封中的落款、成绩单中的表格、邀请函中的活动内容等。使用邮件合并前先建立主文档,这是一个很好的习惯,一方面可以考查预计中的工作是否适合使用邮件合并;另一方面主文档的建立,为数据源的建立或选择提供了标准和思路。

2. 准备好数据源

数据源就是含有标题行的数据记录表,其中包含相关的字段和记录内容。数据源可以是 Word、Excel、Access、Outlook 中的联系人记录表。

在实际工作中,数据源通常是已经存在的,例如,要制作大量客户信封,在多数情况下,客户信息可能早已被客户经理制作成了 Excel 表,其中含有制作信封需要的客户姓名、地址、邮编等字段。在这种情况下,直接拿来使用就可以了,而不必重新制作。

如果没有现成的数据源,则要根据主文档对数据源的要求进行建立。根据个人习惯,可以使用 Word、Excel、Access 建立数据源,实际工作中常常使用 Excel 制作。

3. 把数据源合并到主文档中

前面两件事做好后,就可以将数据源中的相应字段合并到主文档的固定内容中了。表格中的记录行数决定了主文件生成的份数。

邮件合并操作可以通过"邮件合并向导"完成,也可以通过用户手动操作完成。

例如，根据已有的客户信息 Excel 表生成批量邀请函。

操作步骤如下。

(1)建立主文档。在 Word 2016 文档中编辑邀请函主文档，即邀请函中不变的部分，保存为"邀请函.docx"。邀请函主文档如图 11-1 所示。

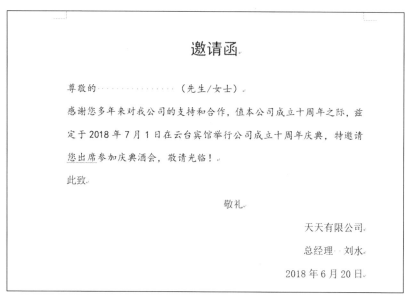

图 11-1　邀请函主文档

(2)准备数据源。这里数据源已放入 Excel 表中，公司一般存有客户信息的 Excel 表，因此无须重建。

(3)合并主文档和数据源。打开新建的主文档"邀请函.docx"，单击"邮件"→"开始邮件合并"按钮，选择文档类型为"信函"。

(4)单击"选择收件人"下拉按钮，在弹出的下拉菜单中单击"使用现有列表"选项。

(5)导入数据源。选择名为"客户信息.xlsx"的 Excel 表，选择其中的 Sheet1 表，导入 Excel 表中的数据，如图 11-2 所示。

图 11-2　导入 Excel 表中的数据

(6)单击"编辑收件人列表"按钮，可以对数据源进行筛选。

(7)撰写信函。将光标定位到邀请函主文档"尊敬的"之后，单击"编写和插入域"工具栏中的"插入合并域"下拉按钮，弹出"插入合并域"下拉菜单，如图 11-3 所示。选择"客户姓名"选项，就会将数据源中的该字段合并到邀请函主文档中光标所在位置，接着依次插入"称谓"等其他字段。插入合并域后的显示结果如图 11-4 所示。

(8)浏览邀请函。单击"预览结果"工具栏中的"预览结果"选项，邀请函主文档中带"《》"符号的字段变成数据源中第一条记录的具体内容。

(9)合并邀请函。单击"完成"工具栏中的"完成并合并"→"编辑单个文档"选项，在弹出的对话框中选择生成全部或部分文档，单击"确定"按钮即可生成批量邀请函。

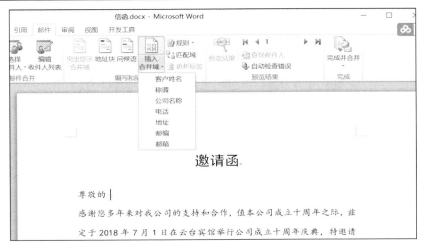

图 11-3 "插入合并域"下拉菜单

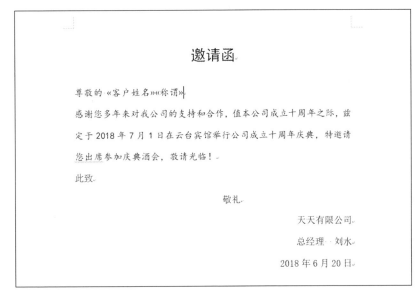

图 11-4 插入合并域后的显示结果

习　题

1. 开始邮件合并的选项中不包括（　　）。
   A. 电子邮件　　　　　　B. 信封　　　　　C. 标签　　　　　D. 图像
2. 邮件合并的作用是（　　）。
   A. 合并邮件　　　　　　　　　　　　B. 提高发邮件的速度
   C. 快速生成邮件　　　　　　　　　　D. 快速生成具有相似框架的文档

第 12 章　多文档编辑和宏

内容提要:

本章主要介绍几种文档视图的使用、文档的不同显示方式、多窗口编辑和宏的使用。

重要知识点:

- 文档视图的使用。
- 文档的不同显示方式。
- 多窗口编辑。
- 宏的使用。

12.1　文　档　视　图

在 Word 2016 中提供了多种文档视图模式供用户选择,这些文档视图模式包括页面视图、阅读版式视图、Web 版式视图、大纲视图和草稿视图 5 种。

可以在"视图"→"文档视图"工具栏中选择,也可以在文档右下角的状态栏选择文档视图模式,如图 12-1 所示。

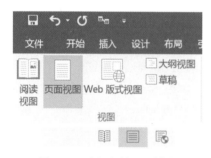

图 12-1　选择文档视图模式

1. 页面视图

页面视图可以显示 Word 2016 文档的打印结果外观,主要包括页眉、页脚、图形对象、分栏设置、页面边距等元素,是最接近打印结果的页面视图。

2. 阅读版式视图

阅读版式视图以图书的分栏样式显示 Word 2016 文档,"文件"选项卡、工具栏等窗口元素被隐藏起来。在阅读版式视图中,用户还可以单击"工具"按钮选择各种阅读工具。

3. Web 版式视图

Web 版式视图以网页的形式显示文档,适用于发送电子邮件和创建网页。

4. 大纲视图

大纲视图主要用于设置 Word 2016 文档标题的层级结构,并可以方便地折叠和展开各种层级的文档。大纲视图广泛用于长文档的快速浏览和设置。

5. 草稿视图

草稿视图取消了页面边距、分栏、页眉、页脚和图片等元素,仅显示标题和正文,是最节省计算机系统硬件资源的视图方式。现在计算机系统的硬件配置都比较高,基本上不存在由于硬件配置偏低而使 Word 2016 运行遇到障碍的问题。

12.2 文档的不同显示方式

在"视图"→"显示"工具栏中可以设置文档是否显示标尺、网格线、导航窗格。"显示比例"工具栏可以设置页面显示比例、单页、双页、页宽。

1. 标尺

水平和垂直标尺常常用于对齐文档中的文本、图形、表格和其他元素。单击"视图"→"显示"工具栏中的"标尺"选项，在文档的上面和左面出现刻度标尺，如图 12-2 所示。取消标尺时，只要去掉"标尺"前面的"√"即可。

图 12-2 文档标尺设置

2. 网格线

网格线主要用于帮助用户将文档中的图形、图像、文本框、艺术字等对象沿网格线对齐，在打印时网格线不被打印出来。单击"视图"→"显示"工具栏中的"网格线"选项，就会在页面上出现网格线，如图 12-3 所示。

图 12-3 文档网格线设置

3．导航窗格

Word 2016 提供了全新的导航窗格，单击"视图"→"导航窗格"选项，则在文档左侧可以看到一栏导航窗格，用户可通过单击标题的方式，快速定位到标题的位置，也可以直接在导航窗格中移动标题位置来调整文本位置。导航窗格设置如图 12-4 所示。

4．显示比例

在文档窗口中可以设置页面显示比例，从而用以调整文档窗口的大小。显示比例仅仅调整文档窗口的显示大小，并不会影响实际的打印效果。

操作步骤如下。

(1)打开 Word 2016 文档，单击"视图"→"显示比例"工具栏中的"显示比例"选项。显示比例设置如图 12-5 所示。

图 12-4　导航窗格设置

图 12-5　显示比例设置

(2)在弹出的"显示比例"对话框(如图 12-6 所示)中，用户既可以通过选择预置的显示比例(如 75%、页宽)设置页面显示比例，也可以微调百分比数值调整页面显示比例。

注：除在"显示比例"对话框中设置页面显示比例外，用户还可以通过拖动状态栏上的滑块放大或缩小显示比例，调整幅度为 80%。显示比例调整如图 12-7 所示。

图 12-6　"显示比例"对话框

图 12-7　显示比例调整

5．单页显示

在"页面视图"中，如果因为比例过小导致显示双页，则可以设置比例为 100%调成单页。单页显示设置如图 12-8 所示。

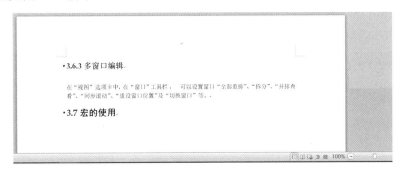

图 12-8　单页显示设置

如果想在"阅读版式视图"中显示单页，单击"显示比例"工具栏中的"显示一页"选项，或者直接关闭阅读版式视图即可。

6．双页显示

如果想设成双页显示，可以单击"视图"→"双页"选项。双页显示设置如图 12-9 所示。

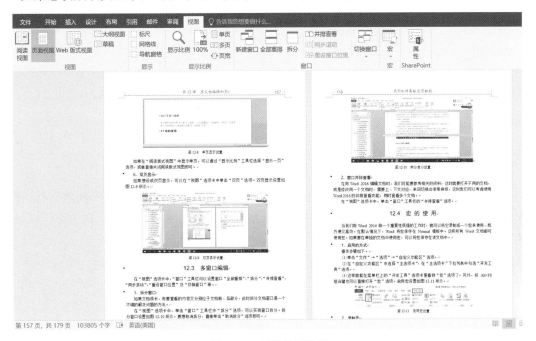

图 12-9　双页显示设置

12.3　多窗口编辑

在"视图"→"窗口"工具栏中可以设置窗口"全部重排""拆分""并排查看""同步滚动""重设窗口位置""切换窗口"等。

1.拆分窗口

如果文档很长，而要查看的内容又分别位于文档前、后部分，此时拆分文档窗口是一个不错的解决办法。

单击"视图"→"窗口"工具栏中的"拆分"选项，可以实现窗口拆分。拆分窗口设置如图 12-10 所示。要想取消拆分，直接单击"取消拆分"选项即可。

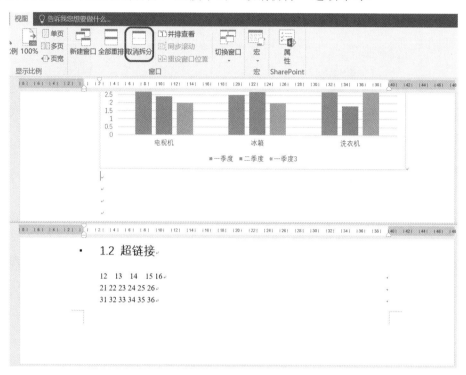

图 12-10　拆分窗口设置

2.窗口并排查看

在用 Word 2016 编辑文档时，可能要参考相关的资料，这时就要打开不同的文档，或是修改同一文档时，需要上、下文对应，来回切换会非常麻烦。这种情况下可以考虑使用 Word 2016 的窗口并排查看功能，同时查看多个文档。

单击"视图"→"窗口"工具栏中的"并排查看"选项即可。

12.4　宏 的 使 用

当用 Word 2016 做一项重复性很强的工作时，可以将它录制成一个宏来使用，这样既方便又高效。在默认情况下，Word 将宏保存在 Normal 模板中，所有 Word 文档都可以使用宏。如果要在单独的文档中使用宏，可以将宏保存在该文档中。

1.启用的方式

操作步骤如下。

(1)单击"文件"→"选项"→"自定义功能区"选项。

(2)在"自定义功能区"中选择"主选项卡"，在"主选项卡"下拉列表中选择一个已经存在的选项卡，如"开发工具"选项卡；也可以新建一个选项卡，在"开发工具"选项卡下选择一个组，如"代码"。在"常用命令"列表中选择"宏"，单击"添加"按钮插入宏，如图 12-11 所示，然后单击"确定"按钮。

图 12-11　插入宏

（3）这样就能在菜单栏上的"开发工具"选项卡中看到"宏"选项了。另外，按"Alt+F8"组合键也可以直接打开"宏"选项。启用宏设置如图 12-12 所示。

图 12-12　启用宏设置

2．录制宏

操作步骤如下。

（1）单击"视图"选项卡，单击"宏"下拉按钮，在"宏"下拉菜单中选择"录制宏"选项，打开"录制宏"对话框，如图 12-13 所示。

（2）在"宏名"中输入"分栏"，将宏指定到"按钮"，将宏保存在文档中，然后单击"确定"按钮。

（3）完成编辑之后，在"视图"选项卡中单击"宏"下拉按钮，在"宏"下拉菜单中选择"停止录制"选项，即可完成宏的录制。

（4）在"宏"下拉菜单中选择"查看宏"选项，就可以运行相应的宏。运行宏如图 12-14 所示。

图 12-13 "录制宏"对话框

图 12-14 运行宏

习 题

1. Word 将宏保存在（　　）。

    A．Normal 模板中　　　　B．视图文件中　　　C．备注文件中　　　　D．DOCX 文件中

2. Word 中不具有的文档视图版式有（　　）。

    A．页面视图　　　　　　B．大纲视图　　　　C．Web 版式视图　　　D．模板视图

第四部分

Excel 2016 基础

第13章 Excel 2016 概述

内容提要：

本章首先介绍 Excel 2016 工作界面和工作表、工作簿及电子表格的基本概念；然后介绍工作表相关的基本操作；接着介绍特殊数据的输入方法及自动填充功能的使用；最后介绍工作表的格式化操作，特别是条件格式和套用表格格式功能的使用。

重要知识点：

- 工作表和工作簿的概念。
- 电子表格的基本概念。
- 工作表的插入、删除和重命名。
- 填充柄。
- 选择性粘贴。
- 条件格式。

"学生信息表"的原始数据如图 13-1 所示，"期末成绩分析表"的原始数据如图 13-2 所示，"主要城市降水量"的原始数据如图 13-3 所示，"学生成绩表"的原始数据如图 13-4 所示，"员工档案表"的原始数据如图 13-5 所示，"职务和基本工资对照表"的原始数据如图 13-6 所示，"统计报告"的原始数据如图 13-7 所示，"顾客消费信息表"的原始数据如图 13-8 所示。图 13-1～图 13-8 中的工作表原始数据将用到本部分各章的示例中。

	A	B	C	D	E	F	G
1	学号	姓名	班级	身份证号码	性别	出生日期	年龄
2	1202001	侯小文	法律二班	110111199810042027	女	1998年10月04日	19
3	1202003	黄蓉	法律二班	110226199910021915	男	1999年10月02日	18
4	1202004	吉莉莉	法律二班	110103199904290936	男	1999年04月29日	19
5	1202006	江晓勇	法律二班	110223199906235661	女	1999年06月23日	19
6	1202007	康秋林	法律二班	110106199905133052	男	1999年05月13日	19
7	1202005	闫朝霞	法律二班	372208199811190512	男	1998年11月19日	19
8	1203011	李春娜	法律三班	130630199905210048	女	1999年05月21日	19
9	1203013	刘小锋	法律三班	110108200001295479	男	2000年01月29日	18
10	1203014	刘小红	法律三班	110226199904111420	女	1999年04月11日	19
11	1203016	吕文伟	法律三班	110227199812061545	女	1998年12月06日	19
12	1203017	马小军	法律三班	110108199812284251	男	1998年12月28日	19
13	1203012	倪冬声	法律三班	410205199912278211	男	1999年12月27日	18
14	1204022	倪冬声	法律四班	110105199810212519	男	1998年10月21日	19
15	1204024	齐飞扬	法律四班	110221199909293625	女	1999年09月29日	18
16	1204025	齐小娟	法律四班	110221200002048335	男	2000年02月04日	18
17	1204001	钱飞虎	法律四班	110226199912240017	男	1999年12月24日	18
18	1204004	宋子丹	法律四班	120112199811263741	女	1998年11月26日	19
19	1204008	宋子文	法律四班	150404199909074122	女	1999年09月07日	18
20	1201001	白宏伟	法律一班	110102199812191513	男	1998年12月19日	19
21	1201003	包宏伟	法律一班	210118199912031129	女	1999年12月03日	18
22	1201002	陈家洛	法律一班	110109199810240031	男	1998年10月24日	19
23	1201004	陈万科	法律一班	302204199908090312	男	1999年08月09日	18
24	1201005	李燕	法律一班	110105199809121104	女	1998年09月12日	19

图 13-1 "学生信息表"的原始数据

班级	学号	姓名	性别	英语	体育	计算机	法制史	刑法	民法	平均分	总分	总评	总分排名
法律二班	1202001	侯小文	女	68.5	88.7	78.6	93.6	87.3	82.5				
法律二班	1202003	黄蓉	男	84.4	93.6	65.8	88.6	79.5	77.6				
法律二班	1202004	吉莉莉	男	88.8	87.4	83.5	84.6	80.9	82.5				
法律二班	1202006	江晓勇	女	79.9	92	53	81.6	83.7	86				
法律二班	1202007	康秋林	男	79.2	90.4	73	86.6	75.3	79.7				
法律二班	1202005	问朝霞	男	78.8	90.3	71.6	86.3	79.5	83.2				
法律三班	1203011	李春娜	女	75.7	88.1	78.6	71.7	89.4	57				
法律三班	1203013	刘小锋	男	86.9	87.6	87	95.1	88	81.1				
法律三班	1203014	刘小红	女	73.4	83.5	73.5	72	89.4	82.5				
法律三班	1203016	吕文伟	女	60	83.6	94.2	86.6	86.6	87.4				
法律三班	1203017	马小军	男	81	87	83.5	73.5	80.4	76.9				
法律三班	1203012	倪冬声	男	87.6	86.3	81.4	85	82.5	86				
法律四班	1204022	倪冬声	男	83.5	84.5	73.5	84.8	88.7	80.4				
法律四班	1204024	齐飞扬	女	69.1	88.5	95.6	84.5	75	59				
法律四班	1204025	齐小娟	男	78.2	75.1	77.2	84.4	81.8	83.2				
法律四班	1204001	钱飞虎	男	84.1	76	76.5	79.4	75	79.7				
法律四班	1204004	宋子丹	女	86.6	84	66.5	82.3	84.5	80.4				
法律四班	1204008	宋子文	女	77.8	84.4	79.3	81.5	85.9	82.5				
法律一班	1201001	白宏伟	男	84.9	87.1	76.3	72.1	83.2	83.2				
法律一班	1201003	包宏伟	女	74.3	84.4	82.8	80.7	75.2	58				

第一行标题："2017级法律专业学生期末成绩分析表"

图 13-2　"期末成绩分析表"的原始数据

城市（毫米）	1月	2月	3月	4月	5月	6月	迷你图趋势
上海shanghai	90.9	32.3	30.1	55.5	84.5	300	
南京nanjing	110.1	18.9	32.2	90	81.4	131.7	
杭州hangzhou	91.7	61.4	37.7	101.9	117.7	361	
合肥hefei	89.8	12.6	37.3	59.4	72.5	203.8	
福州fuzhou	70.3	46.9	68.7	148.3	266.4	247.6	
南昌nanchang	75.8	48.2	145.3	157.4	104.1	427.6	
济南jinan	6.8	5.9	13.1	53.5	61.6	27.2	
郑州zhengzhou	17	2.5	2	90.8	59.4	24.6	
武汉wuhan	72.4	20.7	79	54.3	344.2	129.4	
长沙changsha	96.4	53.8	159.9	101.6	110	116.4	
广州guangzhou	98	49.9	70.9	111.7	285.2	834.6	
南宁nanning	76.1	70	18.7	45.2	121.8	300.6	
海口haikou	35.5	27.7	13.6	53.9	193.3	227.3	
重庆chongqing	16.2	42.7	43.8	75.1	69.1	254.4	
成都chengdu	6.3	16.8	33	47	69.7	124	
贵阳guiyang	15.7	13.5	68.1	62.1	156.9	89.9	
昆明kunming	13.6	12.7	15.7	14.4	94.5	133.5	
拉萨lasa	0.2	7.5	3.8	3.8	64.1	63	
西安xian	19.1	7.5	21.7	55.6	22	59.8	
兰州lanzhou	9	2.8	4.6	22	28.1	30.4	
西宁xining	2.6	2.7	7.7	32.2	48.4	60.9	
银川yinchuan	8.1	1.1		16.3	0.2	2.3	
乌鲁木齐wulumuqi	3	11.6	17.8	21.7	15.8	8.9	

图 13-3　"主要城市降水量"的原始数据

姓名	学号	数学	外语	计算机
吴华	120001	98	77	88
钱玲	120002	88	90	99
张家鸣	120003	67	76	76
杨梅华	120004	66	77	66
汤沐化	120005	77	55	77
万科	120006	88	92	100
苏丹平	120007	43	56	67
黄亚非	120011	57	77	65

图 13-4　"学生成绩表"的原始数据

	A	B	C	D	E	F	G	H	I	J	K
1	员工编号	姓名	性别	部门	职务	身份证号	出生日期	入职时间	工龄	基本工资	基础工资
2	DF007	曾晓军	男	管理	部门经理	410205196412278211		2001年3月			
3	DF015	李北大	男	管理	人事行政经理	420316197409283216		2006年12月			
4	DF002	郭晶晶	女	行政	文秘	110105198903040128		2012年3月			
5	DF013	苏三强	男	研发	项目经理	370108197202213159		2003年8月			
6	DF017	曾令煊	男	研发	项目经理	110105196410020109		2001年6月			
7	DF008	齐小小	女	管理	销售经理	110102197305120123		2001年10月			
8	DF003	侯大文	男	管理	研发经理	310108197712121139		2003年7月			
9	DF004	宋子文	男	研发	员工	37220819751009512		2003年7月			
10	DF005	王清华	男	人事	员工	110101197209021144		2001年6月			
11	DF006	张国庆	男	人事	员工	110108197812120129		2005年9月			
12	DF009	孙小红	女	行政	员工	551018198607311126		2010年5月			
13	DF010	陈家洛	男	研发	员工	372208197310070512		2006年5月			
14	DF011	李小飞	男	研发	员工	410205197908278231		2011年4月			
15	DF012	杜兰儿	女	销售	员工	110106198504040127		2013年1月			
16	DF014	张乖乖	男	行政	员工	610308198111020379		2009年5月			
17	DF016	徐霞客	男	研发	员工	327018198310123015		2010年2月			
18	DF018	杜学江	男	销售	员工	110103198111090028		2008年12月			
19	DF024	张国庆	男	销售	员工	110108197507220123		2010年3月			
20	DF032	李娜娜	女	研发	员工	551018197510120013		2011年9月			
21	DF033	倪冬声	男	研发	员工	110105198412090027		2011年1月			
22	DF034	闫朝霞	女	研发	员工	120108197606031029		2011年1月			
23	DF035	张国庆	男	研发	员工	102204198307190312		2011年1月			
24	DF001	莫一丁	男	管理	总经理	110108196301020119		2001年2月			

图 13-5 "员工档案表"的原始数据

	A	B
1	**职务**	**基本工资**
2	部门经理	10000.00
3	人事行政经理	9500.00
4	文秘	3500.00
5	项目经理	12000.00
6	销售经理	15000.00
7	研发经理	12000.00
8	员工	5600.00
9	总经理	30000.00

图 13-6 "职务和基本工资对照表"的原始数据

	A	B
1	统计报告	
2	所有人的基础工资总额	
3	项目经理的基础工资总额	
4	研发部门平均基础工资	

图 13-7 "统计报告"的原始数据

	A	B	C	D	E	F
1	顾客编号	性别	生日	年龄	年龄段	年消费金额
2	C00001	男	1968年11月16日	48	45~49岁	16708
3	C00002	女	1973年6月29日	43	40~44岁	18998
4	C00006	男	1964年8月20日	52	50~54岁	14648
5	C00007	女	1987年2月26日	29	30岁以下	14420
6	C00009	男	1963年12月10日	53	50~54岁	38223
7	C00011	女	1971年7月27日	45	45~49岁	17623
8	C00012	男	1945年11月29日	71	70~74岁	91781
9	C00013	男	1949年1月7日	67	65~69岁	24948
10	C00014	女	1946年10月2日	70	70~74岁	48980
11	C00015	男	1951年9月1日	65	65~69岁	68206
12	C00017	男	1963年4月9日	53	50~54岁	19913
13	C00018	女	1969年8月17日	47	45~49岁	26779
14	C00019	男	1943年9月8日	73	70~74岁	23575
15	C00020	女	1975年7月30日	41	40~44岁	31358
16	C00021	女	1974年7月25日	42	40~44岁	32730
17	C00024	男	1972年7月26日	44	40~44岁	39140
18	C00026	男	1952年5月26日	64	60~64岁	40511
19	C00028	男	1961年5月5日	55	55~59岁	13276
20	C00029	男	1962年1月4日	54	50~54岁	29296

图 13-8 "顾客消费信息表"的原始数据

13.1 Excel 2016 工作界面

Excel 2016 工作界面如图 13-9 所示。

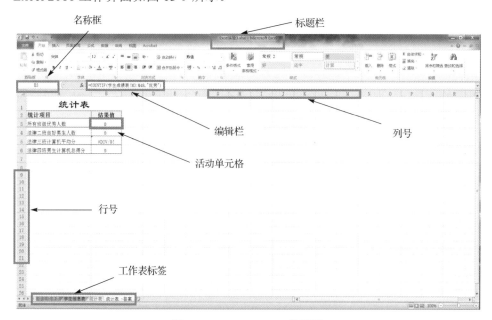

图 13-9 Excel 2016 工作界面

- 标题栏：显示正在编辑的文件名称。
- 名称框：显示活动单元格的名称或自定义名称。
- 编辑栏：显示活动单元格的值或活动单元格中的公式或函数。
- 行号：显示每一行的编号，选中该行时会高亮显示。
- 列号：显示每一列的编号，选中该列时会高亮显示。
- 活动单元格：当前正在使用的单元格。
- 工作表标签：显示当前正在编辑的工作表名称。

13.2 电子表格的基本概念

- 工作簿（Book）：在 Excel 2010 中用来存储并处理工作数据的文件，默认以.xlsx 为扩展名保存。它由若干张工作表组成，默认为 1 张，以 Sheet1 命名；将鼠标指针移到工作表标签处，通过右键快捷菜单可重命名、添加或删除工作表。
- 工作表（Sheet）：Excel 2016 窗口的主体由若干行（行号范围为 1 ~ 1 048 576）和若干列（列号为 A, B, C,···,Y, Z, AA, AB,···，共 16 384 列）组成。
- 单元格：行和列的交叉为单元格，输入的数据保存在单元格中。每个单元格由唯一的地址表示，即列号+行号，如"B3"表示第 B 列第 3 行的单元格。为了区分不同工作表中的单元格，可在地址前加上工作表名称，如"Sheet2!B3"表示"Sheet2"工作表中的"B3"单元格。

● 活动单元格：指当前正在使用的单元格，由黑框框住以区别于其他单元格。注意，活动单元格不一定只有一个，也可以是多个单元格的集合。

可以把电子表格理解为账本，一个工作簿相当于一本记账本，一个工作表相当于账本中的某一页，一个单元格相当于账本中某一页上的某一行。单元格是记录信息的最小单位。

13.3　工作表的基本操作

在 Excel 2016 中，一个工作簿可以包含多个工作表。用户可以根据需要，在工作簿中插入、删除、重命名、移动或复制工作表。不同工作表除了通过名称来区分外，也可以通过工作表标签颜色来区分，还可以通过隐藏和加密工作表的方法，对工作表进行保护。

1．重命名工作表

在 Excel 2016 中，每个工作簿默认包含 1 张名称为"Sheet1"的工作表。用户可以根据需要重命名工作表，从而有效标识不同的工作表。

例如，将工作表"Sheet1"重命名为"学生表"。

操作步骤如下。

(1)选中要重命名的工作表"Sheet1"，使其成为活动工作表。

(2)在工作表标签"Sheet1"上右击，弹出如图 13-10 所示的快捷菜单。在其中选择"重命名"选项，工作表标签会反色显示，直接输入"学生表"即可。或者直接双击工作表标签"Sheet1"，工作表标签也会反色显示，再输入"学生表"即可。

插入(I)...
删除(D)
重命名(R)
移动或复制(M)...
查看代码(V)
保护工作表(P)...
工作表标签颜色(T) ▶
隐藏(H)
取消隐藏(U)...
选定全部工作表(S)

图 13-10　快捷菜单

2．插入工作表

若工作簿中默认的一张工作表不能满足用户的需求，则用户可以在工作簿中插入新的工作表。

1)方法一

在某张工作表上右击，弹出如图 13-10 所示的快捷菜单。在其中选择"插入"选项即可，插入的新工作表将出现在选中工作表的前方。

2)方法二

单击最后一张工作表标签后的"新工作表"按钮(也可使用快捷键 Shift+F11)，如图 13-11 所示，就会在最后一张工作表的后方插入一张空白工作表，系统自动为其按顺序命名。

图 13-11　"新工作表"按钮

3．删除工作表

当不再需要工作簿中的工作表时，可以将工作表删除，该工作表中的所有信息将丢失，并且不能通过"撤销"操作恢复。

将鼠标指针移到待删除的工作表标签上并右击，弹出如图 13-10 所示的快捷菜单，在其中选择"删除"选项即可。

4．移动或复制工作表

移动和复制工作表的操作基本相同，区别在于复制工作表会生成一个和原工作表完全相同的新工作表，而移动工作表只是将原工作表挪动到了新的位置。工作表可以在同一个工作簿中移动或复制，也可以在不同的工作簿中移动或复制。

例如，将"学生信息表"复制一份到"期末成绩分析表"之后。

1）方法一

（1）单击工作表标签"学生信息表"，使其成为活动工作表。

（2）单击鼠标右键，在弹出的快捷菜单中选择"移动或复制"选项，弹出"移动或复制工作表"对话框，如图 13-12 所示。

（3）在此对话框的"下列选定工作表之前"中选择"主要城市降水量"选项，并勾选"建立副本"选项。

（4）单击"确定"按钮，完成操作。

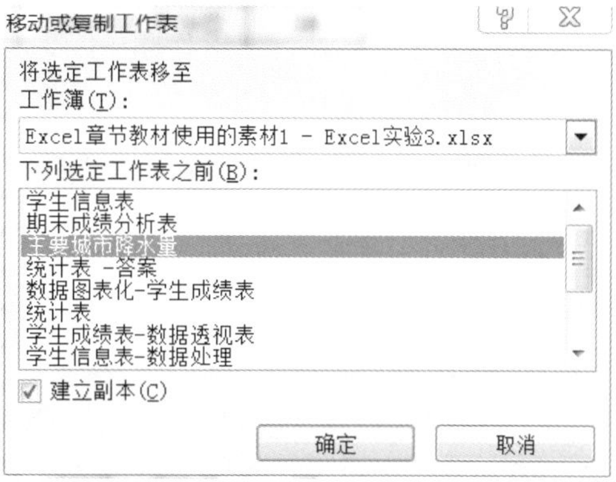

2）方法二

（1）将鼠标指针移到欲复制或移动的工作表标签上方并单击，使其成为活动工作表。

图 13-12　"移动或复制工作表"对话框

（2）按住 Ctrl 键，将工作表标签拖到合适位置，实现工作表的复制操作。如果不按 Ctrl键而直接拖动工作表标签，则实现的是工作表的移动操作。

5．设置工作表标签颜色

一个工作簿中通常包含多张工作表，为了对某张工作表进行突出显示，可以通过设定工作表标签颜色来实现。

例如，设定"学生信息表"的工作表标签颜色为红色。

操作步骤如下。

（1）单击工作表标签"学生信息表"，使其成为活动工作表。

（2）单击鼠标右键，在弹出的快捷菜单中选择"工作表标签颜色"选项。

（3）在颜色列表中选择标准色"红色"。设置工作表标签颜色如图 13-13 所示。

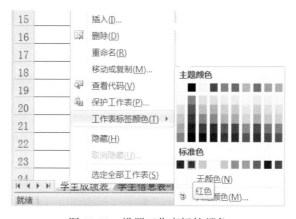

图 13-13　设置工作表标签颜色

6．工作表的隐藏和取消隐藏

用户可以将工作表设置为隐藏状态，从而不显示在工作簿中，间接达到保护工作表的目的。同样，也可以通过取消隐藏，将隐藏的工作表重新显示在工作簿中。

例如，隐藏"学生信息表"。

操作步骤如下。

(1)单击工作表标签"学生信息表"，使其成为活动工作表。

(2)单击鼠标右键，弹出如图13-13所示的快捷菜单，在其中选择"隐藏"选项即可。

7．工作表的保护

为了防止工作表中的重要数据被改动或复制，可设定对工作表进行保护。设置不同的保护选项可以允许用户对工作表进行不同的操作。撤销工作表保护时必须输入密码。

例如，对"学生信息表"进行保护。

操作步骤如下。

(1)单击工作表标签"学生信息表"，使其成为活动工作表。

(2)单击鼠标右键，在弹出的快捷菜单中选择"保护工作表"选项。

(3)在弹出的"保护工作表"对话框(如图13-14所示)中设置保护选项。

图13-14　"保护工作表"对话框

- 在"允许此工作表的所有用户进行"中选择允许他人能够更改的项目，一般采用默认选项"选定锁定单元格"和"选定未锁定的单元格"。
- 在"取消工作表保护时使用的密码"中输入密码，该密码用于设置者取消保护。单击"确定"按钮，在弹出的"确认密码"对话框中再次输入密码完成设置。

8．拆分和冻结窗口

当工作表中的内容过长或过宽时，只能拖动滚动条查看超出窗口大小的数据，由于看不到行标题和列标题，无法明确某行或某列数据的含义，此时可通过冻结窗口功能来锁定行、列标题，使其不会随滚动条的滚动而消失。

图13-15　"冻结窗格"下拉菜单

工作表的内容过长或过宽会引起工作表编辑不方便，可通过拆分窗格功能，对每个窗口分别进行编辑。

例如，对"学生信息表"进行设置，要求拖动垂直滚动条时，列标题始终显示在最上方。"学生信息表"的原始数据如图13-1所示。

操作步骤如下。

(1)选择"学生信息表"的A2单元格。

(2)单击"视图"→"窗口"工具栏中的"冻结窗格"下拉按钮，弹出"冻结窗格"下拉菜单，如图13-15所示，单击"冻结拆分窗格"选项后，拖动垂直滚动条查看效果。取消冻结窗格操作与冻结拆分窗格相同。

【思考】本例是否可以通过图13-15中的"冻结首行"选项来实现？

9．工作表的打印

1）页面设置

单击"页面布局"→"页面设置"工具栏右下角的"启动"按钮，弹出"页面设置"对话框，如图 13-16 所示。各选项卡的功能简介如下。

● "页面"选项卡：设置纸张的方向、调节缩放比例、选择纸张大小等。
● "页边距"选项卡：调节文本内容距上、下、左、右边线的距离，调节页眉、页脚距边线的距离，以及居中对齐方式的选择。
● "页眉/页脚"选项卡：自定义页眉和页脚的显示内容，设置奇偶页不同及首页不同。
● "工作表"选项卡：设置打印区域、打印标题行和标题列、打印顺序等。

2）打印设置

在"文件"下拉菜单中选择"打印"，如图 13-17 所示。其中的设置选项简介如下。

图 13-16　"页面设置"对话框

图 13-17　选择"打印"

● "份数"：直接输入数字或单击微调按钮均可。
● "打印活动工作表"：在"页数"栏中直接输入页码即可，也可以单击"打印活动工作表"右侧的下拉菜单选择是否打印整个工作簿或只打印选定区域。
● "调整"：在打印多份的情况下，指定每份文档中每一页的顺序。例如，一篇文档共 3 页，共打印 3 份，打印输出时一种是按"1,2,3；1,2,3；1,2,3"的方式输出，另一种是按"1,1,1；2,2,2；3,3,3"的方式输出。

【思考】如果某工作簿中有 20 张工作表，名称分别为"2000 年""2001 年""2002 年""2003 年"……"2018 年""2019 年"，如何快速切换到名称为"2012 年"的工作表？

13.4　数据的输入

在单元格内，可以输入数值、文本、日期等各种类型的数据。输入数据的基本方法是选中单元格后直接通过键盘输入，输入完毕后按 Enter 键或 Tab 键即可。这里重点讲解特殊数据的输入。

1．输入文本型数据

电话号码、身份证号等虽然全部由数字组成，但是对它们进行算术运算没有任何意义，因此应把它们看成文本型数据。在输入第一个字符前，先输入单引号，说明接下来输入的数字作为文本看待。例如，在 A1 单元格输入电话号码"051885895389"时应输入"'051885895389"，输入完成后，单元格的左上角有一个绿色的三角形。输入文本型数据如图 13-18 所示。

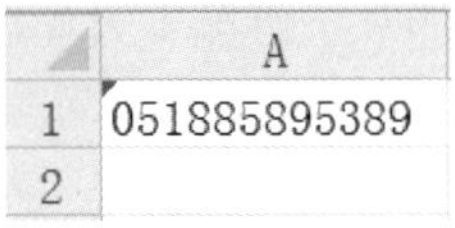

▲	A
1	051885895389
2	

图 13-18　输入文本型数据

2．输入负数

输入负数有两种方法，一种是直接输入负号加上数字；另一种是输入圆括号后，在圆括号中输入负数的绝对值。例如，输入–200 的两种方法分别是输入"–200"和"（200）"。

3．输入分数

输入分数时，必须在分数前输入前缀"0"和空格。例如，输入"3 / 4"时，应输入"0 3/4"。若直接输入"3/4"，Excel 2010 会自动将其识别为日期"3 月 4 日"。

【思考】如何输入数值"$1\frac{3}{4}$"？

4．输入日期和时间

在 Excel 2016 中，年、月、日之间的分隔符是"–"或"/"，时、分、秒之间的分隔符是"："，可以在单元格中按年、月、日的顺序直接输入。例如，输入"2018-09-11"或"2018/09/11"，都表示日期为"2018 年 9 月 11 日"。若想快速输入当前日期，可使用快捷键"Ctrl+;"，输入当前时间的快捷键是"Ctrl+Shift+;"。

【注意】除了通过键盘直接输入数据外，还可以通过"复制、粘贴"或"导入"的方式将外部数据录入工作表中。

13.5　数据的自动填充

当行和列的部分数据形成了一个序列时（所谓序列，是指行或列的数据有相同的变化趋势），就可以使用 Excel 2016 提供的自动填充功能来快速填充数据。

自动填充一般包括数据的自动填充和公式的自动填充，常用的填充方法是应用填充柄和"开始"工具栏中的"填充"选项。

1．应用填充柄填充重复内容

例如，在 B1～B10 区域输入"Office 高级应用"。

操作步骤如下。

（1）在 B1 单元格内输入"Office 高级应用"。

（2）选中 B1 单元格，将鼠标指针移到单元格的右下角，鼠标指针变成黑色十字，如图 13-19 所示。按住鼠标左键不放，向下拖动鼠标指针直到 B10 单元格，松开鼠标左键，B2～B10 单元格将被自动填充。

2．应用填充柄填充序列数据

例如，在 B1～B10 区域分别输入"1 月 1 日""1 月 2 日""1 月 3 日"……"1 月 10 日"。操作步骤如下。

(1)在 B1 单元格内输入"1 月 1 日"。

(2)将鼠标指针移到 B1 单元格的右下角，鼠标指针变成黑色十字，按住鼠标左键不放，向下拖动鼠标指针直到 B10 单元格，松开鼠标，B2～B10 单元格完成自动填充。

【思考 1】如何在 B1～B10 区域中填入 1，2，3，…，8，9，10？(提示：在 B1 和 B2 单元格分别输入"1"和"2"后，同时选中 B1 和 B2 单元格，再使用填充柄。)

【思考 2】如何在 B1～B10 区域内输入每个月的最后一天，如"1 月 31 日""2 月 28 日""3 月 31 日"等？(提示：改变自动填充选项，如图 13-20 所示。)

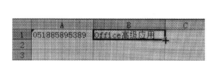

图 13-19　鼠标指针变成黑色十字　　　　图 13-20　改变自动填充选项

【思考 3】在按住鼠标左键拖曳的过程中，同时按住 Ctrl 键和不按 Ctrl 键有什么区别？

3．应用填充柄填充公式

公式自动填充是指应用同一个公式对不同数据进行计算时，只要计算出其中的一个，其他数据只要应用填充柄自动填充即可获得计算结果，并将其自动填充到相应的单元格中。

例如，计算并填充"期末成绩分析表"中的"平均分"列。"期末成绩分析表"的原始数据如图 13-2 所示。

操作步骤如下。

(1)在 K3 单元格中输入公式"=Average(E3:J3)"后按 Enter 键，计算出第一个学生的平均分。

(2)将鼠标指针移到 K3 单元格的右下角，鼠标指针变成黑色十字，按住鼠标左键不放，并向下拖动鼠标指针到 K 列所有要填充的区域。此时被框选的区域用虚线框标记。

(3)松开鼠标，完成公式的自动填充。

【提示】双击 K3 单元格的右下角，也可实现 K 列剩余单元格公式的自动填充。

4．应用"填充"选项填充数据

应用"填充"选项可以快速完成复杂序列(等比和等差序列)的自动填充。例如，在 B1～B10 区域中填充等比序列"100,50,25,12.5…"。

操作步骤如下。

(1)在 B1 单元格中输入"100"。

(2)选中 B1～B10 单元格，单击"开始"→"编辑"工具栏中的"填充"下拉按钮，在弹出的"填充"下拉菜单中选择"系列"选项。

(3)在弹出的"序列"对话框(如图13-21所示)中选择"等比序列",在"步长值"中输入"0.5"。单击"确定"按钮,完成自动填充。

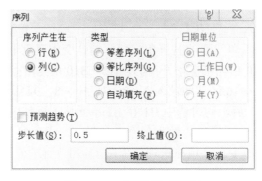

图13-21   "序列"对话框

13.6   选择性粘贴

通过使用"选择性粘贴"不仅能够复制原始内容,而且可以将原始内容中包含的格式、样式及公式等单独复制出来,甚至可以实现对原始数据进行简单的"加、减、乘、除"运算。

1."选择性粘贴"功能介绍

单击"开始"→"剪贴板"工具栏中的"粘贴"下拉按钮,在"粘贴"下拉菜单中选择"选择性粘贴",打开"选择性粘贴"对话框,如图13-22所示。该对话框分为3个区域,简介如下。

图13-22   "选择性粘贴"对话框

1)"粘贴"区域

"全部":包括内容和格式等,其效果相当于直接粘贴。

"公式":只粘贴文本和公式,不粘贴字体格式、边框、注释、内容校验等。

"数值":只粘贴文本,当单元格的内容是计算公式时,只粘贴计算结果。

"格式":仅粘贴源单元格格式,但不改变目标单元格的文字内容(相当于格式刷)。

"批注":把源单元格的批注内容复制过来,不改变目标单元格的内容和格式。

2)"运算"区域

"无":源区域不参与运算,按所选择的粘贴方式粘贴。

"加":把源区域内的值与新区域的值相加,得到相加后的结果。

"减":把源区域内的值与新区域的值相减,得到相减后的结果。

"乘":把源区域内的值与新区域的值相乘,得到相乘后的结果。

"除":把源区域内的值与新区域的值相除,得到相除后的结果。

3)特殊处理区域

"跳过空单元":当复制的源数据区域中有空单元格时,粘贴时空单元格不会替换粘贴区域对应单元格中的值。

"转置"：将被复制数据的列变成行，将行变成列。源数据区域的顶行将位于目标区域的最左列，而源数据区域的最左列将显示于目标区域的顶行。

2．"加"运算

例如，将如图 13-23 所示的员工基本工资上调 500 元，初始时 D 列数据与 E 列数据相同。

	A	B	C	D	E	F
1	员工编号	姓名	销售团队	基本工资-原始	基本工资-加500后	
2	XS28	程小丽	销售1部	6650	7150	500
3	XS7	张艳	销售1部	7350	7850	
4	XS41	卢红	销售1部	7550	8050	
5	XS1	刘丽	销售1部	7950	8450	
6	XS15	杜月	销售1部	8205	8705	
7	XS30	张成	销售1部	8250	8750	
8	XS29	卢红燕	销售1部	8450	8950	
9	XS17	李佳	销售1部	8750	9250	
10	SC14	杜月红	销售2部	8800	9300	

图 13-23　员工基本工资

操作步骤如下。

(1)选中 F2 单元格，输入"500"。

(2)复制 F2 单元格，然后选中需要调整的单元格 E2～E10。

(3)打开图 13-22 所示"选择性粘贴"对话框(也可按"Ctrl+Alt+V"组合键)，在"运算"中选择"加"，单击"确定"按钮，其结果如图 13-23 中 E 列所示。

"减""乘""除"运算的操作仿照本例即可。

3．"转置"功能

有时，要将表格中的行和列数据进行交换，可使用"转置"功能。

例如，将如图 13-24 所示的原始数据进行转置。

操作步骤如下。

(1)选中数据区域 A1～D10，并进行复制操作。

(2)单击空白单元格 A12，打开"选择性粘贴"对话框，勾选"转置"选项，如图 13-25 所示。

(3)单击"确定"按钮，转置后的数据如图 13-26 所示。

	A	B	C	D
1	员工编号	姓名	销售团队	基本工资
2	XS28	程小丽	销售1部	6650
3	XS7	张艳	销售1部	7350
4	XS41	卢红	销售1部	7550
5	XS1	刘丽	销售1部	7950
6	XS15	杜月	销售1部	8205
7	XS30	张成	销售1部	8250
8	XS29	卢红燕	销售1部	8450
9	XS17	李佳	销售1部	8750
10	SC14	杜月红	销售2部	8800

图 13-24　原始数据

图 13-25　勾选"转置"选项

员工编号	XS28	XS7	XS41	XS1	XS15	XS30	XS29	XS17	SC14
姓名	程小丽	张艳	卢红	刘丽	杜月	张成	卢红燕	李佳	杜月红
销售团队	销售1部	销售1部	销售1部	销售1部	销售1部	销售1部	销售1部	销售1部	销售2部
基本工资	6650	7350	7550	7950	8205	8250	8450	8750	8800

图 13-26　转置后的数据

13.7　工作表的格式化操作

Excel 2016 提供了多样的格式设置工具,可以将工作表编辑成清晰美观、表现力丰富的形式。这些工具包括字体样式、行高、列宽、对齐方式、单元格格式、边框和底纹、主题等。

1. 字体设置

字体、字形、字号、颜色等操作和 Word 2016 中的字体设置类似,在此不再详细介绍。

2. 调整工作表的行高和列宽

Excel 2016 中,列的宽度和行的高度不会根据单元格中内容的变化而自动调整,因此有些单元格中的内容不能完全显示,此时,要对单元格的列宽和行高进行调整。常用调整方式有以下 3 种。

(1)将鼠标指针移到列号或行号的中间,当鼠标指针变成▦时双击,即可实现自动调整。

(2)选中要调整列宽和行高的单元格,单击"开始"→"单元格"工具栏中的"格式"下拉按钮,在弹出的"格式"下拉菜单中选择"自动调整列宽"或"自动调整行高"。

(3)选中需要调整的列或行,将鼠标指针移到列号或行号区域,单击鼠标右键,在弹出的快捷菜单中选择"列宽"或"行高",在弹出的对话框中输入具体的数值后,单击"确定"按钮完成修改。例如,"行高"对话框如图 13-27 所示。

图 13-27　"行高"对话框

3. 调整对齐方式

对齐方式是指单元格中的内容在表格中的位置,包含水平方向和垂直方向两个维度,此外还可设置一定的倾斜角度。

例如,将"学生信息表"中的"姓名"列调整为水平、垂直都居中,且文字向下倾斜 45°,"学生信息表"的原始数据如图 13-1 所示。

操作步骤如下。

(1)选中姓名列(B 列)的所有单元格。

(2)单击鼠标右键,在弹出的快捷菜单中选择"设置单元格格式",打开"设置单元格格式"对话框,如图 13-28 所示。

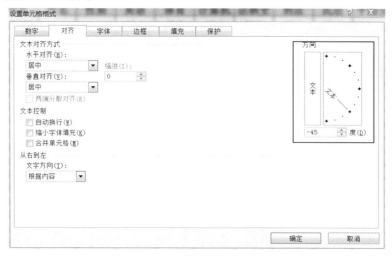

图 13-28　"设置单元格格式"对话框

(3)切换到"对齐"选项卡,在"水平对齐"和"垂直对齐"中都选择"居中"。

(4)单击"方向"工具栏中的"度"微调框中的微调按钮，将文字方向调整为–45°。

【注意】对齐方式还有分散对齐、两端对齐、跨列居中等，可自行设置并查看效果。

4．设置单元格格式

单元格格式是指单元格中数据的显示形式，改变单元格格式并不影响数值本身，Excel 2016 中提供了多种格式。

- 常规：默认格式，数字显示为整数或小数，当数字太大而单元格宽度不够时采用科学计数法。
- 数值：可设置小数位数，选择是否使用逗号分隔千位，以及设置负数的显示方式(加负号、加红色、加括号或同时加红色和括号)。
- 货币：可设置小数位数，选择货币符号，以及设置负数的显示方式。
- 会计专用：与货币格式的主要区别在于货币符号总是垂直排列的。
- 日期：可选择不同的日期格式，如年月日、月日年、日月年等。
- 时间：可选择不同的时间格式。
- 百分比：可设置小数位数并总是显示百分号。
- 分数：可从 9 种分数格式中选择一种格式。
- 科学计数：用指数符号 E 显示数字。
- 文本：用于设置那些表面看起来是数字，实际是文本的数据。
- 特殊：包括 3 种附加的数字格式，即邮政编码、中文小写数字和中文大写数字。
- 自定义：如果以上的格式都不能满足需要，可使用自定义格式。

例如，设置"出生日期"列的显示格式为×月×日××年。

操作步骤如下。

(1)选中"出生日期"列的所有单元格。

(2)单击鼠标右键，在弹出的快捷菜单中选择"设置单元格格式"，打开"设置单元格格式"对话框。

(3)切换到"数字"选项卡，在"分类"中选择"自定义"，在右侧"类型"中填入"m"月"d"日"yy"年""，单击"确定"按钮完成设置。使用自定义单元格格式("出生日期"列的内容为设置格式后的值)如图 13-29 所示。

图 13-29　使用自定义单元格格式(出生日期列的内容为设置格式后的值)

【注意】再次打开该单元格格式对话框时，系统自动显示为"m"月"d"日"yy"年""。

【思考】如果设置"出生日期"列的显示格式为"××月××日××××年"，该如何设置呢？

5．设置边框

在 Excel 2016 中，可通过设置表格边框来改善表格的显示效果。既可以为整个表格添加边框，也可以为表格中的部分区域添加边框。

例如，为"学生信息表"中的 B1～F10 区域添加边框，内边框线为默认，外边框线为红色双线。

操作步骤如下。

(1)选中 B1～F10 单元格，单击鼠标右键，在弹出的快捷菜单中选择"设置单元格格式"，打开"设置单元格格式"对话框。

(2)切换到"边框"选项卡，单击"预置"下方的"内部"选项，为表格加上默认的内边框线。然后更改线条"样式"为双线，线条"颜色"选择红色，单击"预置"下方的"外边框"选项。设置表格的边框线如图 13-30 所示。

图 13-30　设置表格的边框线

(3)单击"确定"按钮完成设置。

【提示】如果要对表格的边框进行更细致的设置，可以在"边框"选项卡中对每一条边框线进行自定义。

6．设置底纹

单元格的底纹能突出显示单元格的内容。

例如，为"学生信息表"中的标题列设置蓝色底纹，图案样式为"25%灰色"。

操作步骤如下。

(1)选中标题列的所有单元格。

(2)打开"设置单元格格式"对话框，切换到"填充"选项卡。

（3）在"背景色"中选择标准色蓝色，在"图案样式"中选择"25%灰色"。设置表格的填充色和底纹如图 13-31 所示。

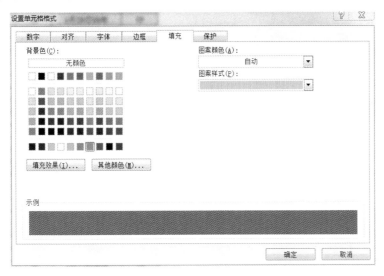

图 13-31 设置表格的填充色和底纹

（4）单击"确定"按钮完成设置。

7. 单元格样式

Excel 2016 为单元格提供了预设的样式，可直接使用。预设的单元格样式如图 13-32 所示。若某些样式要多次使用，可将其设定为自定义样式。

图 13-32 预设的单元格样式

8. 条件格式

在工作中，经常会遇到要突出显示符合特定条件内容的情况，这时使用条件格式会非常方便。Excel 2016 中预设的条件格式有以下几个选项，可根据条件的不同选用。

● "突出显示单元格规则"选项（如图 13-33 所示）。
● "项目选取规则"选项（如图 13-34 所示）。

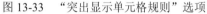

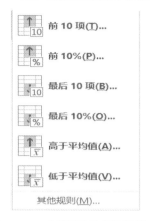

图 13-33　"突出显示单元格规则"选项　　　　图 13-34　"项目选取规则"选项

● "数据条"选项。

● "色阶"选项。

● "图标集"选项。

若预设的条件格式仍不能满足现实需求,还可使用"新建规则"进行条件格式的自定义。

通过"清除规则"可将单元格的条件格式删除,也可将整张工作表的所有条件格式全部删除。

例如,将"期末成绩分析表"中英语科目的成绩介于 80～90 分之间的单元格用红色文本、黄色填充色显示,"期末成绩分析表"的原始数据如图 13-2 所示。

操作步骤如下。

(1)选中英语科目列的 E3～E22 单元格。

(2)单击"开始"→"样式"工具栏中的"条件格式"下拉按钮,弹出"条件格式"下拉菜单。

(3)单击"突出显示单元格规则"→"介于"选项,在弹出的"介于"对话框中分别输入"80"和"90",在"设置为"中选择"自定义格式"。

(4)在"设置单元格格式"对话框的"字体"选项卡中设置颜色为标准色红色,在"填充"选项卡中设置背景色为标准色黄色。

(5)单击两次"确定"按钮完成设置。

9．套用表格格式

工作表中的单元格通常不是孤立的,一般都属于同一张表格,这时可以对表格套用预设的样式,可自动实现包括字体大小、填充图案和对齐方式等多种专业报表格式,达到快速制作清晰美观的工作表的目的。若对系统预设的表格样式不满意,可通过"新建表样式"选项进行自定义。

例如,为"期末成绩分析表"套用表格格式"表样式中等深浅 10"。

操作步骤如下。

(1)选中"期末成绩分析表"的数据区域,包括标题行。

(2)单击"开始"→"样式"工具栏中的"套用表格格式"下拉按钮,打开预设的格式列表。

(3)在"中等深浅"区域,选择名称为"表样式中等深浅 10"的样式后,弹出"套用表格格式"对话框,直接单击"确定"按钮完成设置。

【提示】可通过单击"表格工具"→"设计"选项卡，在"工具"工具栏中单击"转换为区域"选项，如图 13-35 所示，将表格转换为普通单元格。"表格工具"中的其他功能可自行了解。

图 13-35　单击"转换为区域"选项

习　　题

1. 在 Excel 工作表多个不相邻的单元格中输入相同的数据，最优的操作方法是（　　）。
    A. 在其中一个位置输入数据，然后逐次将其复制到其他单元格
    B. 在输入区域最左上方的单元格中输入数据，双击填充柄，将其填充到其他单元格
    C. 在其中一个位置输入数据，将其复制后，利用 Ctrl 键选择其他全部输入区域，再粘贴内容
    D. 同时选中所有不相邻的单元格，在活动单元格中输入数据，然后按"Ctrl+Enter"组合键

2. 小李在 Excel 中整理职工档案，希望"性别"列只能从"男""女"两个值中进行选择，否则系统提示错误信息，最优的操作方法是（　　）。
    A. 通过 if 函数进行判断，控制"性别"列的输入内容
    B. 请同事帮忙进行检查，错误内容用红色标记
    C. 设置条件格式，标记不符合要求的数据
    D. 设置数据有效性，控制"性别"列的输入内容

3. 小韩在 Excel 中制作了一份通讯录，并为工作表数据区域设置了合适的边框和底纹，她希望工作表中的灰色网格线不再显示，最快捷的操作方法是（　　）。
    A. 在"页面设置"对话框中设置不显示网格线
    B. 在"页面布局"选项卡的"工作表选项"工具栏中设置不显示网格线
    C. 在后台视图的"高级"选项中设置工作表不显示网格线
    D. 在后台视图的"高级"选项中设置工作表网格线为白色

第 14 章　公式和函数

Excel 2016 提供了大量类型丰富的函数，适用于数据分析、报表统计等多种场合。在单元格中输入公式或函数后，会立即显示出计算结果。如果改变了单元格中的数值，计算结果还会自动更新，这种自动特性为用户的数据分析和统计工作带来了极大便利。

内容提要：

本章首先介绍如何输入和编辑公式，其次介绍常用函数的功能和用法，最后介绍公式中可能出现的常见错误。

重要知识点：

- 绝对引用和相对引用。
- 名称的定义。
- 常用函数的用法。

14.1　常用运算符

公式是一个以"="开始的，由运算符、单元格引用、数值或文本、函数、括号组成的表达式，在编辑栏可编辑公式，计算结果显示在单元格内。其中，运算符可以分为 4 种类型，分别是算术运算符、比较运算符、文本运算符和引用运算符，如表 14-1 所示。

表 14-1　4 种类型的运算符

算术运算符	比较运算符	文本运算符	引用运算符
+：加	=：等于号	&：把多个文本组合成一个文本	，(逗号)：引用不相邻的多个单元格区域
-：减	>：大于号		：(冒号)：引用相邻的多个单元格区域
*：乘	<：小于号		(空格)：引用选定的多个单元格的交叉区域
/：除	>=：大于或等于号		
%：百分比	<=：小于或等于号		
^：乘方	<>：不等于		

14.2　公式的输入和编辑

输入公式的方法有以下 4 种。

(1)直接输入法：选中或双击需要输入的单元格，输入公式，如"=C3*D3"，按 Enter 键完成输入。

(2)间接输入法：选中或双击需要输入的单元格，输入"="号，再单击 C3 单元格，然后输入"*"号，再单击 D3 单元格，最后按 Enter 键或单击输入符号"√"完成输入。

(3)复制粘贴法：选中包含公式的单元格，单击"复制"按钮。再选中要复制公式的单元格，单击"开始"→"剪贴板"工具栏中的"粘贴"下拉按钮，在"粘贴"下拉菜单中单击"选择性粘贴"选项。在"选择性粘贴"对话框粘贴"方式"中选择"公式"。单击"确定"按钮即可实现公式的复制。

(4) 填充公式法：选中包含公式的单元格，移动鼠标指针到该单元格右下角，出现黑色十字光标时，按住鼠标左键不放，一直向下拖动，然后松开鼠标，实现公式的自动填充。

双击单元格，编辑栏中就会显示该单元格对应的公式，直接在编辑框中进行修改即可。

14.3　单元格的引用方式

在使用函数和公式时，经常要引用单元格。单元格的引用有 3 种方式：相对引用、绝对引用和混合引用。

1．相对引用

对单元格的相对引用是基于单元格的相对位置的，如果公式所在单元格的位置改变，引用也会随之改变。如果多行或多列都复制同一个公式，则引用就会自动调整原公式的行号或列号。在默认情况下，新公式使用相对引用。通过单元格名称实现对单元格的相对引用，如公式中的 A1 表示引用单元格 A1 中的数据。

2．绝对引用

绝对引用总是在指定位置引用单元格，即使公式所在单元格的位置改变，绝对引用时也保持不变。对单元格的绝对引用由行名和列名加上"$"符号组成，如$A$1。

3．混合引用

混合引用是相对引用和绝对引用的组合，具有绝对列和相对行，或绝对行和相对列。如果多行或多列地复制公式，相对引用会自动调整，而绝对引用不做调整。

例如，使用 RANK 函数计算"期末成绩分析表"中的总分排名，"期末成绩分析表"的原始数据如图 13-2 所示。

操作步骤如下。

(1) 在"总分"列的 L3 单元格中输入公式"=SUM（E3:J3）"，按 Enter 键完成公式的输入，用填充公式法实现"总分"列剩余单元格的计算。

(2) 在"总分排名"列的 N3 单元格中输入公式"=RANK（L3,$L$3:$L$22）"，按 Enter 键完成公式的输入，用填充公式法实现"总分排名"列剩余单元格的计算。

【思考】此处的 L3 使用相对引用，在复制公式时会自动变成 L4、L5、L6 等，这样就可以取得不同学生的总分。$L$3:$L$22 代表的是所有学生总分的集合，这个集合是固定的，不会随着公式的复制而改变，因此采用绝对引用方式。注意体会二者的区别。

14.4　名称的定义与引用

如果经常引用某个单元格或单元格区域中的数据，则可以为该单元格或单元格区域定义一个名称，这样就可以直接使用名称来引用数据。

名称的命名规则如下。

● 在使用范围内不可重复，始终保持唯一。

● 只能包含数字、字母和下画线，且不能以数字开头。

- 名称不区分大小写。
- 名称不能包含空格。
- 名称长度不能超过 255 个西文字符。
- 不能与单元格地址相同。
- 一个单元格或单元格区域可以定义多个名称。

1．单元格或单元格区域命名的方法

1) 鼠标右键法

选中单元格或单元格区域，单击鼠标右键，在弹出的快捷菜单中选择"定义名称"，在弹出的"新建名称"对话框(如图 14-1 所示)中输入名称即可。

图 14-1　"新建名称"对话框

2) 直接输入法

选中单元格或单元格区域，直接在名称框中输入名称，如图 14-2 所示，按 Enter 键即可。

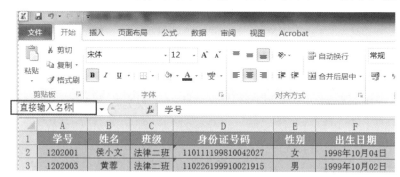

图 14-2　直接在名称框中输入名称

图 14-3　"以选定区域创建名称"对话框

3) 根据所选内容创建法

选中单元格或单元格区域，单击"公式"→"定义的名称"工具栏中的"根据所选内容创建"选项，弹出"以选定区域创建名称"对话框，如图 14-3 所示，名称的来源可根据实际需要选择"首行""最左列""末行""最右列"的组合。

2．名称的编辑

单击"公式"→"定义的名称"工具栏中的"名称管理器"选项，打开"名称管理器"对话框，如图 14-4 所示，根据实际需要可以对名称进行"新建""编辑""删除"操作。

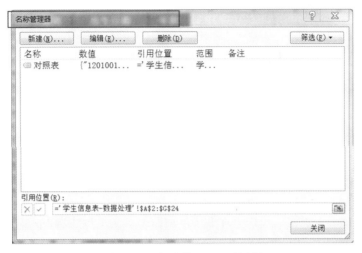

图 14-4　"名称管理器"对话框

3．名称的使用

一旦为单元格或单元格区域定义好了名称，则在公式或函数中引用该单元格或单元格区域时，就可以直接用名称来代替。例如，在计算"期末成绩分析表"中的总分排名时，可以先将 L3～L22 区域定义为"总分区域"，然后在 N3 单元格直接输入公式"=RANK(L3,总分区域)"，非常简洁。

14.5　常用函数功能简介

函数是 Excel 2016 中预先定义且实现某些特定功能的公式，主要用于处理简单四则运算不能处理的算法，能快速地计算结果，提高工作效率。函数的一般结构为：函数名(参数 1,参数 2,…)。其中，参数可以是常量、逻辑值、单元格、单元格区域、数组、已定义的名称或其他函数等。即使某个函数没有参数，也必须输入一对括号。

Excel 2016 中内置了大量的函数，Excel 2016 函数类别如表 14-2 所示。

表 14-2　Excel 2016 函数类别

函 数 类 别	功　　　能
财务函数	用于一般的财务计算，如确定贷款的支付额、投资的未来值或净现值，以及债券或息票的价值
逻辑函数	用于真假值判断或进行复核检验
文本函数	用于处理字符串
日期和时间函数	用于分析和处理日期类型值、时间类型值
查询和引用函数	用于在数据清单或表格中查找特定数值，或者用于查找某一单元格的引用
数学和三角函数	用于处理简单的计算，如对数字取整、计算总和等
统计函数	用于对数据区域进行统计分析
工程函数	用于工程分析

续表

函 数 类 别	功　　能
信息函数	用于确定存储在单元格中的数据类型
数据库函数	用于分析数据清单中的数值
多维数据集函数	用于返回多维数据集层次结构中的成员或元组，以及返回成员属性的值、项数或汇总值等
兼容函数	为保持与以前版本兼容而设置的函数，现已由新函数代替
与加载项一起安装的用户自定义函数	如果在系统中安装了某一个包含函数的应用程序，则该程序作为 Excel 2016 的加载项，其所包含的函数作为自定义函数显示在这里供选用

下面对一些常用函数的功能和用法进行简单介绍。

1. 文本函数

(1) LOWER(text)：将参数 text 中的所有大写字母转换为小写字母。例如，LOWER("AlicE")="alice"。

(2) UPPER(text)：将参数 text 中的所有小写字母转换为大写字母。例如，UPPER("AlicE")="ALICE"。

(3) PROPER(text)：将参数 text 中各英文单词的第一个字母转换为大写字母，将其他字母转换为小写字母。例如，PROPER("a nice hat")="A Nice Hat"。

(4) LEN(text)：返回字符串中字符的个数，一个汉字算一个字符。例如，LEN("Alice 太棒了")=8。

(5) LENB(text)：返回字符串中字符的字节数，一个汉字算 2 字节。例如，LENB("Alice 太棒了")=11。

(6) LEFT(text,num_chars)：从文本字符串的左侧取指定个数的字符。其中，text 是要提取字符的文本；num_chars 是要提取的字符数。例如，LEFT("Alice 太棒了",6)= "Alice 太"。

(7) MID(text,start_num,num_chars)：从文本字符串指定的起始位置起返回指定长度的字符串。其中，text 是要提取字符的文本；start_num 是文本中要提取的第一个字符的位置；num_chars 是要提取的字符数。例如，MID("Alice 太棒了",6,2)= "太棒"。

(8) RIGHT(text,num_chars)：从文本字符串的右侧取指定个数的字符。其中，text 是要提取字符的文本；num_chars 是要提取的字符数。例如，RIGHT("Alice 太棒了",6)= "ice 太棒了"。

(9) CONCATENATE(text1, text2,…)：将若干字符串合并成一个字符串。例如，CONCATENATE("我是","Student")="我是 Student"。

(10) EXACT(text1, text2)：比较 text1 和 text2 是否完全相同，区分大小写。若相同，返回 TRUE，否则返回 FALSE。例如，EXACT("abc","Abc")=FALSE。

(11) FIND(find_text,within_text,[start_num])：返回一个字符串在另一个字符串中出现的起始位置(区分大小写)。其中，find_text 表示要查找的字符串；within_text 表示查找区域；start_num 指定从 within_text 的第几个字符开始查找，start_num 可忽略。系统使用 1 作为默认值。例如，FIND("棒","Alice 太棒了")=7。

(12) FINDB(find_text,within_text,[start_num])：返回一个字符串在另一个字符串中出现的起始位置(区分大小写)，以字节为单位。参数的含义参考 FIND 函数。例如，FINDB("棒","Alice 太棒了")=8。

(13) SEARCH(find_text,within_text,[start_num])：返回一个指定字符或文本字符串在字符串中第一次出现的位置，从左到右查找(忽略大小写)。其中，find_text 表示要查找的字符串；within_text 表示查找区域；start_num 指定从 within_text 的第几个字符开始查找，start_num 可忽略。系统使用 1 作为默认值。例如，SEARCH("a","Alice 太棒了")=1，而 FIND("a","Alice 太棒了")=#VALUE!，表示没有找到。

【思考】FIND、FINDB 和 SEARCH 函数有什么不同？

（14）REPLACE(old_text,start_num,num_chars,new_text)：将一个字符串中的部分字符用另一个字符串替换。例如，REPLACE("我是 Student",3,7,"学生")="我是学生"。

（15）VALUE(text)：将一个代表数值的文本字符串转换成数值。例如，VALUE("2e3")=2000。

（16）TRIM(text)：删除字符串中多余的空格，但会在英文字符串中保留一个作为词与词之间分隔的空格。例如，TRIM(" a   b ")="a b"。

（17）TEXT(value,format_text)：根据指定的数值格式将数字转换为文本。该函数的功能和单元格的自定义格式类似。

2．日期和时间函数

（1）DATE(year,month,day)：返回由参数 year（年）、month（月）和 day（日）表示的日期。例如，DATE(2018,9,11)返回 2018/9/11 的日期型。

（2）NOW()：返回日期时间格式的当前日期和时间。

（3）TODAY()：返回日期格式的当前日期。

（4）YEAR(serial_number)：返回日期的年份。

（5）MONTH(serial_number)：返回日期的月份。

（6）DAY(serial_number)：返回日期是一个月的第几天。

（7）HOUR(serial_number)：返回小时数。

（8）MINUTE(serial_number)：返回分钟数。

（9）WEEKDAY(serial_number,[return_type])：返回代表一周中的第几天的数值，是一个 1～7 之间的整数。其中，serial_number 是一个日期；return_type 为确定返回值类型的数字，如果是数字 1 或省略，则 1～7 代表星期天～星期六；如果是数字 2，则 1～7 代表星期一～星期天；如果是数字 3，则 0～6 代表星期一～星期天。例如，WEEKDAY("2018/9/11",2)=2，说明这一天是星期二。

（10）DAYS360(start_date,end_date,method)：按照一年 360 天的算法计算出起始日期 start_date 和结束日期 end_date 之间相差的天数。method 表明是美国方法（FALSE）还是欧洲方法（TRUE），默认值是 FALSE。例如，DAYS360("2017/9/11","2018/9/11")=360。

（11）DATEDIF(start_date,end_date,unit)：返回起始日期 start_date 和结束日期 end_date 之间的年、月或日间隔数，unit 可以是下列多种形式。

● "Y"：起始日期与结束日期相差的整年数。
● "M"：起始日期与结束日期相差的整月数。
● "D"：起始日期与结束日期相差的天数。
● "MD"：起始日期与结束日期相差的同月间隔天数，忽略日期中的月份和年份。
● "YD"：起始日期与结束日期相差的同年间隔天数，忽略日期中的年份。
● "YM"：起始日期与结束日期相差的间隔月数，忽略日期中的年份。

例如，DATEDIF("2017/9/11","2018/9/11","D")=365。

3. 统计函数

(1) MAX(number1,number2,…): 求各参数中的最大值。

(2) MIN(number1,number2,…): 求各参数中的最小值。

(3) COUNT(value1,value2,…): 求各参数中包含数字的单元格个数。

(4) COUNTIF(range,criteria): 求指定 range 中满足条件 criteria 的单元格个数。

(5) COUNTIFS(criteria_range1,criteria1,[criteria_range2,criteria2],…): 将条件应用于跨多个区域的单元格,并计算所有符合条件的次数。

● 参数 criteria_range1(必需): 计算关联条件的第一个区域。

● 参数 criteria1 (必需): 指定的条件。

● 参数 criteria_range2,criteria2: 为可选项,如果有多个条件,使用该参数。

(6) MEDIAN(number1,number2, …): 返 回 一 组 数 中 的 中 值 。 例 如 , MEDIAN(1,2,3,4,5,6)=3.5。

(7) LARGE(array,k): 返回数组中第 k 个最大值。例如,LARGE({1,2,3,4,5},2)=4。

(8) SMALL(array,k): 返回数组中第 k 个最小值。例如,SMALL ({1,2,3,4,5},2)=2。

(9) AVERAGE(number1,number2,…): 求各参数的平均值。参数可以是数值或含有数值的单元格引用。

4. 查询和引用函数

(1) COLUMN([reference]): 返回指定单元格引用的列号。

(2) ROW([reference]): 返回指定单元格引用的行号。

(3) INDEX(array,row_num,[column_num]): 在给定的单元格区域中,返回特定行、列交叉处单元格的值或引用。

● array: 要返回值的单元格区域或数组。

● row_num: 返回值所在的行号。

● column_num: 返回值所在的列号。默认值为 1。

(4) MATCH(lookup_value,lookup_array,[match_type]): 返回符合特定值、特定顺序的项在数组中的相对位置。

● lookup_value: 表示要在区域或数组中查找的值。

● lookup_array: 表示可能包含所要查找的数值的连续单元格区域。

● match_type: 表示查找方式,取值为 1、0 和–1,具体介绍如下。

　◇ 1 或省略: 查找小于或等于指定内容的最大值,而且指定区域必须按升序排列。

　◇ 0: 查找等于指定内容的第一个数值。

　◇ –1: 查找大于或等于指定内容的最小值,而且指定区域必须按降序排列。

(5) LOOKUP(lookup_value,lookup_vector,result_vector): 从一列、一行或数组中查找一个值。

● 参数 lookup_value: 函数 LOOKUP 在第一个相量中所要查找的数值,它可以为数字、文本、逻辑值或包含数值的名称或引用。

● 参数 lookup_vector: 只包含一行或一列的区域,lookup_vector 的数值可以为文本、数字或逻辑值。

● 参数 result_vector: 只包含一行或一列的区域,其大小必须与 lookup_vector 相同。

(6) VLOOKUP(lookup_value,table_array,col_index_num,range_lookup): 在指定单元格区域的第一列查找满足条件的数据,并根据指定的列号返回对应的数据。

● 参数 lookup_value：要查找的值，可以是数值、引用或文本字符串。

● 参数 table_array：要查找的区域。

● 参数 col_index_num：返回数据在查找区域的第几列，是一个正整数。

● 参数 range_lookup：表示是模糊匹配还是精确匹配，填入 TRUE 或 FALSE。

5. 逻辑函数

（1）AND（logical1,[logical2],…）：检查是否所有参数均为 TRUE，如果所有参数均为 TRUE，则返回值为 TRUE。

（2）OR（logical1,[logical2],…）：如果任意一个参数为 TRUE 即返回 TRUE；只有当所有参数均为 FALSE 时才返回 FALSE。

（3）IF（logical_test,value_if_true,value_if_false）：判断是否满足 logical_test 条件，如果满足，返回第二个参数；如果不满足，返回第三个参数。

6. 数学和三角函数

（1）ROUND（number,num_digits）：按指定位数 num_digits 对数值 number 进行四舍五入。例如，ROUND（4.36,1）=4.4。

（2）ROUNDUP（number,num_digits）：按指定位数 num_digits 对数值 number 进行向上取整。例如，ROUNDUP（4.36,0）=5。

（3）ROUNDDOWN（number,num_digits）：按指定位数 num_digits 对数值 number 进行向下取整。例如，ROUNDDOWN（4.36,1）=4.3。

（4）INT（number）：将 number 向下取整为最接近的整数。例如，INT（-4.36）=-5。

（5）TRUNC（number,num_digits）：将数字的小数部分截去，返回整数或保留指定的位数。例如，TRUNC（-4.36,0）=-4。

（6）ABS（number）：返回给定数值 number 的绝对值，即不带符号的值。例如，ABS（-0.5）=0.5。

（7）CEILING（number,significance）：将参数 number 向上舍入为最接近的指定基数 significance 的倍数。例如，CEILING（45.4,1）=46，CEILING（45.4,10）=50。

（8）FACT（number）：返回 number 的阶乘。例如，FACT（5）=120。

（9）FLOOR（number,significance）：将参数 number 向下舍入为最接近的指定基数 significance 的倍数。例如，FLOOR（45.4,1）=45，FLOOR（45.4,10）=40。

（10）GCD（number1,[number2],…）：返回最大公约数。例如，GCD（21,3）=3。

（11）LOG（number,[base]）：根据给定底数返回数字的对数。例如，LOG（2,2）=1，LOG（100,10）=2。

（12）MOD（number,divisor）：返回两数相除的余数。例如，MOD（15,4）=3，MOD（-15,4）=1，MOD（15,-4）=-1。

（13）RAND（）：返回大于或等于 0 且小于 1 的平均分布随机数（依重新计算而变）。

（14）POWER（number,power）：返回某数的乘幂。例如，POWER（3,2）=9，POWER（3,4）=81。

（15）SQRT（number）：返回数值的平方根。例如，SQRT（9）=3。

（16）SUM（number1,number2,…）：求各参数的和。参数可以是数值或含有数值的单元格引用。

（17）SUMIF（range,criteria,sum_range）：对满足条件的单元格区域进行求和。range 为要进行计算的单元格区域；criteria 为指定的条件；sum_range 为用于求和的实际单元格区域。

(18) SUMIFS (sum_range, criteria_range1,criteria1,[criteria_range2,criteria2],…)：对满足多个条件的单元格区域进行求和。

- 参数 sum_range(必需)：求和区域。
- 参数 criteria_range1(必需)：计算关联条件的第一个区域。
- 参数 criteria1 (必需)：指定的条件。
- 参数 criteria_range2,criteria2：为可选项，如果有多个条件，使用该参数。

7. 信息函数

(1) ISEVEN(number)：如果数字为偶数，则返回 TRUE。例如，ISEVEN(9) = FALSE。

(2) ISODD(number)：如果数字为奇数，则返回 TRUE。例如，ISODD(9) = TRUE。

(3) ISNUMBER(value)：检测一个值是否为数值，返回值为 TRUE 或 FALSE。例如，ISNUMBER(9) = TRUE。

(4) ISTEXT(value)：检测一个值是否为文本，返回值为 TRUE 或 FALSE。例如，ISTEXT("9") =TRUE。

8. 兼容函数

(1) MODE(number1,number2,…)：返回一组数据或数据区域中的众数(出现频率最高的)。例如，MODE(1,2,3,4,5,2,3,3)=3。

(2) RANK(number,ref,[order])：返回某数字在一列数字中相对于其他数值的大小排名。其中，number 为要求排名的那个数值；ref 为排名的参照数值区域；order 的默认值是 0，表示从大到小排名，若输入 1，则表示从小到大排名。

14.6 公式或函数中的常见错误

在公式或函数输入过程中，经常会出现错误，系统会给出不同的错误提示，常见错误提示如下。

- #####：单元格的宽度不够，或单元格包含负的日期或时间值。
- #DIV/0!：一个数除以 0。
- #N/A：某个值不允许被用于函数或公式运算，却被其错误引用了。
- #NAME?：Excel 2016 无法识别公式中的文本。
- #NULL!：指定了两个不相交区域的交集。
- #NUM!：公式或函数中包含无效数值。
- #REF!：单元格引用无效。
- #VALUE!：公式所包含的单元格有不同的数据类型。

14.7 函数综合使用实例

小李在东方公司担任行政助理，年底小李统计了公司员工档案信息的分析和汇总数据。请根据东方公司"员工档案表"和"职务和基本工资对照表"中的数据，按照如下要求完成统计和分析工作。"员工档案表"、"职务和基本工资对照表"和"统计报告"的原始数据分别如图 13-5～图 13-7 所示。

（1）根据身份证号，在"出生日期"列中，使用 MID 函数提取员工生日，单元格格式为"××××年××月××日"。

（2）根据入职时间，在"工龄"列中，使用 TODAY 函数和 INT 函数计算员工的工龄，工作满一年才计入工龄。

（3）员工的基本工资由其职务来决定，职务和基本工资的对应关系保存在"职务和基本工资对照表"中。用 VLOOKUP 函数填充"员工档案表"中的"基本工资"列。然后在"基础工资"列中，用公式计算每个人的基础工资（基础工资＝基本工资＋工龄×50）。

（4）根据"员工档案表"中的数据，统计所有人的基础工资总额，并将其填写在"统计报告"的 B2 单元格中。

（5）根据"员工档案表"中的数据，统计职务为"项目经理"的基础工资总额，并将其填写在"统计报告"的 B3 单元格中。

（6）根据"员工档案表"中的数据，统计东方公司"研发"部门平均基础工资，并将其填写在"统计报告"的 B4 单元格中。

操作步骤如下。

（1）身份证号的 7～14 位是出生年、月、日，因为位于字符串的中间，所以必须使用 MID 函数。在"员工档案表"的 G2 单元格中输入"=MID(F2,7,4)&"年"&MID(F2,11,2)&"月"&MID(F2,13,2)&"日""后，按 Enter 键，此时 G2 单元格的内容是"1964 年 12 月 27 日"。

（2）单击 H2 单元格，在编辑栏中显示"2001/3/1"，由此可以确定"入职时间"列是日期型数据。在"员工档案表"的 I2 单元格中输入"=INT((TODAY()-H2)/365)"后，按 Enter 键，I2 单元格的内容是 17。该公式的意义是当前日期（由 TODAY 函数获得）减去入职时间（H2 单元格）相差的天数除以 365 天后再用 INT 函数向下取整。

（3）在"员工档案表"的 J2 单元格中输入"=VLOOKUP(E2,职务和基本工资对照表!$A$2:$B$9,2,FALSE)"，实现基本工资的自动填充。也可将"职务和基本工资对照表"的 A2～B9 区域定义为名称，如"职务工资对照"，公式可修改为"=VLOOKUP(E2, 职务工资对照,2,FALSE)"。在 K2 单元格中输入"=J2+I2*50"，求出基础工资。

【思考】此处的 A2 和 B9 单元格为何使用绝对引用方式？

（4）在"统计报告"的 B2 单元格中输入"=SUM(员工档案!K2:K24)"。

（5）在"统计报告"的 B3 单元格中输入"=SUMIF(员工档案!E2:E24,"项目经理",员工档案!K2:K24)"。

（6）在"统计报告"的 B4 单元格中输入"=AVERAGEIF(员工档案!D2:D24,"研发",员工档案!K2:K24)"，"统计报告"的最终数据如图 14-5 所示。

	A	B
1	统计报告	
2	所有人的基础工资总额	200700
3	项目经理的基础工资总额	25600
4	研发部门平均基础工资	7390

图 14-5　"统计报告"的最终数据

习　　题

1. 小谢在 Excel 工作表中计算每个员工的工作年限，每满一年计一年工作年限，最优的操作方法是（　　）。

　　A．根据员工的入职时间计算工作年限，然后手动录入工作表中

　　B．直接用当前日期减去入职日期，然后除以 365，并向下取整

  C. 使用 TODAY 函数返回值减去入职日期，然后除以 365，并向下取整

  D. 使用 YEAR 函数和 TODAY 函数获取当前年份，然后减去入职年份

 2. 在 Excel 中，如需对 A1 单元格数值的小数部分进行四舍五入运算，最优的操作方法是（　　）。

  A. =INT(A1)　　　　　　　　　　　B. =INT(A1+0.5)

  C. =ROUND(A1，0)　　　　　　　　D. =ROUNDUP(A1，0)

 3. Excel 工作表 D 列保存了 18 位身份证号码信息，为了保护个人隐私，需将身份证信息的第 3、4 位和第 9、10 位用"*"表示，以 D2 单元格为例，最优的操作是（　　）。

  A. =REPLACE(D2，9，2"**")+REPLACE(D2，3，2"**")

  B. =REPLACE(D2，3，2，"**"，9，2"**")

  C. =REPLACE(REPLACE(D2，3，2，"**")，3，2，"**")

  D. =MID(D2，3，2，"**"9，2，"**")

 4. 将 Excel 工作表 A1 元格中的公式 SUM(B$2：C$4)复制到 B18 单元格后，原公式将变为（　　）。

  A. SUM(C$19：D$19)　　　　　　　B. SUM(C$2：D$4)

  C. SUM(B$19：C$19)　　　　　　　D. SUM(B$2：C$4)

第15章　数据的图表化

Excel 2016 提供了丰富的图表类型和工具来将工作表中枯燥的数据转化为更具表现力的图表，并且随着原始数据的变化，图表也能自动更新，给用户带来极大的便利。

内容提要：

本章首先介绍 Excel 2016 支持的图表类型，其次介绍图表的插入、修改和完善的方法，然后介绍迷你图的使用，最后介绍数据透视表和数据透视图的使用。

重要知识点：

- 图表的编辑。
- 迷你图。
- 数据透视表和数据透视图的使用。

15.1　图表类型

Excel 2016 中提供了多种类型的图表，可根据不同类型的数据源选择不同类型的图表。图表类型简单介绍如下。

- 柱形图：用于显示一段时间内的数据变化或各项之间的比较情况。
- 折线图：用于显示随时间变化的连续数据。在折线图中，类别沿水平轴均匀分布，所有的数值沿垂直轴均匀分布。
- 饼图：显示一个数据系列中各项的大小与各项总和的比例，饼图中的数据点显示为整个饼图的百分比。
- 条形图：显示各个项目之间的比较情况。
- 面积图：用于显示某个时间段总数与数据系列的关系。
- XY（散点图）：显示若干数据系列中各数值之间的关系，或者将两组数据绘制为坐标系的一个系列。
- 股价图：通常用来显示股价的波动，也可用于其他科学数据。
- 曲面图：用来描述比较复杂的数学函数。
- 圆环图：显示各个部分与整体之间的关系。
- 气泡图：对成组的 3 个数值进行比较，第三个值确定气泡数据点的大小。
- 雷达图：用于比较若干数据系列的聚合值。

15.2　图表的编辑

1. 插入图表和删除图表

例如，将"学生成绩表"中每个学生的计算机成绩显示在三维柱形图中，"学生成绩表"的原始数据如图 13-4 所示。

操作步骤如下。

(1)选中"姓名"列和"计算机"列的单元格,包括标题单元格。

(2)单击"插入"→"图表"工具栏右下角的"启动"按钮,弹出"插入图表"对话框。

(3)选取"三维簇状柱形图",单击"确定"按钮,生成图表效果。学生计算机成绩三维簇状柱形图如图15-1所示。

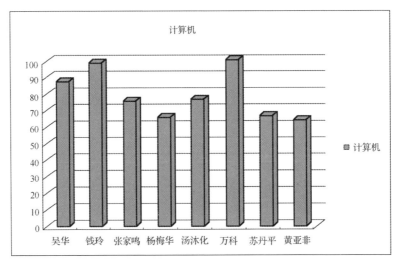

图15-1　学生计算机成绩三维簇状柱形图

整张图表分为不同的区域,包括图表区、绘图区、标题区、图例区、水平轴、垂直轴等,可通过单击"图表工具"→"布局"→"当前所选内容"的下拉菜单来选择,并进行单独设置。通过"当前所选内容"的下拉菜单选择图表的不同区域如图15-2所示。

选中图表,按Delete键,即可将图表删除。

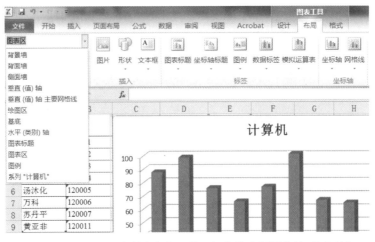

图15-2　通过"当前所选内容"的下拉菜单选择图表的不同区域

2. 修改图表

日常工作中,经常因为工作需要对已生成的图表进行修改,主要包括修改数据源、切换行/列及更改图表类型。

1) 修改数据源

修改数据源后，图表也会有相应的变化。例如，将"学生成绩表"中的外语成绩也显示在图表中。

操作步骤如下。

(1) 选中要修改数据源的图表。

(2) 单击鼠标右键，在弹出的快捷菜单中单击"选择数据"选项，弹出"选择数据源"对话框，如图 15-3 所示。

图 15-3　"选择数据源"对话框

(3) 单击"图表数据区域"后的按钮后，即可切换到工作表中，选择"姓名"列、"外语"列和"计算机"列，再次单击该按钮，返回"选择数据源"对话框，单击"确定"按钮完成设置。图表效果如图 15-4 所示。

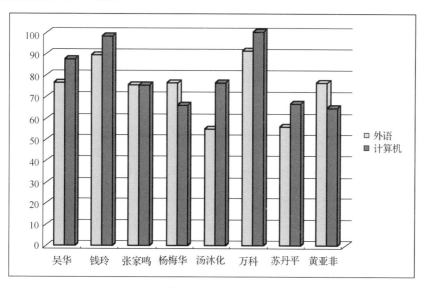

图 15-4　图表效果

【思考 1】图 15-4 中，"外语"列显示在"计算机"列的左边，如何将这两列的位置交换一下？提示：在"选择数据源"对话框中，单击"图例项(系列)"下的"上移"和"下移"按钮。

【思考2】如何将张家鸣和万科同学的成绩从图15-4中删除？

2) 切换行/列

为了从不同角度查看，需要切换行/列数据。例如，将上例中的图表的行和列进行交换，横坐标显示外语和计算机，纵坐标显示学生姓名。

操作步骤如下。

(1) 选中要切换行和列的图表。

(2) 单击鼠标右键，在弹出的快捷菜单中单击"选择数据"选项，弹出"选择数据源"对话框，如图15-5所示。

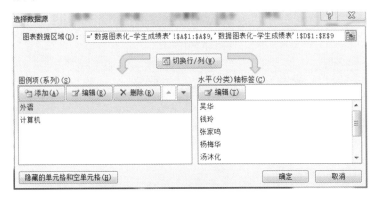

图15-5　"选择数据源"对话框

(3) 单击"切换行/列"按钮，"选择数据源"对话框中的数据发生改变，如图15-6所示。

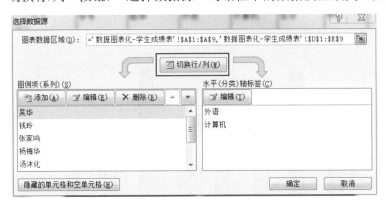

图15-6　"选择数据源"对话框中的数据发生改变

(4) 单击"确定"按钮完成设置。切换了行和列的学生外语、计算机成绩三维簇状柱形图如图15-7所示。

3) 更改图表类型

图表创建好后，如果对当前的图表类型不满意，还可进行更改。例如，将图15-4中的三维簇状柱形图修改为折线图。

操作步骤如下。

(1) 选中要更改类型的图表。

(2) 单击鼠标右键，在弹出的快捷菜单中单击"更改图表类型"选项，在弹出的"更改图表类型"对话框中单击"带数据标记的折线图"按钮即可。

（3）单击"确定"按钮完成设置。学生外语、计算机成绩带标记的折线图如图 15-8 所示。

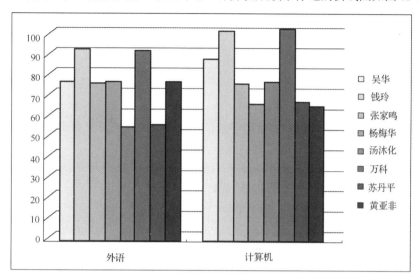

图 15-7 切换了行和列的学生外语、计算机成绩三维簇状柱形图

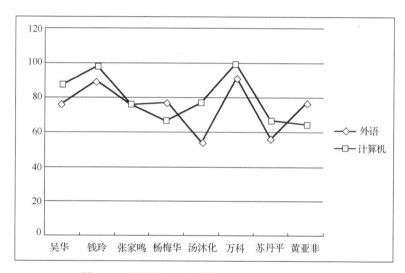

图 15-8 学生外语、计算机成绩带标记的折线图

3. 完善图表细节

图表的每个区域都可单独进行设置，以便让图表更加直观、高效。大部分设置都是通过"图表工具"来实现的，"图表工具"中的"设计"选项卡和"布局"选项卡分别如图 15-9 和图 15-10 所示。其中的常用功能简介如下。

图 15-9 "设计"选项卡

图 15-10 "布局"选项卡

- 图表布局：不同区域放在图表的哪个位置、区域是否显示等称为图表的布局，Excel 2016 针对不同类型的图表预设了一些常用的布局方式，可直接选用。
- 图表样式：针对图表预设的颜色方案，可直接选用。
- 图表标题：用户命名的且能体现图表内容的文本。设置选项包括无、居中覆盖标题和图表上方3种。注意，图表标题和图表名称不同。
- 坐标轴标题：横坐标和纵坐标的名称。
- 图例：图表中不同颜色代表的意义。
- 数据标签：是否将图表元素的实际值以标签的形式标注于图表上。
- 坐标轴：坐标轴是否显示及显示的样式，设置选项和坐标轴标题类似。
- 网格线：图表的背景区是否显示网格线。可分别设置主要网格线和次要网格线。
- 趋势线：图表中是否显示趋势线。

15.3　迷　你　图

迷你图是 Excel 2016 中新增的功能，它是绘制在单元格中的一个微型图表，用迷你图可以直观地反映数据系列的变化趋势。与图表不同的是，当打印工作表时，单元格中的迷你图会和数据一起进行打印。创建迷你图后能根据需要对迷你图进行自定义，如高亮显示最大值和最小值、调整迷你图的颜色等。

1．创建迷你图

例如，在"主要城市降水量"工作表中"迷你图趋势"列(H 列)中，为主要城市的 1～6 月份降水量创建迷你柱形图，"主要城市降水量"的原始数据如图 13-3 所示。

图 15-11　"创建迷你图"对话框

操作步骤如下。

(1)选中 H2 单元格，单击"插入"→"迷你图"工具栏中的"柱形图"选项，弹出"创建迷你图"对话框，如图 15-11 所示。

(2)单击"数据范围"后的按钮，切换到工作表中，选取 B2～G2 单元格，再次单击"数据范围"后的按钮，返回"创建迷你图"对话框。

(3)单击"确定"按钮完成设置，H 列剩余单元格中的迷你图用填充柄自动填充。"主要城市降水量"工作表迷你图如图 15-12 所示。

2．迷你图类型的选择

迷你图只有 3 种类型，分别为折线图、柱形图和盈亏图。可通过单击"迷你图工具"→"类型"工具栏中的按钮进行切换。迷你图工具栏如图 15-13 所示。

城市（毫米）	1月	2月	3月	4月	5月	6月	迷你图趋势
上海shanghai	90.9	32.3	30.1	55.5	84.5	300	
南京nanjing	110.1	18.9	32.2	90	81.4	131.7	
杭州hangzhou	91.7	61.4	37.7	101.9	117.7	361	
合肥hefei	89.8	12.6	37.3	59.4	72.5	203.8	
福州fuzhou	70.3	46.9	68.7	148.3	266.4	247.6	
南昌nanchang	75.8	48.2	145.3	157.4	104.1	427.6	
济南jinan	6.8	5.9	13.1	53.5	61.6	27.2	
郑州zhengzhou	17	2.5	2	90.8	59.4	24.6	
武汉wuhan	72.4	20.7	79	54.3	344.2	129.4	
长沙changsha	96.4	53.8	159.9	101.6	110	116.4	
广州guangzhou	98	49.9	70.9	111.7	285.2	834.6	
南宁nanning	76.1	70	18.7	45.2	121.8	300.6	
海口haikou	35.5	27.7	13.6	53.9	193.3	227.3	
重庆chongqing	16.2	42.7	43.8	75.1	69.1	254.4	
成都chengdu	6.3	16.8	33	47	69.7	124	
贵阳guiyang	15.7	13.5	68.1	62.1	156.9	89.9	
昆明kunming	13.6	12.7	15.7	14.4	94.5	133.5	

图 15-12　"主要城市降水量"工作表迷你图

图 15-13　迷你图工具栏

3．迷你图格式化操作

迷你图格式化操作主要通过迷你图工具栏实现，其中的功能简介如下。

● 编辑数据：修改迷你图中的源数据区域。
● 类型：更改迷你图类型。
● 显示：在迷你图中，标识要显示的特殊数据。
● 样式：使迷你图直接应用预定义格式的图表样式。
● 迷你图颜色：修改迷你图中折线或柱形的颜色。
● 标记颜色：迷你图中特殊数据着重显示的颜色。
● 坐标轴：迷你图坐标范围控制。

15.4　数据透视表和数据透视图

1．数据透视表

数据透视表是一种快速汇总大量数据的交互式报表，可以深入分析数值数据，并回答一些预计不到的数据问题。使用数据透视表，可以转换行、列以查看原始数据的不同汇总结果。

1）新建数据透视表

例如，为图 15-17 中的学生成绩数据新建数据透视表，功能是按性别统计数学、外语和计算机 3 门课程的平均分。

操作步骤如下。

(1)选中工作表中的全部数据(A1～H9)，包括标题行。

(2)单击"插入"→"表格"工具栏中的"数据透视表"按钮，弹出"创建数据透视表"对话框，如图 15-14 所示。

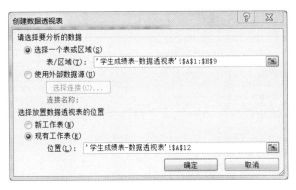

图 15-14　"创建数据透视表"对话框

（3）放置数据透视表的位置有两个选项："新工作表"和"现有工作表"，本例中选择"现有工作表"，"位置"设置为 A12 单元格。

（4）单击"确定"按钮，生成数据透视表编辑区。左边界面为数据透视表的生成区域；右边界面为字段设置和选择区域。

（5）将"性别"字段拖到行标签下方的矩形框，"数学""外语""计算机"字段分别拖到"数值"下方的矩形框，数据透视表的字段选择和设置区域如图 15-15 所示。

（6）单击"数值"下方矩形框中的第一项"求和项：数学"下拉按钮，在弹出的菜单中选择"值字段设置"，弹出"值字段设置"对话框，如图 15-16 所示，在"计算类型"中选择"平均值"。外语和计算机字段的设置同上。最终的数据透视表如图 15-17 所示。

图 15-15　数据透视表的字段选择和设置区域

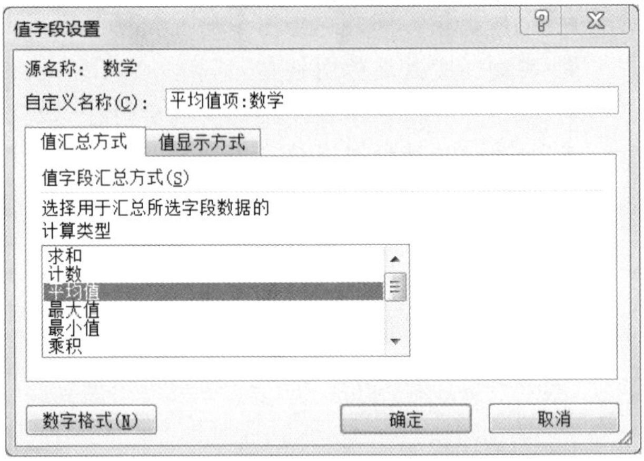

图 15-16　"值字段设置"对话框

2）数据透视表样式设计

"数据透视表工具"的"设计"选项卡(如图 15-18 所示)给出了布局和样式的设置。用户可以设置是否显示"行标题""列标题""镶边行""镶边列"，也可以在"数据透视表样式"工具栏中选择合适的样式。

3）数据透视表的删除

选择数据透视表中的任意一个单元格，单击"数据透视表工具"→"选项"→"操作"工具栏中的"选择"下拉菜单，选择"整个数据透视表"，然后按 Delete 键即可删除数据透视表。

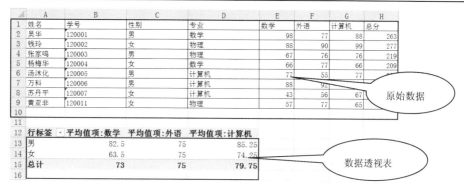

图 15-17　最终的数据透视表

图 15-18　"数据透视表工具"的"设计"选项卡

2．数据透视图

数据透视图是数据透视表的图形化表现形式，以便于查看、比较和预测趋势，帮助用户做出关键数据的决策。

既可以单独创建数据透视图，也可以在已有数据透视表的基础上生成数据透视图。

单独创建数据透视图的操作和创建数据透视表基本相同。在已有数据透视表的基础上生成数据透视图，只要单击数据透视表的任意一个单元格，然后单击"数据透视表工具"→"选项"→"工具"工具栏中的"数据透视图"按钮，在弹出的"插入图表"对话框中选择一种图表类型即可。

习　　题

1．不可以在 Excel 工作表中插入的迷你图类型是(　　)。

　　A．迷你折线图　　　　　B．迷你柱形图　　　　C．迷你散点图　　　　D．迷你盈亏图

2．小金从网站上查到了最近一次全国人口普查的数据表格，他准备将这份表格中的数据引用到 Excel 中以便进行进一步的分析，最优的操作方法是(　　)。

　　A．对照网页上的表格，直接将数据输入 Excel 工作表中

　　B．通过复制、粘贴功能，将网页上的表格复制到 Excel 工作表中

　　C．通过 Excel 中的"自网站获取外部数据"功能，直接将网页上的表格导入 Excel 工作表中

　　D．先将包含表格的网页保存为.html 或.html 格式文件，然后在 Excel 中直接打开该文件

3．在 Excel 中提供了多种类型的图表，不包括(　　)。

　　A．饼图　　　　　　　　B．雷达图　　　　　　C．散点图　　　　　　D．抛物线图

第 16 章　数据的分析和处理

Excel 2016 为用户提供了强大的数据分析和处理功能，如排序、筛选、分类汇总、规划求解等，使用这些功能用户可以方便、快捷地对大量无序的原始数据进行深入分析和处理。

内容提要：

本章首先介绍排序和筛选等基本数据分析功能，其次介绍分类汇总，然后对复杂数据的分析处理进行简单介绍，最后介绍宏的简单应用。

重要知识点：

- 自定义排序。
- 自定义筛选和高级筛选。
- 分类汇总的创建。
- 合并计算。
- 宏的简单应用。

16.1　数 据 排 序

数据排序是指将表格中的数据按照某种规律进行排列。排序方法主要有简单排序、复合排序、特殊排序和自定义排序。

1. 简单排序

简单排序是指以某一个属性字段的顺序关系作为整个表格的排列依据，对整个表格中的数据以行为单位重新排列。

例如，对“学生信息表”中的学生信息按照“出生日期”字段进行降序排序，“学生信息表”的原始数据如图 13-1 所示。

操作步骤如下。

(1) 选中包含“出生日期”字段名的单元格 F1。

(2) 单击“数据”→“排序和筛选”工具栏中的按钮 Z↓A，按“出生日期”排序的结果如图 16-1 所示。

	A	B	C	D	E	F	G
1	学号	姓名	班级	身份证号码	性别	出生日期	年龄
2	1201005	李燕	法律一班	110105199809121104	女	1998年09月12日	19
3	1202001	侯小文	法律二班	110111199810042027	女	1998年10月04日	19
4	1204022	倪冬声	法律四班	110105199810212519	男	1998年10月21日	19
5	1201002	陈家洛	法律一班	110109199810240031	男	1998年10月24日	19
6	1202005	闫朝霞	法律二班	372208199811190512	男	1998年11月19日	19
7	1204004	宋子丹	法律四班	120112199811263741	女	1998年11月26日	19
8	1203016	吕文伟	法律三班	110227199812061545	女	1998年12月06日	19
9	1201001	白宏伟	法律一班	110102199812191513	男	1998年12月19日	19
10	1203017	马小军	法律三班	110108199812284251	男	1998年12月28日	19
11	1203014	刘小红	法律三班	110226199904111420	女	1999年04月11日	19
12	1202004	吉莉莉	法律二班	110103199904290936	男	1999年04月29日	19
13	1202007	康秋林	法律二班	110106199905133052	男	1999年05月13日	19
14	1203011	李春娜	法律三班	130630199905210048	女	1999年05月21日	19
15	1202006	江晓勇	法律二班	110223199906235661	女	1999年06月23日	19
16	1201004	陈万科	法律一班	302204199908090312	男	1999年08月09日	18
17	1204008	宋子文	法律四班	150404199909074122	女	1999年09月07日	18
18	1204024	齐飞扬	法律四班	110221199909293625	女	1999年09月29日	18
19	1202003	黄蓉	法律二班	110226199910021915	男	1999年10月02日	18
20	1201003	包宏伟	法律一班	210118199912031129	女	1999年12月03日	18
21	1204001	钱飞虎	法律四班	110226199912240017	男	1999年12月24日	18
22	1203012	倪冬声	法律三班	410205199912278211	男	1999年12月27日	18
23	1203013	刘小锋	法律三班	110108200001295479	男	2000年01月29日	18
24	1204025	齐小娟	法律四班	110221200002048335	男	2000年02月04日	18

图 16-1　按“出生日期”排序的结果

2．复合排序

复合排序是指对 Excel 2016 中的数据按照多个不同的属性字段进行排序。

例如，对"学生信息表"中的学生信息进行排序，首先按照"性别"升序排序，"性别"相同时再按"出生日期"降序排序。

操作步骤如下。

(1)选中工作表数据区域中的任意一个单元格。

(2)单击"数据"→"排序和筛选"工具栏中的"排序"按钮，打开"排序"对话框，如图 16-2 所示。

(3)按图 16-2 所示进行设置，首先在"主要关键字"中选择"性别"，通过单击"添加条件"按钮增加排序字段，在"次要关键字"中选择"出生日期"。

图 16-2　"排序"对话框

(4)单击"确定"按钮完成排序。

3．特殊排序

对于数值型字段来说，升序和降序只要按照数值大小排列即可，但是对于有些数据类型来说，升序和降序不太好界定。例如，对于"姓名"字段，是按照拼音排序还是按照笔画排序，需要进行设置。

例如，对"学生信息表"中的学生信息按姓名的笔画顺序进行升序排序。

操作步骤如下。

(1)选中"姓名"列的 B1 单元格，打开"排序"对话框。

(2)在"主要关键字"中选择"姓名"，在"次序"中选择"升序"，单击"选项"按钮，弹出"排序选项"对话框，如图 16-3 所示。

(3)选中"笔画排序"选项，单击"确定"按钮，返回"排序"对话框。

(4)单击"确定"按钮，完成排序，按姓名笔画升序排序的结果如图 16-4 所示。

图 16-3　"排序选项"对话框

4．自定义排序

Excel 2016 中提供的是常用的排序规则，而日常工作中可能要根据工作要求对某些字段进行排序，而系统中并未包含这些排序规则，这时就要使用自定义排序。

	A	B	C	D	E	F	G
1	学号	姓名	班级	身份证号码	性别	出生日期	年龄
2	1203017	马小军	法律三班	110108199812284251	男	1998年12月28日	19
3	1201001	白宏伟	法律一班	110102199812191513	男	1998年12月19日	19
4	1201003	包宏伟	法律一班	210118199912031129	女	1999年12月03日	18
5	1202004	吉莉莉	法律二班	110103199904290936	男	1999年04月29日	19
6	1203016	吕文伟	法律三班	110227199812061545	男	1998年12月06日	19
7	1203014	刘小红	法律三班	110226199904111420	女	1999年04月11日	19
8	1203013	刘小锋	法律三班	110108200001295479	男	2000年01月29日	18
9	1204025	齐小娟	法律四班	110221200002048335	女	2000年02月04日	18
10	1204024	齐飞扬	法律四班	110221199909293625	女	1999年09月29日	18
11	1202005	闫朝霞	法律二班	372208199811190512	男	1998年11月19日	19
12	1202006	江晓勇	法律二班	110223199906235661	女	1999年06月23日	19
13	1203011	李春娜	法律三班	130630199905210048	女	1999年05月21日	19
14	1201005	李燕	法律一班	110105199809121104	女	1998年09月12日	19
15	1204004	宋子丹	法律四班	120112199811263741	女	1998年11月26日	19
16	1204008	宋子文	法律四班	150404199909074122	女	1999年09月07日	18
17	1201004	陈万科	法律一班	302204199908090312	男	1999年08月09日	18
18	1201002	陈家洛	法律一班	110109199810240031	男	1998年10月24日	19
19	1202001	侯小文	法律二班	110111199810042027	女	1998年10月04日	19
20	1204001	钱飞虎	法律四班	110226199912240017	男	1999年12月24日	18
21	1204022	倪冬声	法律四班	110105199810212519	男	1998年10月21日	19
22	1203012	倪冬声	法律三班	410205199912278211	男	1999年12月27日	18
23	1202003	黄蓉	法律二班	110226199910021915	男	1999年10月02日	18
24	1202007	康秋林	法律二班	110106199905133052	男	1999年05月13日	19

图 16-4　按姓名笔画升序排序的结果

例如，对"学生信息表"中的学生信息按照"班级"进行排序。

操作步骤如下。

【分析】如果按照正常的操作方式对"班级"进行排序，按班级升序排序的结果如图 16-5 所示。而我们需要的结果应该是按"法律一班""法律二班""法律三班""法律四班"的顺序排序。

	A	B	C	D	E	F	G
1	学号	姓名	班级	身份证号码	性别	出生日期	年龄
2	1202001	侯小文	法律二班	110111199810042027	女	1998年10月04日	19
3	1202003	黄蓉	法律二班	110226199910021915	男	1999年10月02日	18
4	1202004	吉莉莉	法律二班	110103199904290936	男	1999年04月29日	19
5	1202006	江晓勇	法律二班	110223199906235661	女	1999年06月23日	19
6	1202007	康秋林	法律二班	110106199905133052	男	1999年05月13日	19
7	1202005	闫朝霞	法律二班	372208199811190512	男	1998年11月19日	19
8	1203011	李春娜	法律三班	130630199905210048	女	1999年05月21日	19
9	1203013	刘小锋	法律三班	110108200001295479	男	2000年01月29日	18
10	1203014	刘小红	法律三班	110226199904111420	女	1999年04月11日	19
11	1203016	吕文伟	法律三班	110227199812061545	男	1998年12月06日	19
12	1203017	马小军	法律三班	110108199812284251	男	1998年12月28日	19
13	1203012	倪冬声	法律三班	410205199912278211	男	1999年12月27日	18
14	1204022	倪冬声	法律四班	110105199810212519	男	1998年10月21日	19
15	1204024	齐飞扬	法律四班	110221199909293625	女	1999年09月29日	18
16	1204025	齐小娟	法律四班	110221200002048335	女	2000年02月04日	18
17	1204001	钱飞虎	法律四班	110226199912240017	男	1999年12月24日	18
18	1204004	宋子丹	法律四班	120112199811263741	女	1998年11月26日	19
19	1204008	宋子文	法律四班	150404199909074122	女	1999年09月07日	18
20	1201001	白宏伟	法律一班	110102199812191513	男	1998年12月19日	19
21	1201003	包宏伟	法律一班	210118199912031129	女	1999年12月03日	18
22	1201002	陈家洛	法律一班	110109199810240031	男	1998年10月24日	19
23	1201004	陈万科	法律一班	302204199908090312	男	1999年08月09日	18
24	1201005	李燕	法律一班	110105199809121104	女	1998年09月12日	19

图 16-5　按班级升序排序的结果

(1)选中"班级"列的 C1 单元格，打开"排序"对话框。

(2)在"主要关键字"中选择"班级"，单击"次序"下拉按钮，在弹出的下拉菜单中选择"自定义序列"，弹出"自定义序列"对话框，如图 16-6 所示。

图 16-6　"自定义序列"对话框

(3) 在"自定义序列"对话框的"输入序列"中依次输入"法律一班""法律二班""法律三班""法律四班"(用 Enter 键换行)。输入完毕后,单击"添加"按钮,这时新建的自定义序列将作为"自定义序列"下方编辑框中的最后一项。

(4) 单击"确定"按钮,返回"排序"对话框,如图 16-7 所示,其中的"次序"已变为自定义序列。

图 16-7　"排序"对话框

(5) 单击"确定"按钮完成排序,按班级自定义序列排序的结果如图 16-8 所示。

	A	B	C	D	E	F	G
1	学号	姓名	班级	身份证号码	性别	出生日期	年龄
2	1201001	白宏伟	法律一班	110102199812191513	男	1998年12月19日	19
3	1201003	包宏伟	法律一班	210118199912031129	女	1999年12月03日	18
4	1201002	陈家洛	法律一班	110109199810240031	男	1998年10月24日	19
5	1201004	陈万科	法律一班	302204199908090312	男	1999年08月09日	18
6	1201005	李燕	法律一班	110105199809121104	女	1998年09月12日	19
7	1202001	侯小文	法律二班	110111199810042027	女	1998年10月04日	19
8	1202003	黄蓉	法律二班	110226199910021915	男	1999年10月02日	18
9	1202004	吉莉莉	法律二班	110103199904290936	男	1999年04月29日	18
10	1202006	江晓勇	法律二班	110223199906235661	女	1999年06月23日	19
11	1202007	康秋林	法律二班	110106199905133052	男	1999年05月13日	19
12	1202005	闫朝霞	法律二班	372208199811190512	男	1998年11月19日	18
13	1203011	李春娜	法律三班	130630199905210048	女	1999年05月21日	19
14	1203013	刘小锋	法律三班	110108200001295479	男	2000年01月29日	18
15	1203014	刘小红	法律三班	110226199904111420	女	1999年04月11日	19
16	1203015	吕文伟	法律三班	110227199812061545	女	1998年12月06日	19
17	1203017	马小军	法律三班	110108199812284251	男	1998年12月28日	19
18	1203012	倪冬声	法律三班	410205199912278211	男	1999年12月27日	18
19	1204022	倪冬声	法律四班	110105199810212519	男	1998年10月21日	19
20	1204024	齐飞扬	法律四班	110221199909293625	女	1999年09月29日	18
21	1204025	齐小娟	法律四班	110221200002048335	男	2000年02月04日	18
22	1204001	钱飞虎	法律四班	110226199912240017	男	1999年12月24日	18
23	1204004	宋子丹	法律四班	120112199811263741	女	1999年11月26日	19
24	1204008	宋子文	法律四班	150404199909074122	女	1999年09月07日	18

图 16-8　按班级自定义序列排序的结果

16.2　数据筛选

筛选是指从大量的数据中选出符合条件的数据。筛选条件有多种形式,如数值、文本、单元格的颜色、自己定义的复杂条件等。筛选的方法有 3 种:自动筛选、自定义筛选和高级筛选。

1. 自动筛选

使用自动筛选可以简单、快速地筛选出用户需要的数据信息。

例如,在"学生信息表"中筛选出班级是"法律三班"的学生。

操作步骤如下。

(1) 选中标题行中任意一个单元格,如 C1,单击"数据"→"排序和筛选"工具栏中的"筛选"按钮,则在标题行中每一列的右侧出现白色下拉按钮 。

（2）单击"班级"下拉按钮，在弹出的下拉菜单中先取消勾选"全选"选项，然后勾选"法律三班"选项。自动筛选班级为"法律三班"的学生的设置如图16-9所示。

（3）单击"确定"按钮，完成筛选。

【思考1】若改为筛选出"法律三班"的所有男生，如何操作？

【思考2】筛选出"学生成绩表"中计算机课程成绩介于70～90分之间的学生，如何操作？（提示：使用"数字筛选"功能。）

2．自定义筛选

自动筛选功能在很大程度上受限于数据自身的特点，使用自定义筛选功能，可以设置更复杂的条件来扩大筛选功能的应用范围。

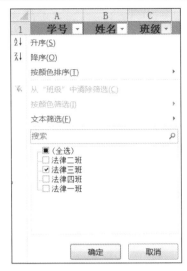

图16-9　自动筛选班级为"法律三班"的学生的设置

例如，在"学生信息表"中筛选出姓名中包含"小"但不姓"刘"的学生。

操作步骤如下。

（1）选中标题行中任意一个单元格，如B1，单击"数据"→"排序和筛选"工具栏中的"筛选"按钮，则在标题行中每一列的右侧出现白色下拉按钮。

（2）单击"姓名"下拉按钮，在弹出的下拉菜单中选择"文本筛选"→"自定义筛选"选项，打开"自定义自动筛选方式"对话框，如图16-10所示。

图16-10　"自定义自动筛选方式"对话框

（3）按图16-10所示进行设置，单击"确定"按钮，完成筛选。姓名中包含"小"但不姓"刘"的学生信息如图16-11所示。

3．高级筛选

如果要采用多组条件的组合查询，则可以使用高级筛选功能。

	A	B	C	D	E	F	G
1	学号	姓名	班级	身份证号码	性别	出生日期	年龄
7	1202001	侯小文	法律二班	1101111199810042027	女	1998年10月04日	19
18	1203017	马小军	法律三班	110108199812284251	男	1998年12月28日	19
21	1204025	齐小娟	法律四班	110221200002048335	男	2000年02月04日	18

图16-11　姓名中包含"小"但不姓"刘"的学生信息

例如，在"期末成绩分析表"中筛选出英语成绩大于80分或计算机成绩大于90分的同学，结果放置在A24单元格开始的区域，"期末成绩分析表"的原始数据如图13-2所示。

操作步骤如下。

（1）条件区域的内容如图16-12所示，在工作表的P2～Q4区域输入图16-12中的内容。

（2）选中A2～J22单元格区域，单击"数据"→"排序和筛选"工具栏中的"高级"按钮，弹出"高级筛选"对话框，如图16-13所示。

（3）按图16-13所示进行设置后，单击"确定"按钮完成高级筛选，最终结果如图16-14所示。

图 16-12　条件区域的内容　　　　　　图 16-13　"高级筛选"对话框

	班级	学号	姓名	性别	英语	体育	计算机	法制史	刑法	民法
24										
25	法律二班	1202003	黄蓉	男	84.4	93.6	65.8	88.6	79.5	77.6
26	法律二班	1202004	吉莉莉	男	88.8	87.4	83.5	84.6	80.9	82.5
27	法律三班	1203013	刘小锋	男	86.9	87.6	87	95.1	88	81.1
28	法律三班	1203016	吕文伟	女	60	83.6	94.2	86.6	86.6	87.4
29	法律三班	1203017	马小军	男	81	87	83.5	73.5	80.4	76.9
30	法律三班	1203012	倪冬声	男	87.6	86.3	81.4	85	82.5	86
31	法律四班	1204022	倪冬声	男	83.5	84.5	73.5	84	88.7	80.4
32	法律四班	1204024	齐飞扬	女	69.1	88.5	95.6	84.5	75	59
33	法律四班	1204001	钱飞虎	男	84.1	76	76.5	79.4	75	79.7
34	法律四班	1204004	宋子丹	女	86.6	84	66.5	82.3	84.5	80.4
35	法律一班	1201001	白宏伟	男	84.9	87.1	76.3	72.1	83.2	83.2

图 16-14　最终结果

【思考】如何在"期末成绩分析表"中筛选出英语成绩大于 80 分并且计算机成绩大于 90 分的同学？

4．取消筛选

单击"数据"→"排序和筛选"工具栏中的"清除"按钮或单击"数据"→"排序和筛选"工具栏中的"筛选"按钮即可。

16.3　数据的分类汇总

分类汇总是将 Excel 2016 工作表中的数据按照不同类别进行汇总统计，并通过分级显示操作显示或隐藏分类汇总的明细行。

1．创建分类汇总

【注意】创建分类汇总前，一定要对分类字段进行排序。

例如，对"期末成绩分析表"以"班级"作为分类字段，对每门课程进行平均值汇总，"期末成绩分析表"的原始数据如图 13-2 所示。

操作步骤如下。

(1)对班级字段按照"法律一班""法律二班""法律三班""法律四班"的顺序进行排序。

(2)选中 A2～J22 单元格区域，单击"数据"→"分级显示"工具栏中的"分类汇总"按钮，弹出"分类汇总"对话框，如图 16-15 所示。

图 16-15　"分类汇总"对话框

(3)按图 16-15 进行设置后，单击"确定"按钮完成操作。按班级进行分类汇总显示结果如图 16-16 所示。

	A	B	C	D	E	F	G	H	I	J
2	班级	学号	姓名	性别	英语	体育	计算机	法制史	刑法	民法
3	法律一班	1201001	白宏伟	男	84.9	87.1	76.3	72.1	83.2	83.2
4	法律一班	1201003	包宏伟	女	74.3	84.4	82.8	80.7	75.2	58
5	法律一班 平均值				79.6	85.75	79.55	76.4	79.2	70.6
6	法律二班	1202001	侯小文	女	68.5	88.7	78.6	93.6	87.3	82.5
7	法律二班	1202003	黄蓉	男	84.4	93.6	65.8	88.6	79.5	77.6
8	法律二班	1202004	吉莉莉	男	88.8	87.4	83.5	84.6	80.9	82.5
9	法律二班	1202006	江晓勇	女	79.9	92	53	81.6	83.7	86
10	法律二班	1202007	康秋林	男	79.2	90.4	73	86.6	75.3	79.7
11	法律二班	1202005	闫朝霞	男	78.8	90.3	71.6	86.3	79.5	83.2
12	法律二班 平均值				79.93333	90.4	70.91667	86.88333	81.03333	81.91667
13	法律三班	1203011	李春娜	女	75.7	88.1	78.6	71.7	89.4	57
14	法律三班	1203013	刘小锋	男	86.9	87.6	87	95.1	88	81.1
15	法律三班	1203014	刘小红	女	73.4	83.5	73.5	72	89.4	82.5
16	法律三班	1203016	吕文伟	女	60	83.6	94.2	86.6	86.6	87.4
17	法律三班	1203017	马小军	男	81	87	83.5	73.5	80.4	76.9
18	法律三班	1203012	倪冬声	男	87.6	86.3	81.4	85	82.5	86
19	法律三班 平均值				77.43333	86.01667	83.03333	80.65	86.05	78.48333
20	法律四班	1204022	倪冬声	男	83.5	84.5	73.5	84.8	88.7	80.4
21	法律四班	1204024	齐飞扬	女	69.1	88.5	95.6	84.5	75	59
22	法律四班	1204025	齐小娟	男	78.2	75.1	77.2	84.4	81.8	83.2
23	法律四班	1204001	钱飞虎	男	84.1	76	76.5	79.4	75	79.7
24	法律四班	1204004	宋子丹	女	86.6	84	66.5	82.3	84.5	80.4
25	法律四班	1204008	宋子文	女	77.8	84.4	79.3	81.5	85.9	82.5
26	法律四班 平均值				79.88333	82.08333	78.1	82.81667	81.81667	77.53333
27	总计平均值				79.135	86.125	77.57	82.745	82.59	78.44

图 16-16　按班级进行分类汇总显示结果

2．分级显示

在数据列表中创建分类汇总后，可以通过分级显示功能隐藏或显示数据细节，方便用户快速、精确地把握大量数据信息。如图 16-16 所示，左上方的 1 2 3 表示分级的级别，数字越大，级别越小，加号和减号用于对某级别进行展开和收缩。

例如，对于上例，要求只显示每个班级各科目的平均值，无须显示每个学生的具体成绩，只要单击数字"2"即可。只显示每个班级各科目的平均值如图 16-17 所示。

	A	B	C	D	E	F	G	H	I	J
2	班级	学号	姓名	性别	英语	体育	计算机	法制史	刑法	民法
5	法律一班 平均值				79.6	85.75	79.55	76.4	79.2	70.6
12	法律二班 平均值				79.93333	90.4	70.91667	86.88333	81.03333	81.91667
19	法律三班 平均值				77.43333	86.01667	83.03333	80.65	86.05	78.48333
26	法律四班 平均值				79.88333	82.08333	78.1	82.81667	81.81667	77.53333
27	总计平均值				79.135	86.125	77.57	82.745	82.59	78.44

图 16-17　只显示每个班级各科目的平均值

3．删除分类汇总

单击"分类汇总"对话框中的"全部删除"按钮，即可将所有的分类汇总结果删除。

16.4　合　并　计　算

有时要将多个工作表中的数据合并到一张工作表中，此时可用合并计算功能来实现。合并计算的数据源可以是同一张工作表中的不同表格，也可以是同一工作簿中的不同工作表，还可以是不同工作簿中的工作表。

例如，某商场 5 个销售员的工作业绩分别保存在"上半年销售情况"和"下半年销售情况"两个表格中。"销售情况"的原始数据如图 16-18 所示。

现在要统计销售员的全年业绩，操作步骤如下。

	A	B	C	D	E	F	G
1	上半年销售情况				下半年销售情况		
2	销售员	销售数量（台）	销售金额（元）		销售员	销售数量（台）	销售金额（元）
3	王清华	37	28000		张国庆	27	22810
4	张国庆	49	39710		孙小红	29	23890
5	孙小红	51	43250		王清华	36	27920
6	陈家洛	46	37810		李小飞	21	19780
7	李小飞	60	51320		陈家洛	40	31200
8							

图 16-18　"销售情况"的原始数据

（1）单击准备放置合并计算结果的起始单元格 A9。

（2）单击"数据"→"数据工具"工具栏中的"合并计算"按钮，弹出"合并计算"对话框，如图 16-19 所示。

（3）由于是对两个表格中的数据进行相加，所以合并计算的函数选择"求和"，并分别把两个表格区域添加到"所有引用位置"中。

（4）单击"确定"按钮完成合并，合并计算后的结果如图 16-20 所示。

图 16-19　"合并计算"对话框

9		销售数量（台）	销售金额（元）
10	王清华	73	55920
11	张国庆	76	62520
12	孙小红	80	67140
13	陈家洛	86	69010
14	李小飞	81	71100

图 16-20　合并计算后的结果

16.5　宏的简单应用

宏是可以运行任意次数的一个操作或一组操作，因此可以利用宏来完成需要频繁进行的重复性操作。本节简单介绍宏的录制和使用。

例如，在"顾客消费信息表"中录制名为"最小年龄"宏，以便可以对选定单元格区域中数值最小的 5 项应用"浅红色填充"的"项目选取规则"条件格式，将宏指定到快捷键"Ctrl+Shit+U"，并对 D 列中的数值应用此宏。"顾客消费信息表"的原始数据如图 13-8 所示。

操作步骤如下。

（1）选中"年龄"列的 D2～D20 区域，单击"视图"→"宏"工具栏中的"宏"下拉按钮，在下拉菜单中选择"录制宏"，打开"录制新宏"对话框，如图 16-21 所示。

（2）在"宏名"中输入"最小年龄"，将光标定位到"快捷键"下面的设置框中，然后同时按下 Ctrl、Shift 和 U 键，即可将快捷键设置为"Ctrl+Shit+U"，单击"确定"按钮。

(3)单击"开始"→"样式"工具栏中的"条件格式"下拉按钮,在下拉菜单中单击"项目选取规则"后的"值最小的 10 项",弹出"10 个最小的项"对话框,如图 16-22 所示。

(4)按图 16-22 所示进行设置后,单击"确定"按钮。

图 16-21　"录制新宏"对话框

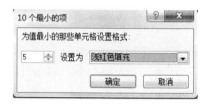

图 16-22　"10 个最小的项"对话框

(5)单击"视图"→"宏"工具栏中的"宏"下拉按钮,在下拉菜单中选择"停止录制",完成宏的录制。

单击"视图"→"宏"工具栏中的"宏"下拉按钮,在下拉菜单中选择"查看宏",打开"宏"对话框,如图 16-23 所示。可单击"删除"按钮删除已经录制的宏,也可以单击"执行"按钮使用已经录制的宏。

图 16-23　"宏"对话框

习　　题

1. 分类汇总可以定义分组显示,最大值是(　　)级。

A. 1　　　　　　　B. 2　　　　　　　C. 3　　　　　　　D. 4

2. 老王正在用 Excel 计算员工本年度的年终奖金,他希望将其与存放在不同工作簿中的前三年奖金发放情况进行比较,最优的操作方法是(　　)。

A. 分别打开前三年的奖金工作簿,将它们复制到同一个工作表中进行比较

B. 通过全部重排功能,将 4 个工作簿平铺在屏幕上进行比较

C．通过并排查看功能，分别将今年与前三年的数据两两进行比较

D．打开前三年的奖金工作簿，需要比较时在每个工作簿窗口之间进行切换查看

3．小王要将通过 Excel 整理的调查问卷统计结果送交经理审阅，这份调查表包含统计结果和中间数两个工作表。他希望经理无法看到其存放中间数据的工作表，最优的操作方法是（　　　）。

A．将存放中间数据的工作表删除

B．将存放中间数据的工作表移到其他工作簿保存

C．将存放中间数据的工作表隐藏，然后设置保护工作表隐藏

D．将存放中间数据的工作表隐藏，然后设置保护工作簿结构

第五部分
PowerPoint 2016 演示文稿制作

第17章 演示文稿的创建与编辑

内容提要：

本章首先引导读者认识 PowerPoint 2016 窗口和视图等工作界面的组成和主要功能；接着简要介绍新建演示文稿的几种方法，以及与幻灯片相关的几个基本操作；最后围绕单张幻灯片的编辑，重点描述相关的主要功能与操作。

重要知识点：

- 认识主要的工作界面(窗口和视图)的组成和功能。
- 学习演示文稿的创建和幻灯片的基本操作。
- 掌握与编辑单张幻灯片相关的主要操作。

17.1 认识主要的工作界面

17.1.1 窗口结构

双击"PPT 素材"文件夹下的"171_示例.pptx"文件，看到打开的 PowerPoint 2016 窗口结构，如图 17-1 所示。整个窗口可大致分为上、中、下 3 部分：上部由快速访问工具栏、标题栏、多个选项卡及其包含的多个工具栏构成；中部左侧是幻灯片/大纲浏览窗格，中部右侧则属于幻灯片窗格和备注窗格；下部左侧是状态栏，下部右侧则由视图切换按钮和显示比例调节区构成。

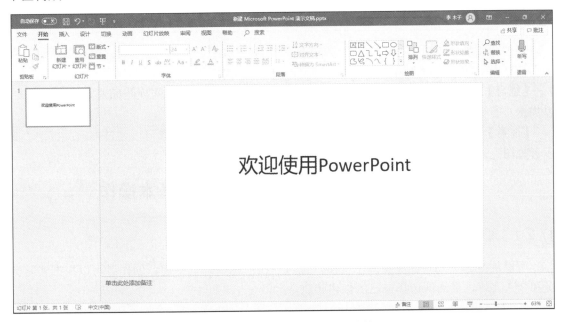

图 17-1　PowerPoint 2016 窗口结构

演示文稿的编辑工作主要在中部区域 3 种窗格内进行。中部区域 3 种窗格间的主要区别如表 17-1 所示。

表 17-1　中部区域 3 种窗格间的主要区别

名　　称	显 示 数 量	呈 现 内 容	主 要 作 用
幻灯片/大纲浏览窗格	多张幻灯片	呈现幻灯片的大致内容和布局。幻灯片浏览窗格中呈现的是缩略图,大纲浏览窗格中呈现的是纯文字	整体浏览文稿、实施全局操作,类似于 Word 中的导航窗格
幻灯片窗格	单张幻灯片	呈现当前幻灯片的内容细节	显示和编辑当前幻灯片,可以与左侧的幻灯片/大纲浏览窗格形成局部和全局的互补关系
备注窗格	—	备注信息(用于对当前幻灯片进行补充说明)	显示和编辑备注信息

17.1.2　视图模式

PowerPoint 2016 提供了查看演示文稿的多种方式,称为视图模式。PowerPoint 2016 各视图模式的主要作用及特点如表 17-2 所示。其中,普通视图是 PowerPoint 2016 默认的视图模式,图 17-1 所示的窗口结构就是在普通视图下看到的。

表 17-2　PowerPoint 2016 各视图模式的主要作用及特点

作 用 阶 段	视 图 模 式	主 要 作 用 及 特 点
主要在编辑制作阶段	普通视图	主要的编辑视图,用于撰写和设计演示文稿
	幻灯片浏览视图	以缩略图形式查看幻灯片,允许调整幻灯片排列顺序,对幻灯片进行增、删、复制、分节等操作
	备注页视图	允许编辑备注信息,只能查看但不允许编辑当前幻灯片
	母版视图	允许对使用该母版的所有幻灯片的样式进行批量修改
主要在放映和查看阶段(其间不允许编辑修改)	幻灯片放映视图	以全屏方式向观众显示演示文稿。使用 F5 和 Esc 键可以进入和退出该视图
	阅读视图	方便创作者以非全屏方式审阅演示文稿的设计效果
	演示者视图	支持多屏幕放映,允许创作者查看备注信息而观众却不可见

切换视图模式既可以利用窗口下部状态栏右侧的视图切换按钮来完成,也可以通过"视图"选项卡中的"演示文稿视图"和"母版视图"工具栏来实现。

【练习】查看"PPT 素材"文件夹下"171_示例.pptx"文件在不同视图模式下的展示效果,以加深对各视图作用的理解。

【注意】演示者视图的效果无法在单屏幕环境下体现出来,读者可以通过搜索关键字"演示者视图"来了解演示者视图的效果和设置步骤。

17.2　演示文稿的创建和幻灯片的基本操作

17.2.1　新建演示文稿

可以从零起点开始创建新演示文稿,也可以在一定基础上创建。创作者可以根据实际情况和个人喜好,灵活地选择自己的创建起点。

1. 创建空白演示文稿

这种情形属于从零起点开始,所创建的空白演示文稿开始时既无内容又无格式,可以分为启动软件时创建和启动软件后新建两种情形。

(1)启动 PowerPoint 2016 软件时，会自动打开一个名为"演示文稿 1"的空白演示文稿。

(2)启动 PowerPoint 2016 软件后，如果还希望新建一个空白演示文稿，可以单击"文件"→"新建"选项，在"可用的模板和主题"中选中"空白演示文稿"，再单击右侧的"创建"图标。

2. 基于已有文档创建

1)根据现有演示文稿创建

单击"文件"→"新建"→"根据现有内容新建"选项，如图 17-2 所示。在打开的对话框中找到现有的演示文稿后，单击"新建"按钮。

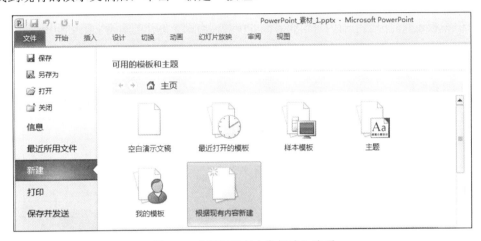

图 17-2　"根据现有内容新建"选项

此时将创建一个内容和风格与现有演示文稿完全相同、但名字不同的新文稿，可以在此基础上进一步修改完善。

2)基于 Word 文档的大纲创建

此方法适合提取一个已有的 Word 文档中的多级标题来形成大纲，并作为新创建的演示文稿的内容。

操作步骤如下。

(1)首先设置 Word 文档中的相应内容为标题 1、标题 2、标题 3 等样式，它们导入演示文稿后将分别对应于幻灯片的标题、一级文本、二级文本等，然后保存并退出该 Word 文档。

(2)在 PowerPoint 2016 中，单击"开始"→"新建幻灯片"→"幻灯片(从大纲)"选项，如图 17-3 所示。在打开的对话框中找到现有 Word 文档后，单击"插入"按钮即可。

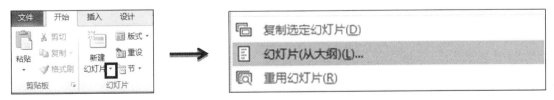

图 17-3　"幻灯片(从大纲)"选项

3．基于已有格式创建

基于已有的格式创建新文档，可以减轻后期美化的工作量，有利于将主要精力集中于内容组织上。常使用以下两种方法。

1）根据预置主题创建

主题是事先设计好的一组样式集，对字体、颜色、显示风格等方面进行了合理搭配，使用预置的主题可以快速设置所有幻灯片具有统一的样式风格。

根据预置主题创建演示文稿的步骤是：单击"文件"→"新建"→"主题"选项(如图 17-4所示)，选择需要的特定主题后，再单击右侧的"创建"图标。

2）根据预置模板创建

模板是具有特定用途的演示文稿范本。与主题相同，模板也同样预置了某些具有一致外观的样式效果。但模板还同时提供了对内容组织方面的引导，有助于创建的演示文稿更加规范和专业。

根据预置模板创建演示文稿的步骤是：单击"文件"→"新建"→"主题"选项(如图 17-4所示)，并选择需要的特定模板后，再单击右侧的"创建"图标。

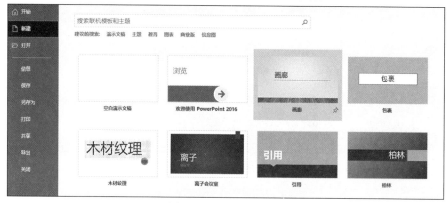

图 17-4　"主题"选项

【练习】新建一个名为"172_创建.pptx"的演示文稿，要求该文稿包含"PPT 素材"文件夹下的"172_素材.docx"中的所有内容，并且 Word 素材中的红色、绿色和蓝色文字要分别对应于新演示文稿中每张幻灯片的标题、第一级文本和第二级文本内容。

17.2.2　幻灯片的基本操作

幻灯片的基本操作既可以在普通视图下的幻灯片/大纲浏览窗格中完成，也可以在幻灯片浏览视图下完成。幻灯片的基本操作如表 17-3 所示。

表 17-3　幻灯片的基本操作

基 本 操 作	操作要领及相关命令
选定幻灯片	选定单张：单击该幻灯片
	选定连续多张：先单击首张，再按 Shift 键，然后单击最后一张幻灯片
	选定不连续多张：先单击首张，再按 Ctrl 键，然后依次单击其余幻灯片
增加幻灯片	(1)定位：选中某张幻灯片，则新增幻灯片将出现在其后；若将插入点定位于两张已有幻灯片之间，则新增幻灯片将出现在这两张已有幻灯片之间
	(2)增加：单击"开始"→"新增幻灯片"选项，或者在右键快捷菜单中单击"新增幻灯片"选项
删除幻灯片	(1)选定要删除的幻灯片；
	(2)删除：按 Delete 键，或者在右键快捷菜单中单击"删除幻灯片"选项

基 本 操 作	操作要领及相关命令
复制幻灯片	(1)选定要复制的幻灯片； (2)复制：按"Ctrl+C"组合键，或者在右键快捷菜单中单击"复制"选项； (3)粘贴：将插入点定位于目标位置，再按"Ctrl+V"组合键，或者在右键快捷菜单中单击"粘贴选项"中的某一个选项
移动或重新排列 幻灯片	先选定要移动的幻灯片，然后按住鼠标左键直接拖动该幻灯片到目标位置
隐藏幻灯片	(1)选定要隐藏的幻灯片； (2)隐藏：在右键快捷菜单中单击"隐藏幻灯片"选项

【注意】

- 复制幻灯片允许跨文档进行。当两个文档的幻灯片主题不同时，粘贴操作默认会把目标位置的幻灯片主题作用到副本幻灯片上。如果要副本幻灯片保留原来的幻灯片主题，则可以利用"粘贴选项/保留源格式"命令。
- 被隐藏的幻灯片在演示文稿播放时将不显示。如果想取消隐藏，再次单击右键快捷菜单中的"隐藏幻灯片"选项即可。

【练习】先将上面新建的演示文稿"172_创建.pptx"另存为"172_操作.pptx"，然后在"172_操作.pptx"文件中练习上述幻灯片基本操作命令，要求熟练掌握操作要领。

17.3　单张幻灯片的编辑

整个演示文稿由多张幻灯片组成，因而单张幻灯片的编辑形成了演示文稿编辑的基础。主要的编辑工作包括选择幻灯片版式，在幻灯片中插入文本和艺术字、图片和图形、表格和图表、音视频和动画等，从而产生图文并茂、动静结合的内容组合。

17.3.1　选择幻灯片版式

1. 认识幻灯片版式

幻灯片版式是指以占位符形式确定的幻灯片的内容布局。占位符是一种指示内容出现位置的可见虚线框，其中既可以包含标题、正文等文本，又可以插入图片、表格、图表等对象。除布局外，幻灯片版式也同时包含了幻灯片的主题和背景。

不同的演示文稿包含的版式数量和种类可能各不相同。创建空白演示文稿后，单击"开始"→"版式"下拉按钮，就可以看到 11 种内置的幻灯片版式，每种都有自己的名称。内置的 11 种标准幻灯片版式如图 17-5 所示。

2. 版式切换

每一张幻灯片都与特定的版式相关联，例如，第一张幻灯片的默认版式是"标题幻灯片"。对某张幻灯片进行版式切换的操作是：选中该幻灯片，单击"开始"→"版式"下拉按钮（或者在右键快捷菜单中选择"版式"，如图 17-6 所示），然后选择需要的版式。

如果预设的版式不能满足需要，PowerPoint 2016 也允许自定义版式，这要在母版视图下完成。

【练习】将上面的"172_操作.pptx"文件另存为"173_版式.pptx"，并更改后者的某些幻灯片所使用的版式，观察发生的变化并加深对版式作用的理解。

图 17-5　内置的 11 种标准幻灯片版式

图 17-6　在右键快捷菜单中选择"版式"

17.3.2　输入文本内容

文本是演示文稿最基本的元素，普通视图下的标题和正文两类占位符均支持文本输入。

1．调整列表级别

通过调整列表级别赋予文本不同的层级和字号，可以凸显出重要内容，并产生层次分明的效果。在幻灯片窗格或大纲浏览窗格中都支持该操作，操作方法也基本类似。幻灯片窗格和大纲浏览窗格如图 17-7 所示。

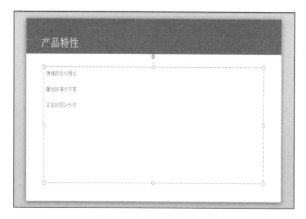

图 17-7　幻灯片窗格和大纲浏览窗格

(1)在标题或正文占位符内部输入某一段文字内容，然后把插入点定位于该段落内部的某一位置。

(2)如果要降级，可以单击"开始"→"段落"工具栏中的"提高列表级别"按钮，如图 17-8所示。此时，段落内容向右缩进，文本字号同时变小。

(3)如果要升级，可以单击"开始"→"段落"工具栏中的"降低列表级别"按钮。此时，段落内容向左靠拢，文本字号同时变大。但当段落位置非常接近文本占位符左侧的虚线时，就无法再升级了，此时"降低列表级别"按钮将呈现灰色不可用状态，如图 17-8 所示。

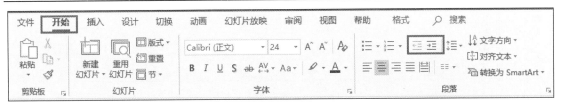

图 17-8 "降低列表级别"(方框左侧)和"提高列表级别"(方框右侧)按钮

【注意】如果了解在 Word 中标题 2 的级别低于标题 1 的事实，而"提高列表级别"相当于增大 Word 中标题样式后的数字，就容易理解"提高列表级别"反而是降级操作的道理了。

2．在大纲浏览窗格中编辑

大纲浏览窗格支持对标题和正文占位符中的文本进行编辑，却无法对其他对象(文本框、表格、图表等)中的文字进行显示或编辑。其编辑效果有时与在 Word 中对段落文字进行相应操作的效果类似。在大纲浏览窗格中的主要编辑操作如表 17-4 所示。

表 17-4 在大纲浏览窗格中的主要编辑操作

操作目的		操作位置	操作命令
选定	单张幻灯片	鼠标指针对准该幻灯片左侧图标	单击
	全部幻灯片	插入点定位于窗格中的任何位置	按"Ctrl+A"组合键
产生新幻灯片	新幻灯片的标题和正文内容都为空	插入点定位于已有幻灯片的标题前	按 Enter 键
	新幻灯片的标题为空，已有幻灯片的正文内容移到新幻灯片中	插入点定位于已有幻灯片的标题末尾	按 Enter 键
产生同级别的新文本段落		插入点定位于已有的同级别的某一文本段落末尾	按 Enter 键
合并相邻幻灯片		插入点定位于第 2 张幻灯片左侧的图标之后、标题之前	按 Backspace 键
		插入点定位于第 1 张幻灯片的最后一段文本末尾	按 Delete 键
调整文本内容层次	升级	插入点定位于欲升级段落内部的某一位置	单击"降低列表级别"按钮
	降级	插入点定位于欲降级段落内部的某一位置	单击"提高列表级别"按钮，或按 Tab 键
设置全部文本为统一字体		插入点定位于大纲浏览窗格中的任何位置	按"Ctrl+A"组合键选中全部幻灯片，再设置相应字体

【思考】能组合表 17-4 中的操作实现相邻幻灯片内容的合并或单张幻灯片内容的拆分吗？除这种方法外，还可以利用其他方法实现吗？

3．使用文本框

文本框是一种容纳文本内容的容器，允许移动和调节大小，因而所包含的文本可以出现在幻灯片的任何位置。

1)插入文本框

单击"插入"→"文本"工具栏中的"文本框"下拉按钮(如图 17-9 所示)，在弹出的下拉菜单中选择"横排文本框"或"竖排文本框"(取决于希望内部的文字是水平排列还是垂直排列)，再拖动光标绘制出该文本框即可。

图 17-9 "文本框"下拉按钮

2)编辑文本内容

单击文本框获得输入焦点后,可以在其中进行多种编辑操作,例如,按 Enter 键输入多行文本,设置文本的字体、字号、对齐方式,在文本前添加项目符号和编号,调整文本的列表级别等。

3)设置文本框内文本的格式

选中文本框后,在新出现的"绘图工具"→"格式"选项卡(如图 17-10 所示)上,可以采用两种方法设置内部文本的格式:直接使用"艺术字样式"工具栏中的相关命令;或者单击"艺术字样式"工具栏中的"启动"按钮(即右下角的斜向箭头),在弹出的"设置文本效果格式"对话框(如图 17-11 所示)中完成。

图 17-10 "格式"选项卡

图 17-11 "设置文本效果格式"对话框

4)设置文本框的格式

可以采用两种方法设置文本框的格式:直接使用"形状样式"工具栏中的相关命令;或者单击"形状样式"工具栏中的"启动"按钮(即右下角的斜向箭头),在弹出的"设置形状格式"对话框(如图 17-12 所示)中完成。

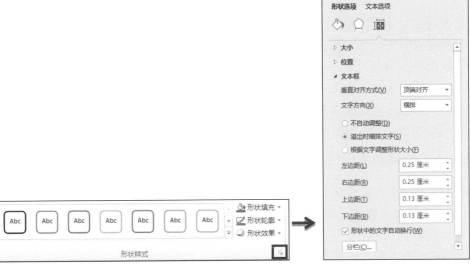

图 17-12　"设置形状格式"对话框

当选中文本框时，"绘图工具"→"格式"选项卡上主要选项的作用如表 17-5 所示。

表 17-5　"绘图工具"→"格式"选项卡上主要选项的作用

工 具 栏	选 项	作 用
插入形状	形状列表	选择列表中的几何形状并插入当前幻灯片
	编辑形状	重新修改所选定文本框的几何形状
	文本框	插入水平或垂直文本框
形状样式	样式列表	将所选样式作用到当前文本框
	形状填充	设置文本框内部的背景，包括颜色、纹理、图案等
	形状轮廓	设置文本框边框的颜色、线条粗细等
	形状效果	设置文本框的特殊显示效果，如发光、三维旋转等
艺术字样式	样式列表	用选定的艺术字样式来设置文本框内部的文字
	文本填充	设置文本内部的填充颜色等
	文本轮廓	设置文本外线条的颜色、粗细等
	文本效果	设置文本的特殊显示效果，如发光、三维旋转等
排列	上移一层 下移一层	调整文本框沿 Z 轴的排列层次，使其覆盖其他对象或被覆盖
	选择窗格	用列表呈现当前幻灯片中的对象。通过它可以选择对象并设置对象的显示或隐藏，或者选中位于下层的文本框
	对齐	设置文本框的水平、垂直对齐方式
	旋转	设置文本框水平、垂直翻转或旋转特定的角度
大小	高度和宽度	设定文本框的高度和宽度为特定值

【练习】假设现在有一大一小两个文本框，小文本框被大文本框所遮挡，要求利用"选择窗格""上移一层""下移一层"选项，选中并修改这个小文本框，并且修改后的小文本框仍然位于下层。

17.3.3　插入艺术字

艺术字可以使文本具有特殊的艺术效果，起到美化界面、突出显示的作用。

可以先输入并选定文本后，再利用"绘图工具"→"格式"→"艺术字样式"工具栏将普通的文本效果改为艺术字；也可以先选择"插入"→"文本"工具栏→"艺术字"列表中的某种类型，确定艺术字样式后，再输入文本内容。

因为插入的艺术字会出现在文本框中，所以可以用与设置文本框格式及框内文本格式相同的操作，来分别对艺术字所在的文本框及艺术字本身设置不同的显示效果。

17.3.4　插入图片和图形

插入图片和图形可以美化幻灯片，产生图文并茂的效果，从而提高演示文稿的吸引力。

1．插入图片并设置图片格式

1）插入图片

如果当前幻灯片版式中的占位符含有图片图标，只要单击此图标就可以打开"插入图片"

图 17-13　"图片"按钮

对话框，再选择要插入的图片即可。否则，可以单击"插入"→"图像"工具栏中的"图片"按钮(如图 17-13 所示)，并在打开的"插入图片"对话框中选择要插入的图片。

2）设置图片格式

选中所插入的图片后，利用新出现的"图片工具"→"格式"选项卡(如图 17-14 所示)，就可以设置该图片的格式，设置图片格式的主要选项的作用如表 17-6 所示。

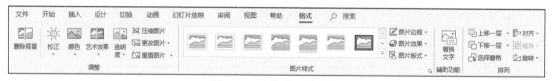

图 17-14　"格式"选项卡

表 17-6　设置图片格式的主要选项的作用

工 具 栏	选 项	作 用
图片样式	图片样式	为图片设置预定义的样式
	图片边框	设置图片边框，包括边框的颜色和线条粗细
	图片效果	设置图片的边缘、形状等具有特殊的显示效果，如发光、三维旋转等
	图片版式	将所选图片转换为 SmartArt 图形
排列	上移一层 下移一层	调整图片沿 Z 轴方向的层次，使图片成为前景或背景
	选择窗格	用列表呈现当前幻灯片中的对象，可以选择对象并设置对象的显示与隐藏，也用于查看多张重叠在一起的图片
	对齐	设置图片相对于幻灯片的水平、垂直对齐方式
	旋转	设置图片水平、垂直翻转或旋转特定的角度

续表

工 具 栏	选 项	作 用
大小	裁剪	裁剪图片大小，去掉多余的部分，允许手工或按比例裁剪
	高度和宽度	设定图片的高度和宽度为特定值
调整	删除背景	删除不需要的背景而保留前景，即抠图
	更正	修改图片的亮度、对比度或清晰度
	颜色	修改图片颜色的饱和度、色调或设置不同的颜色效果（如透明度）
	艺术效果	为图片内容设置预定义的特殊滤镜效果
	压缩图片	整体压缩图片分辨率，以适应不同的应用场合
	更改图片	用另一张图片替换当前图片
	重设图片	取消对当前图片的所有修改，使其恢复到刚插入时的状态

上述操作也可以在"设置图片格式"对话框中完成。通过单击"图片样式"工具栏中的"启动"按钮（即右下角的斜向箭头），或者右击图片，在弹出的快捷菜单中单击"设置图片格式"选项，都可以弹出"设置图片格式"对话框。

【练习】请在一张幻灯片中插入"PPT 素材"→"图库"文件夹下的多张图片，插入后设置这些图片具有相同的大小和位置，此时这些图片将重叠在一起。请利用"选择窗格""上移一层""下移一层"选项，依次查看那些被覆盖的图片。

3）为幻灯片设置图片背景

右击当前幻灯片的空白处，在弹出的快捷菜单中单击"设置背景格式"，打开"设置背景格式"对话框（如图 17-15 所示），选中 "填充"选项卡，单击"图片或纹理填充"选项，在单击"插入"按钮后选择"来自文件"选项，选中作为背景的图片文件后，单击"关闭"按钮即可。

图 17-15 "设置背景格式"对话框

【注意】

● 如果幻灯片原来就存在背景图片，必须勾选"设置背景格式"对话框中的"隐藏背景图形"选项，才可以使新设置的背景图片可见。

● 如果要把一幅图片作为全部幻灯片的背景，只要在单击"关闭"按钮之前，先单击"全部应用"按钮即可。

【练习】把"PPT 素材"文件夹下的"173_背景.jpg"图片设置为"173_背景.pptx"文件中所有幻灯片的背景。

2. 插入联机图片

单击"插入"→"图像"工具栏中的"联机图片"选项，如图 17-16 所示，会出现"联机图片"窗格，单击"搜索"按钮，即可选择符合要求的联机图片，选择其中一幅插入即可。

除了无法删除背景和设置艺术效果外，上面对图片设置格式的其他操作也完全适用于选定的剪贴画，这里不再赘述。

图 17-16　"联机图片"窗格

3．插入相册

相册允许在幻灯片中集中展示多张图片。

单击"插入"→"图像"工具栏中的"相册"下拉按钮，在弹出的"相册"下拉菜单中选择"新建相册"，就会弹出"相册"对话框，如图 17-17 所示。单击其中的"文件/磁盘"按钮，选择要在相册中出现的多个图片后，再分别设置"相册版式"中的"图片版式""相框形状""主题"，最后单击右下角的"创建"按钮即可。最终创建的相册效果如图 17-18 所示，它独自形成了一个新的演示文稿。

图 17-17　"相册"对话框

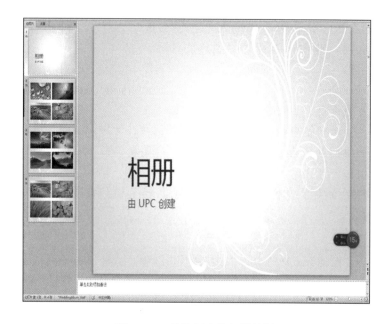

图 17-18　最终创建的相册效果

【注意】创建过程中选择的图片文件可以来源于不同的文件夹,通过多次单击"文件/磁盘"按钮就可以插入这些处于不同位置的图片文件。

4．使用图形

所谓"一图胜千言",在幻灯片中插入合适的几何形状有助于更清晰地表达观点。特别是 SmartArt 图形更是制作具有专业水准的演示文稿的利器,不仅种类繁多,而且方便易用。

1）插入几何形状

单击"插入"→"插图"工具栏中的"形状"下拉按钮,并在弹出的"形状"下拉菜单(如图 17-19 所示)中选择想要的几何形状,如"云形标注"。然后拖动光标即可绘制出相应的几何形状。通过双击把插入点定位到形状内部后,还可以在其中输入文字。

2）插入 SmartArt 图形

插入 SmartArt 图形的几种常见方法如下。

（1）单击"插入"→"插图"工具栏中的"SmartArt"选项,如图 17-20 所示。

（2）在特定版式的占位符中出现"SmartArt"图标时,单击该图标。

（3）如果文本内容适合用 SmartArt 图形来展示,则先选中这些文本再右击,在弹出的快捷菜单中单击"转换为 SmartArt"选项,如图 17-21 所示。

随后打开的"选择 SmartArt 图形"对话框如图 17-22 所示。在此对话框中,要先选择左侧的类别,再选择右侧的具体形状,然后单击"确定"按钮,SmartArt 图形才会插入当前幻灯片中。

插入 SmartArt 图形后,可以利用新出现的"SmartArt 工具"→"设计"选项卡(如图 17-23 所示,选项卡上的功能项可能会随所选类型的不同而有所变化),调整分支数量、设置格式效果,甚至重新修改类型。"SmartArt 工具"→"设计"选项卡主要选项的作用如表 17-7 所示。

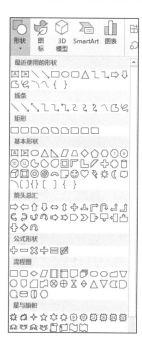

图 17-19　"形状"下拉菜单

图 17-20　"SmartArt"选项

【练习】将"PPT 素材"文件夹下的"173_SmartArt_素材.pptx"文件另存为"173_SmartArt.pptx",并在"173_SmartArt.pptx"文件中按要求完成如下操作:在幻灯片中,参考样例文件"173_SmartArt_样例.jpg"中的效果,将项目符号列表转换为 SmartArt 图形,布局为"组织结构图"。将文本"监事会"和"总经理"的级别调整为"助理",在采购部下方添加"北区"和"南区"两个形状,分支布局为"标准"。

图 17-21　"转换为 SmartArt"选项　　　　　图 17-22　"选择 SmartArt 图形"对话框

图 17-23　"SmartArt 工具"→"设计"选项卡

表 17-7　"SmartArt 工具"→"设计"选项卡主要选项的作用

工 具 栏	选　项	作　用
创建图形	添加形状	在所选形状下添加分支
	添加项目符号	添加文本项目符号。通过添加文本项目符号,将在当前文本下产生下一级文本,从而形成不同层次的文本内容。仅对某些布局的 SmartArt 图形可用
	文本窗格	显示或隐藏文本窗格。文本窗格显示时,将方便录入和组织 SmartArt 图形中的文本
	升级、降级	对文本窗格中的当前文本内容进行升级或降级
	上移、下移	向上或向下移动文本窗格中当前文本出现的位置
	从右到左	将 SmartArt 图形从右到左翻转
	布局	调整选定形状下方各分支的布局
版式	版式列表	修改 SmartArt 图形的类型
SmartArt 样式	更改颜色	设置 SmartArt 图形的整体颜色效果
	样式列表	设置 SmartArt 图形的整体样式风格
重置	重置图形	取消对 SmartArt 图形所做的所有格式修改
	转换	将 SmartArt 图形转换为文本或一般的几何形状

【提示】"添加形状"下拉菜单如图 17-24 所示。"布局"下拉菜单如图 17-25 所示。原项目符号列表(左侧)与要求的组织结构图(右侧)如图 17-26 所示。

图 17-24　"添加形状"下拉菜单

图 17-25　"布局"下拉菜单

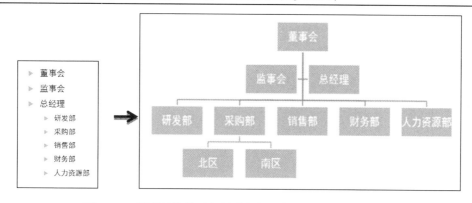

图 17-26　原项目符号列表(左侧)与要求的组织结构图(右侧)

17.3.5　使用表格

表格能使内容表达清晰、有条理。创建表格主要有两种情形：可以先产生空白表格，再输入或复制内容到表格中；也可以把已存在的 Word 表格或 Excel 电子表格直接复制或导入幻灯片中。表格创建后，可以通过设置表格格式，对其修饰美化。

1. 创建空白表格

1)插入普通表格

单击"插入"→"表格"→"插入表格"选项(如图 17-27 所示)，或者单击某些特定版式占位符中出现的"表格"图标，均会弹出"插入表格"对话框，输入所需的行数和列数，就可以在当前幻灯片中插入一个空白表格。接着输入表格内容即可。

2)插入 Excel 电子表格

可以利用 Excel 的操作命令对表格中的数据进行编辑或计算，如设置条件格式、求和等。当表格内容主要是数值时，可以考虑此种方法。

单击"插入"→"表格"→"Excel 电子表格"选项(如图 17-27 所示)，一个 Excel 电子表格就出现在当前幻灯片中。拖动表格周边的调节手柄以包含所需数量的行和列，并在单元格中输入内容。输入完毕，在表格外侧的任一空白处单击即可完成创建。

【练习】创建一个包含成绩信息的 Excel 电子表格，计算总分并标出不及格的成绩。

2. 从已有表格复制或导入

1)从 Word 文档中创建

如果所需表格已经存在于 Word 文档中，就可以直接在 Word 文档中复制，然后粘贴到 PowerPoint 的当前幻灯片中。粘贴时，要注意不同粘贴选项(如图 17-28 所示)之间的差别。例如，"使用目标样式"选项会自动调整粘贴过来的表格风格，使其与当前幻灯片相一致；而"保持原格式"选项却使表格仍保留在 Word 文档中的格式。

如果要基于 Word 文档中的文字内容创建表格，则可以先在 Word 文档中把文字转换成表格后，再将表格复制、粘贴到 PowerPoint 中。转换时，首先在 Word 文档中选中相关文字，然后单击"插入"→"表格"工具栏→"表格"→"文本转换成表格"选项(如图 17-29 所示)，再设置合适的行数、列数和分隔符即可。

图 17-27 "插入表格"选项和"Excel 电子表格"选项

图 17-28 不同粘贴选项

图 17-29 "文本转换成表格"选项

2) 从 Excel 文档中创建

如果所需表格已经存在于 Excel 文档中，就可以直接在 Excel 文档中复制，然后粘贴到 PowerPoint 的当前幻灯片中。但这种方法却无法实现 PowerPoint 中的表格内容随 Excel 电子表格同步变化。

若要实现上述的同步变化，可使用插入对象的方法来导入 Excel 电子表格：在 PowerPoint 中，单击"插入"→"文本"→"对象"选项，在弹出的"插入对象"对话框(如图 17-30 所示)中选中"由文件创建"选项并单击"浏览"按钮，选择所需的 Excel 文档，并勾选"浏览"按钮旁边的"链接"选项(这是同步变化的关键)，最后单击"确定"按钮即可完成导入操作。这种方式导入的表格会自动启动 Excel 程序，因为两者存在链接关系。当 Excel 文档的内容修改并保存后，只要在 PowerPoint 中右击导入的表格，并选择"更新链接"，就可以看到 PowerPoint 表格的内容也会同步变化。

3. 设置表格格式

设置表格格式可以分为以下两种情形。

(1) 对于 Excel 创建的电子表格或作为对象导入的电子表格，其格式设置可以在打开的 Excel 程序中进行，或者利用 PowerPoint 中的"绘图工具"→"格式"选项卡完成。

(2) 在 PowerPoint 中直接插入的表格或从 Word、Excel 文档中复制、粘贴得到的表格，其格式设置可以利用新出现的"表格工具"→"设计"选项卡和"表格工具"→"布局"选项卡来实现。"表格工具"→"设计"选项卡主要选项的作用如表 17-8 所示，"表格工具"→"布局"选项卡主要选项的作用如表 17-9 所示。

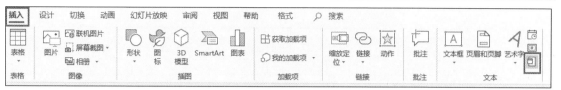

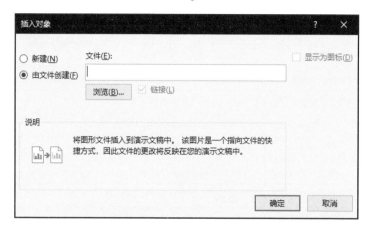

图 17-30　"插入对象"对话框

表 17-8　"表格工具"→"设计"选项卡主要选项的作用

工 具 栏	选 项	作 用
表格样式选项	标题行、汇总行、镶边行	突出显示特定的行。其中，标题行对应表格第一行，汇总行对应表格最后一行，镶边行以奇偶行格式不同的方式来交错显示剩余各行
	第一列、最后一列、镶边列	突出显示特定的列。其中，镶边列以奇偶列格式不同的方式来交错显示剩余各列
表格样式	样式列表	使用预定义的样式来美化表格
	底纹	设置表格部分或全部区域的背景色
	边框	设置表格部分或全部区域的内、外部边框是否出现
	效果	设置表格部分或全部区域的特殊显示效果，如阴影、凹凸等
艺术字样式	快速样式	对单元格的文字设定预定义的艺术字效果
	文本填充	设置文本内部的填充颜色等
	文本轮廓	设置文本外线条的颜色、粗细等
	文字效果	设置文本的特殊显示效果，如发光、三维旋转等
绘图边框	笔样式、笔画粗细、笔颜色	分别对边框设置线的形状、粗细和颜色
	绘制表格	允许手工绘制表格边框
	擦除	擦除表格边框，这将使原边框分开的两个相邻的单元格合并

表 17-9　"表格工具"→"布局"选项卡主要选项的作用

工 具 栏	选 项	作 用
表	选择	选择特定的行、列或整个表格
	查看网格线	显示或隐藏表格内分割各单元格的虚框

续表

工 具 栏	选 项	作 用
行和列	删除	删除选定的单元格、行、列甚至整个表格
	在上、下、左、右方插入	在选定行的上或下方插入与选定行数量相同的空行；在选定列的左或右侧插入与选定列数量相同的空列
合并	合并单元格	合并选中的相邻单元格为一个单元格
	拆分单元格	拆分所选单元格为多个单元格
单元格大小	高度和宽度	设定选定单元格的高度和宽度
	分布行、分布列	对选定的多个连续行平均分配行高；对选定的多个连续列平均分配列宽
对齐方式	水平、垂直对齐方式	设定文本的水平和垂直对齐方式
	文字方向	修改选定单元格的文字方向
	单元格边距	设定文字与所在单元格边缘的间距大小
表格尺寸	高度和宽度	指定表格的整体高度和宽度
	锁定纵横比	设置表格的高度和宽度按比例同步变化
排列	上移一层、下移一层	调整表格沿 Z 轴方向的层次，使表格在现有层次上上移一层或下移一层
	选择窗格	以列表形式给出当前幻灯片中的对象，在窗格中可以选择对象并设置对象的显示与隐藏
	对齐	设置表格相对于幻灯片边缘的水平、垂直对齐方式

【练习】请将"PPT 素材"文件夹下的 Word 文件"173_表格.docx"中对应着第 3 张幻灯片的文字转换为表格，并放在一个名为"173_表格.pptx"的新演示文稿中。要求表格参考样例文件"173_表格_样例.jpg"中的效果，取消表格的标题行和镶边行样式，并应用镶边列样式；表格单元格中的文本水平和垂直方向都居中对齐，中文设为幼圆字体，西文设为 Arial 字体。

17.3.6　创建图表

在幻灯片中加入 Excel 图表，能使数据展示直观化。因为图表依赖于数据，所以创建图表的重要一步是为其指定数据源。对于创建好的图表，可以进一步设置格式。Excel 图表如图 17-31 所示。

1. 插入图表

单击"插入"→"插图"→"图表"选项，或者单击某些特定版式占位符中出现的"图表"图标，均会弹出"插入图表"对话框。在"插入图表"对话框左侧选择需要的图表类型，在右侧选择具体的图表布局，然后单击"确定"按钮，就会出现一个初步的图表。此时，还要在自动启动的 Excel 程序中为该图表指定数据源，即必须在以 A1 单元格为左上角、蓝色折线所包围的特定区域内输入相应数据(如图 17-32 所示)，或者把外部数据复制、粘贴到此区域后，才最终完成图表的创建。

2. 设置图表格式

选定幻灯片中的图表后，会看到 3 个与设置图表格式相关的选项卡。其中，"图表工具"→"设计"选项卡主要用来确定图表类型、数据来源、总体布局和整体样式等大的方面；"图表工具"→"布局"选项卡主要确定图表的各组成元素是否显示，以及显示时的位置、样式等；而"图表工具"→"格式"选项卡着眼微观，允许对图表元素的格式进一步微调、细化。这里只对前两个选项卡的主要功能加以说明。"图表工具"→"设计"选项卡主要选项的作用如表 17-10 所示，"图表工具"→"布局"选项卡主要选项的作用如表 17-11 所示。

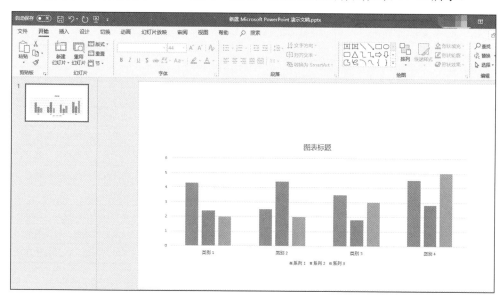

图 17-31　Excel 图表

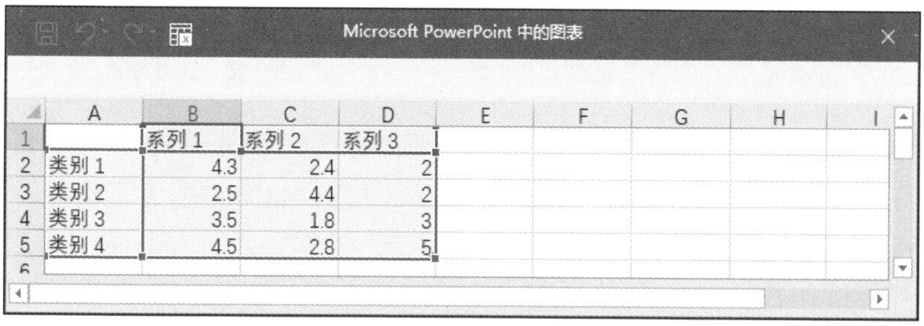

图 17-32　在特定区域内输入相应数据

表 17-10　"图表工具"→"设计"选项卡主要选项的作用

工 具 栏	选　项	作　用
类型	更改图表类型	修改当前的图表类型为其他类型
	另存为模板	保存当前图表的格式和布局，并在以后创建其他图表时使用。相当于自定义新的图表类型
数据	切换行/列	在图表显示时，对 Excel 数据区域中的行标题和列标题进行对调(而在数据区域中并不对调)
	选择数据	更改图表所对应的数据区域(修改区域大小)
	编辑数据	显示图表所对应的数据区域或编辑此区域内部的数据(不修改区域大小)
	刷新数据	当图表没有随着数据区域中数据的改变而同步变化时，可以使用该功能手动刷新。一般不需要此操作，图表通常能随着数据变化而自动更新
图表布局	布局列表	为图表选择当前类型下某种具体的布局
图表样式	样式列表	设置图表整体的外观样式

表 17-11 "图表工具"→"布局"选项卡主要选项的作用

工 具 栏	选 项	作 用
当前所选内容	图表元素	通过下拉菜单允许选择图表的特定组成元素,或者当某个组成元素被选中时,显示其名称
	设置所选区域内容格式	对选定的图表元素,通过对话框来设置其格式
	重设以匹配样式	清除图表元素的自定义格式以更好匹配当前主题
插入	图片/形状/文本框	允许插入图片、几何形状或文本框,作为对图表或图表元素的修饰或补充说明
标签	图表标题	设置图表标题是否显示,以及显示时出现的位置、其他标题选项
	坐标轴标题	设置横、纵坐标轴的标题是否显示,以及显示位置、其他坐标轴标题选项
	图例	设置图例是否显示,以及显示时出现的位置、其他图例选项
	数据标签	设置数据标签是否显示,以及显示时出现的位置、其他数据标签选项
	模拟运算表	设置模拟运算表是否显示,以及显示时出现的位置、其他模拟运算表选项
坐标轴	坐标轴	设置横、纵坐标轴是否显示,以及显示时出现的位置、其他坐标轴选项
	网格线	设置横、纵网格线是否显示,以及其他网格线选项
背景	绘图区	针对二维图表类型,设置绘图区是否清除或填充背景色,以及其他选项
	图表背景墙	针对三维图表类型,设置背景区域是否清除或填充背景色,以及其他选项
	图表基底	针对三维图表类型,设置底面区域是否清除或填充颜色,以及其他选项
	三维旋转	针对三维图表类型,设置三维旋转效果
分析①	趋势线	确定是否为选定的图表系列添加趋势线,以及设置趋势线的格式选项
	折线	确定是否为特定类型的图表(如二维堆积条/柱形图、复合饼图等)添加系列线、高低点连线等折线
	涨/跌柱线	确定是否为特定类型的图表添加涨/跌柱线,以及设置涨/跌柱线的格式选项
	误差线	确定是否为选定的图表系列添加误差线,以及设置误差线的格式选项

【练习】将素材文件"173_图表_素材.pptx"另存为"173_图表.pptx",然后参考样例文件"173_图表_幻灯片 5.png"中的效果,首先把"173_图表.pptx"的第 5 张幻灯片的版式修改为"比较";其次在左下方占位符中插入图片"173_图表_奖牌.jpg",并删除图片中的白色背景;然后根据幻灯片外部的数据源,在右下方占位符中插入带平滑线和数据标记的散点图,并设置显示图例而不显示网格线、坐标轴和图表标题。将数据标记设置为圆形,大小为 7,填充颜色为"白色,文字 1",在图表区内为每个数据标记添加包含年份和奖金数额的文本框注释;添加图表区边框,并设置边框颜色与幻灯片边框颜色一致。

17.3.7 插入音频和视频

在幻灯片中插入音频和视频可以使演示文稿的表达方式更加多样化,增强内容的表现力和感染力。

1. 插入音频

单击"插入"→"媒体"→"音频"→"文件中的音频"选项,并在"插入音频"对话框中选择相应的音频文件,再单击"插入"按钮,即可在当前幻灯片中插入带播放进度条的小喇叭,这就是音频对象,如图 17-33 所示。可以拖曳它到某个合适位置,尽量不要遮挡住文字。

---

① 以二维折线图为例,可以看到这 4 种分析线的效果。

选中该音频对象后，在新出现的"音频工具"→"播放"选项卡(如图 17-34 所示)中包含了与播放音频相关的命令。"音频工具"→"播放"选项卡主要选项的作用如表 17-12 所示。

图 17-33　音频对象

图 17-34　"音频工具"→"播放"选项卡

表 17-12　"音频工具"→"播放"选项卡主要选项的作用

工　具　栏	选　　项	作　　用
预览	播放	预览播放效果，即允许在普通视图下通过播放音频来判断所做的设置是否合适
书签	添加书签/删除书签	"添加书签"可以对音频中的特定位置添加关注点，并支持直接从关注点处开始播放；"删除书签"则取消这些关注点
编辑	剪裁音频	通过指定开始时间和结束时间来选取原始音频的一部分进行播放
	渐强/渐弱	类似于动画演示中的淡入/淡出效果，设置淡入时间将使音频开始播放时产生音量渐增的效果，而设置淡出时间将使音频结束播放时产生音量渐弱的效果
音频选项	音量	设置播放时的音量大小
	开始	设置播放音频的时机。"自动"选项会使音频在当前幻灯片演示时自动播放；"按照单击顺序"选项使得音频只有在单击音频对象的"播放"按钮后才开始播放；"跨幻灯片播放"选项允许音频播放跨越多个幻灯片，即不会在切换到其他幻灯片时停止播放
	放映时隐藏	放映幻灯片时将隐藏音频对象。注意，在"开始"选项中选择"按照单击顺序"时，不要选择隐藏
	循环播放，直到停止	循环播放音频，直到结束演示文稿
	播放完毕返回开头	播放完音频后，播放位置将重新返回到音频开头

2. 插入视频

单击"插入"→"媒体"→"视频"→"文件中的视频"选项，或者单击某些特定版式占位符中出现的"插入媒体剪辑"图标，均会弹出"插入视频文件"对话框。在该对话框中选择所需视频文件并单击"插入"按钮，即可在当前幻灯片中插入一个视频对象，它通常由视频的第 1 帧图像和位于图像下方的播放进度条组成。视频对象示例如图 17-35 所示。

选中视频对象后，可以利用新出现的"视频工具"→"格式"选项卡来设置视频对象的外观，利用"视频工具"→"播放"选项卡设置与播放相关的选项，后者的多数功能与表 17-12 中设置音频播放的相关功能相同或类似，略有不同的是把音频播放时的"放映时隐藏"选项修改成了"未放映时隐藏"，还增加了一个"全屏播放"选项，因此在这里不再赘述。

图 17-35　视频对象示例

【练习】将"PPT 素材"文件夹下的"173_音视频_素材.pptx"另存为"173_音视频.pptx"，并在"173_音视频.pptx"文件的第 1 张幻灯片中插入"173_音视频_音乐.mid"作为 1～6 张幻灯片的背景音乐，要求在幻灯片放映时即开始播放，而第 6 张幻灯片结束放映时音乐停止，同时放映时隐藏音频图标。在第 7 张幻灯片的内容占位符中插入视频"173_音视频_动物.wmv"，并使用"173_音视频_图片.png"作为视频剪辑的预览图像。

【提示】
● 可以使用下一节介绍的动画功能来控制音乐在幻灯片的指定位置播放和退出。
● 可以利用"调整"→"标牌框架"→"文件中的图像"选项指定新的预览图像。

17.3.8　插入动画

动画可以为演示文稿提供动态效果，增加交互性和吸引力。动画可以作用于多种幻灯片组成元素或对象，如文本、图像、表格、音/视频等。

1．插入动画

插入单一动画可大致分为以下两步。

(1)选择要添加动画的对象。既可以是单个对象，也可以是通过 Ctrl 键选定的多个对象(它们将在设置后具有相同的动画效果)。

(2)选择需要的动画类型和下属效果。单击"动画"→"动画"工具栏中的"其他"按钮，选择某种类型和该类型下的某种具体效果。

4 种动画类型分别是"进入""退出""强调""动作路径"。4 种动画类型和下属效果如图 17-36 所示，其中，"进入""退出"分别设置所选对象进入和退出当前幻灯片时的动画效果，而"强调""动作路径"则侧重于所选对象在进入后和退出前的存续期内的动画播放效果。

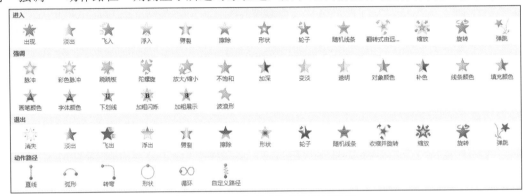

图 17-36　4 种动画类型和下属效果

2．设置动画

插入的动画还可以额外增加效果选项、动画计时等更精细的效果。

1)设置效果选项

选中已插入动画的对象，单击"动画"→"动画"工具栏中的"效果选项"下拉按钮(如图 17-37 所示)，选择需要的效果选项。

【注意】效果选项会随着插入动画时所选的效果种类不同而有所差异。

2)设置动画计时

利用"计时"工具栏中的"开始""持续时间""延迟"选项可以为已插入动画的对象设置计时效果，如图 17-37 所示。

图 17-37　与设置动画相关的选项

其中，"开始"选项用于设置触发动画播放的时机，特别是希望当前幻灯片刚载入屏幕，就自动使包含的动画开始播放，就要选择"与上一动画同时"这个选项。"持续时间"选项用于设置动画播放的时长，而"延迟"选项会把动画播放的起始时间从"开始"选项给出的时间点再向后推迟一段时间。

3）使用动画刷

类似于 Word 中的格式刷，可以利用"高级动画"工具栏中的"动画刷"选项来提取特定对象上设置好的动画效果并应用到其他对象上，以减少重复操作。

3．添加动画

当为一个已插入动画的对象继续增加其他动画效果时，就要使用添加动画功能：选中已插入动画的对象，并单击"动画"→"高级动画"工具栏中的"添加动画"下拉按钮，如图 17-38 所示，并用上面介绍过的方法为该对象增加一个新的动画效果。

【练习】把"PPT 素材"文件夹下的"173_动画_素材.pptx"文件另存为"173_动画.pptx"，在后面这个文件的第 2 张幻灯片中先插入一张玫瑰花剪贴画，并放在"欢迎"文本框的下面；然后在左侧插入一张名为"173_动画_欢迎.jpg"的图片。下面设置动画，要求剪贴画以 8 轮辐图案（"轮子"效果下的效果选项）进入并持续 3s，然后"旋转"退出并持续 2s，随后"欢迎图片"飞入并持续 1s。

4．协调多个动画

如果要求一张幻灯片内的多个对象都设置动画，并且这些动画要满足一定的先后播放顺序，那么使用动画窗格将带来很大方便。单击"动画"→"高级动画"工具栏中的"动画窗格"选项，就可以看到动画窗格的效果，如图 17-39 所示。

图 17-38　"添加动画"下拉按钮　　　　　　　图 17-39　动画窗格的效果

动画窗格以列表形式呈现当前幻灯片上所有动画效果的设置信息，每一行都对应着为特定对象设置的一个动画效果，并划分为 5 列。第一列是编号，编号小的动画先播放。第二列的缩略图反映出所选的动画种类。第三列给出了动画作用的对象名称。第四列的时间轴精确记录了动画播放的开始和结束时间，借助它可以直观判断出不同动画播放的时序关系。而位于最后一列的黑色倒三角按钮则关联着一个功能强大的窗格菜单。

在动画窗格中包括以下常见操作。

（1）单击"播放"按钮可以看到随时间流逝而触发的动画效果。

（2）将鼠标指针指向某一行会自动显示该行动画的简要描述。

（3）单击某一行，位于最后一列的黑色倒三角按钮才会出现。单击该按钮，弹出的下拉菜单中所包含的动画设置功能如表 17-13 所示。

表 17-13　弹出的下拉菜单中所包含的动画设置功能

选　　项	主　要　功　能
单击开始、从上一项开始、从上一项之后开始	设置动画开始播放的时机,与"计时"工具栏中的"开始"下拉菜单中的 3 个选项的功能相同
效果选项	设置更多的动画效果,与"动画"工具栏中的"效果选项"的功能相同并有所增强,如还可以设置伴随的声音等
计时	与"计时"工具栏中的"开始""持续时间""延迟" 3 个选项的功能相同并有所增强,如还可以设置重复播放的次数等
隐藏高级日程表	单击后会取消动画窗格中第四列元素——时间轴的显示。再次单击后恢复显示
删除	删除当前行的动画效果

(4)窗格下方的"上移/下移"箭头对该行动画的排列顺序重新调整,这将导致动画间原有的播放顺序发生改变。

【练习】使用动画窗格为"173_动画.pptx"文件继续设置动画效果。要求幻灯片第 1 页的标题为"旋转"的进入效果,并且在幻灯片播放时自动出现。在幻灯片 10 中为"了解""开始熟悉""达到精通" 3 个文本框添加"淡出"的进入动画,持续时间都是 0.5s,"了解"文本框首先自动出现,"开始熟悉""达到精通"两个文本框在前一个文本框的动画完成之后依次自动出现。为弧形箭头添加"擦除"的进入动画效果,方向为"自底部",持续时间为 1.5s,要求与"了解"文本框的动画同时开始,与"达到精通"的动画同时结束。

5. 为 SmartArt 图形设置动画

SmartArt 图形通常具有一定的层次结构,可能包含几何形状、文字、图片等对象。既可以把 SmartArt 图形作为一个整体来设置动画,又可以为其中的特定对象单独添加动画。

设置时,首先选中整个 SmartArt 图形(而不是某个部分),然后单击"动画"→"动画"工具栏中的"其他"按钮,并选择 4 种动画类型下属的某种具体效果。接着可以按前面的方法继续设置"效果选项""动画计时"等功能。

SmartArt 图形的"效果选项"比较复杂。常见的 SmartArt 图形的"效果选项"说明如表 17-14 所示。单击"动画"→"动画"工具栏中的"启动"按钮(即右下角的斜向箭头),就可以打开"效果选项"对话框,如图 17-40 所示。再单击"SmartArt 动画"选项卡→"组合图形"下拉按钮,就可以看到全部可用的效果选项。

表 17-14　常见的 SmartArt 图形的"效果选项"说明

选　　项	说　　明
作为一个对象	把 SmartArt 图形看作一个整体对象来应用动画。该选项在动画窗格中只对应一个动画行
整批发送	把 SmartArt 图形中的每一个形状都作为一个对象,并对所有对象应用相同的动画效果。该选项在动画窗格中对应着多个动画行
逐个	每一个形状都作为一个独立的对象,可以分别设置不同的动画效果,并按照一定顺序一个接一个地播放
逐个按分支	把同一分支中的全部形状看作一个对象,可以为其设置单独的动画效果。播放时各个分支的动画效果将依次播放,并且同一分支中的全部形状会同时出现。而当每一个分支只有一个形状时,其效果与"逐个"选项相同
一次按级别	相当于按级别一次播放,即为相同级别的全部形状设置同一动画效果,并在播放时按级别高低依次播放,而同一级别中的全部形状将同时出现
逐个按级别	相当于按级别逐个播放,即每个级别中的各个形状都可以单独设置不同的动画,播放时按级别高低依次播放,而同一级别中的全部形状将逐个出现

图 17-40　"效果选项"对话框

【练习】

● 为"173_动画.pptx"文件中第 5 张幻灯片的公司组织结构图设置"轮子"的进入效果，并分别应用表 17-14 中的"效果选项"，观察并体会"效果选项"之间的差别。

● 再次单独为此组织结构图中的董事会设置"弹跳"的进入效果，为总经理设置"旋转"的进入效果，为其他形状设置从左侧"飞入"的进入效果。

【注意】

● "效果选项"对话框中的"SmartArt 动画"选项卡上有一个"倒序"复选框，勾选此复选框会导致动画窗格中的动画行自下而上进行播放。

● 当要为 SmartArt 图形中的某些形状单独设置一些动画效果时，常使用"逐个"选项。

● 动画刷功能无法用于 SmartArt 图形内部的不同形状之间。

17.3.9　插入超链接和动作按钮

通过超链接和动作按钮可以实现幻灯片之间或文档之间的跳转，增强内容展示的灵活性。

1．插入超链接

可以为文本、艺术字、图片、图形等多种对象插入超链接。主要的操作步骤是：选中要创建超链接的对象，并单击"插入"→"链接"工具栏中的"链接"选项，打开"插入超链接"对话框，如图 17-41 所示。在左侧的"链接到"中选择链接类型，在右侧部分指定所链接的幻灯片、文件或电子邮件地址等。最后，单击"确定"按钮退出对话框即可。

【注意】当为 SmartArt 图形等带有图形的对象插入超链接时，要分清所要求的超链接是要设置在图形上还是设置在图形内的文本上，这两者是不同的。

2．插入动作按钮

可以利用动作按钮实现幻灯片内容的跳转，主要包括插入和设置两步操作：先选定要插入动作按钮的幻灯片，然后单击"插入"→"插图"工具栏中的"形状"下拉按钮，在打开的"形状"菜单末尾会看到若干个动作按钮，如图 17-42 所示。选择其中一个并拖曳到当前幻灯片的适当位置后，将自动弹出"操作设置"对话框，如图 17-43 所示。可以根据需要对动作按钮的执行动作进行相应设置，然后关闭"操作设置"对话框即可。

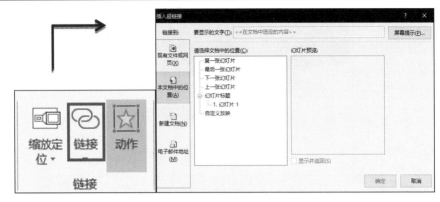

图 17-41　　"插入超链接"对话框

图 17-42　插入动作按钮

图 17-43　"操作设置"对话框

如有需要，也可以选中动作按钮，然后单击"插入"→"链接"工具栏中的"动作"选项，在弹出的"操作设置"对话框中重新进行设置。

【练习】在"173_动画.pptx"文件中最后一张幻灯片的右下角插入一个返回第一张幻灯片的动作按钮，并设置单击该按钮时播放"鼓掌"声。

17.3.10　编辑备注信息

备注信息用于对幻灯片的内容进行补充说明，可以在备注窗格中直接输入。对于不需要的备注信息也可以删除。下面介绍批量删除备注信息的方法。

如图 17-44 所示，单击"文件"→"信息"→"检查问题"选项，在下拉菜单中选择"检查文档"选项。在打开的"文档检查器"对话框(如图 17-45 所示)中勾选最下面的"演示文稿备注"选项，并单击"检查"按钮。随后在"文档检查器"对话框中显示出检查结果，单击"演示文稿备注"右侧的"全部删除"按钮，如图 17-46 所示，即可删除文稿中全部的备注信息，最后关闭"文档检查器"对话框即可。

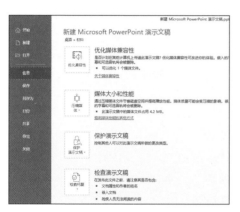

图 17-44　单击"文件"→"信息"→"检查问题"选项

图 17-45　"文档检查器"对话框

图 17-46　"全部删除"按钮

习　　题

1. 若需在 PowerPoint 演示文稿的每张幻灯片中添加包含单位名称的水印效果，最优的操作方法是(　　　)。

A．制作一个带单位名称的水印背景图片，然后将其设置为幻灯片背景

B．添加包含单位名称的文本框，并置于每张幻灯片的底层

C．在幻灯片母版的特定位置放置包含单位名称的文本框

D．利用 PowerPoint 插入水印功能实现

2．邱老师在学期总结 PowerPoint 演示文稿中插入了一个 SmartArt 图形，她希望将该 SmartArt 图形的动画效果设置为逐个播放，最优的操作方法是（　　）。

A．为该 SmartArt 图形选择一个动画类型，然后再进行适当的动画效果设置

B．只能将 SmartArt 图形作为一个整体设置动画效果，不能分开指定

C．先将该 SmartArt 图形取消组合，然后再为每个形状依次设置动画

D．先将该 SmartArt 图形转换为形状，再取消组合，为每个形状依次设置动画

3．设置 PowerPoint 演示文稿中的 SmartArt 图形动画，要求在一个分支形状展示完成后再展示下一个分支形状内容，最优的操作方法是（　　）。

A．将 SmartArt 动画效果设置为"整批发送"

B．将 SmartArt 动画效果设置为"一次按级别"

C．将 SmartArt 动画效果设置为"逐个按分支"

D．将 SmartArt 动画效果设置为"逐个按级别"

4．在 PowerPoint 中可以通过多种方法创建一张新幻灯片，下列操作方法中错误的　是（　　）。

A．在普通视图的幻灯片缩略图窗格中，定位光标后按 Enter 键

B．在普通视图的幻灯片缩略图窗格中右击，从快捷菜单中选择"新建幻灯片"选项

C．在普通视图的幻灯片缩略图窗格中定位光标，在"开始"选项卡中单击"新建幻灯片"按钮

D．在普通视图的幻灯片缩略图窗格中定位光标，在"插入"选项卡中单击"幻灯片"按钮

第18章　演示文稿整体效果的美化

前面介绍的绝大多数编辑操作通常只对当前幻灯片产生影响，而本章介绍的功能多具有全局影响力和批量操作的特点，一次设置就可以修改多张甚至全部幻灯片，有利于高效完成对演示文稿的整体美化工作。

内容提要：

本章首先介绍幻灯片页面设置和分节操作；然后详细介绍如何应用主题和背景样式来美化外观设计；接着重点描述幻灯片母版的工作机制，以及应用母版实现高效编辑和效果美化的有关内容；最后简要说明如何设置幻灯片切换效果。

重要知识点：

● 幻灯片分节操作。
● 应用内置主题、导入外部主题、自定义主题。
● 理解幻灯片母版的工作机制、自定义母版、应用多个母版。
● 设置幻灯片切换效果。

18.1　幻灯片页面设置

在默认情况下，幻灯片大小为"全屏显示(4:3)"格式，幻灯片布局方向为横向，可以根据需要调整其大小和方向，该调整操作会对所有幻灯片发挥作用。

要设置幻灯片大小，可以单击"设计"→"自定义"工具栏中的"幻灯片大小"选项(如图 18-1 所示)，并在打开的"幻灯片大小"对话框(如图 18-2 所示)中选择需要的大小。其中，"幻灯片大小"中的"自定义"一项允许自行指定幻灯片的高度和宽度。

如果要修改幻灯片布局方向，既可以在"幻灯片大小"对话框中操作，也可以单击"设计"→"页面设置"工具栏中的"幻灯片方向"下拉按钮，再选择所需方向。

图 18-1　"幻灯片大小"选项

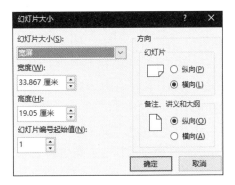

图 18-2　"幻灯片大小"对话框

【**练习**】将"PPT 素材"文件夹下的"171_示例.pptx"文件另存为"181_页面设置.pptx"，并将后者文件中的幻灯片大小修改为"全屏显示(16:9)"。

18.2　幻灯片分节

正如可以将 Word 文档中的内容分节一样，也可以对 PowerPoint 2016 演示文稿中的幻灯片进行分节操作。分节后，对幻灯片的浏览会更加清晰、方便，同时不同的节可以设置不同的主题、切换方式等，在保证节的效果统一性的同时，也为整个文稿增加了一定的效果多样性。

18.2.1　分节与重命名节

在普通视图或幻灯片浏览视图中，先把插入点定位到要分节的两张幻灯片之间并右击，在弹出的快捷菜单中单击"新增节"选项，即在插入点位置出现一个名为"无标题节"的分割标记。分割标记范围内的幻灯片都属于该节。在前两张幻灯片之间分节如图 18-3 所示。

分节后通常要重新修改节名称。右击节分割标记，在弹出的快捷菜单中单击"重命名节"选项，然后在弹出的"重命名节"对话框中输入新的节名称即可，如图 18-4 所示。

图 18-3　在前两张幻灯片之间分节

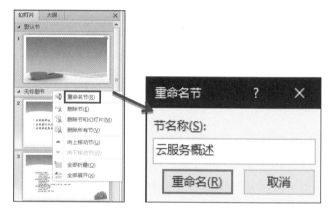

图 18-4　"重命名节"对话框

18.2.2　与分节相关的基本操作

在普通视图或幻灯片浏览视图中，可以完成下述与分节相关的基本操作。

1．选择节

单击节名称即可选中该节包含的所有幻灯片。可以为选中的节应用主题、背景、切换方式等，保证同一节内的幻灯片具有统一的样式外观。

2．折叠/展开节

单击节名称左侧的黑色三角形就可以折叠或展开节中包含的幻灯片，并且折叠后节名称的右侧会自动出现一个带圆括号的数字，用来反映本节所含幻灯片的张数。

3．移动节

右击要移动的节名称，并在弹出的快捷菜单中选择"向上移动节"或"向下移动节"选项，即可调整本节内容在文稿中出现的位置。

4．删除节

右击要删除的节名称，并在弹出的快捷菜单中选择"删除节"选项，即可删除相应的节分割标记。该操作只会删除节的定义，但不会删除原来节中包含的幻灯片。

5．删除节和所包含的幻灯片

右击要删除的节名称，并在弹出的快捷菜单中选择"删除节和幻灯片"选项，即可删除本节及其所包含的幻灯片。

【练习】将"PPT 素材"文件夹下的"182_分节_素材.pptx"文件另存为"182_分节.pptx"，并对后者文件中的幻灯片进行分节：第 1 张幻灯片为一节，节名称是"封面"；第 2～5 张幻灯片为一节，节名称是"云服务概述"；第 6～8 张幻灯片为一节，节名称是"云服务行业及市场分析"；第 9～12 张幻灯片为一节，节名称是"云服务发展趋势分析"；第 13 张幻灯片为一节，节名称是"结束页"。

18.3　应用设计主题

主题是事先设计好的一组样式集，对字体、颜色、显示效果等方面进行了合理搭配。应用主题可以快速设置所有幻灯片具有统一的样式风格，简化演示文稿的创建过程。同一主题可以应用于整个演示文稿、演示文稿中的某一节，也可以应用于指定的幻灯片。

18.3.1　应用内置主题及导入外部主题

1．应用内置主题

单击"设计"→"主题"工具栏中的"其他"按钮，如图 18-5 所示，就可以看到一个包含所有内置"主题"的下拉菜单。每个主题都有一个名称，用鼠标指针指向特定主题还可以预览该主题的效果。

图 18-5　"主题"工具栏中的"其他"按钮

1）设置默认主题

新演示文稿的默认主题是排在内置主题列表第一位的"Office 主题"，它提供了纯白背景的幻灯片效果。要想修改默认主题，可以右击"主题"下拉菜单中的其他主题，并在弹出的快捷菜单中单击"设置为默认主题"选项，如图 18-6 所示。所选的主题将自动应用于以后新建的演示文稿，直到默认主题被重新修改为止。

2）主题应用于整个演示文稿

在普通视图或幻灯片浏览视图下任选一张幻灯片，然后单击"主题"下拉菜单中的某一主题即可。所选主题默认会应用于整个演示文稿中的所有幻灯片。

3）主题应用于某一节

已分节的演示文稿要先选择特定的节，再单击"主题"下拉菜单中的某一主题，即可对

选定的节应用该主题。显然，不同的节可以应用不同的主题。两节分别应用"暗香扑面"和
"波形"主题如图 18-7 所示。

图 18-6　"设置为默认主题"选项

图 18-7　两节分别应用"暗香扑面"和"波形"主题

4) 主题应用于指定的幻灯片

如果只希望主题应用于某些特定的幻灯片，则可以先选中这些幻灯片，然后右击"主题"下拉
菜单中的某一主题，并在弹出的快捷菜单中单击"应用于选定幻灯片"选项。显然，不同的幻灯片
可以应用不同的主题。第 5、6 张幻灯片应用了"角度"主题的前后效果变化如图 18-8 所示。

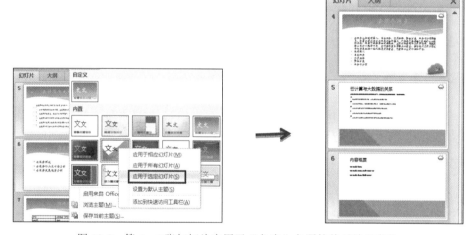

图 18-8　第 5、6 张幻灯片应用了"角度"主题的前后效果变化

【练习】对上面已经做过分节的"182_分节.pptx"文件中的第 3 节应用"暗香扑面"主题，
其他节应用"波形"主题。

2. 导入外部主题

PowerPoint 2016 允许导入外部已有的主题并应用于当前演示文稿。单击"设计"→"主
题"工具栏中的"其他"按钮→"浏览主题"选项(如图 18-9 所示)，再选择需要的外部主题
文件(扩展名为.thmx)即可导入。

18.3.2　自定义主题

如果已有的内置主题或外部主题均不能满足需要，则可以自定义主题并应用于当前演示
文稿。与自定义主题相关的选项如图 18-10 所示。

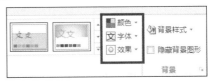

图 18-9　"浏览主题"选项　　　　　　　　　图 18-10　与自定义主题相关的选项

1. 自定义主题颜色

(1) 单击"设计"→"主题"工具栏中的"颜色"下拉按钮,在打开的"颜色"下拉菜单中可以看到很多内置的主题颜色组合。

(2) 单击"新建主题颜色"选项,在打开的"编辑主题颜色"对话框(如图 18-11 所示)中,可以对 4 种文字/背景色、6 种强调文字颜色及两种超链接颜色进行设置。设置完成后,在"名称"中输入新建的主题颜色名称。

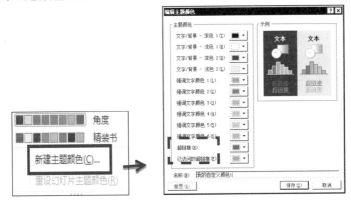

图 18-11　"编辑主题颜色"对话框

(3) 单击"保存"按钮,关闭"编辑主题颜色"对话框。此时,新创建的主题颜色名称将显示在"颜色"下拉菜单的上方,同时被应用于当前演示文稿。"我的自定义颜色 1"出现在"颜色"下拉菜单中如图 18-12 所示。

【注意】

● 单击"编辑主题颜色"对话框中的"重置"按钮,可以将颜色恢复到打开"编辑主题颜色"对话框时的默认配置方案。

● 右击"颜色"下拉菜单中的自定义颜色名称,通过弹出的快捷菜单中的选项(如图 18-13 所示)可以对其进行编辑或删除操作。

图 18-12　"我的自定义颜色 1"出现在"颜色"下拉菜单中　　　图 18-13　快捷菜单中的选项

【练习】利用"自定义主题颜色"功能把某个演示文稿中的超链接颜色设置成未访问前为标准红色,访问后变为标准蓝色。

2．自定义主题字体

(1)单击"设计"→"主题"工具栏中的"字体"下拉按钮，在打开的"字体"下拉菜单中可以看到很多内置的标题和正文字体的组合。

(2)单击"新建主题字体"选项，在打开的"新建主题字体"对话框(如图 18-14 所示)中，可以分别设置英文和中文下的标题和正文字体。设置完成后，在"名称"中为新建的主题字体输入一个名称。

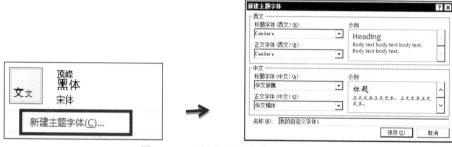

图 18-14　"新建主题字体"对话框

(3)单击"保存"按钮，就可关闭"新建主题字体"对话框。此时，新创建的主题字体名称将显示在"字体"下拉菜单的上方，同时被应用于当前演示文稿。

【注意】除颜色和字体外，效果也是构成主题的要素之一。但是，PowerPoint 2016 却不允许自定义主题效果，只能应用已有的主题效果。

18.4　应用幻灯片背景样式

背景样式(也称背景格式)能够为幻灯片提供灵活多样的背景效果，它既可以单独使用，也可以与主题结合使用。

图 18-15　对所选幻灯片应用内置的背景样式

1．应用内置的背景样式

当与主题结合使用时，PowerPoint 2016 为每个主题提供了 12 种背景样式。可以通过单击"设计"→"背景"工具栏中的"背景样式"下拉按钮看到它们。如果单击其中的某一个，则此种背景样式将作用到全部幻灯片。如果只希望它作用到部分幻灯片，则先要选定这些幻灯片，再在所选背景样式上右击，并在弹出的快捷菜单中单击"应用于所选幻灯片"选项即可。对所选幻灯片应用内置的背景样式如图 18-15 所示。

2．自定义背景样式

常用于单独设置幻灯片背景，主要操作步骤如下。

(1)选中要自定义背景的幻灯片。

(2)单击"设计"→"背景"工具栏中的"背景样式"下拉按钮→"设置背景格式"选项，如图 18-16 所示。

（3）在打开的"设置背景格式"对话框（如图 18-17 所示）中，既可以使用单一颜色或多种颜色渐变填充背景，又可以使用外来的图片或剪贴画、特定的纹理或图案等来设置背景效果。

图 18-16　"设置背景格式"选项　　　　　图 18-17　"设置背景格式"对话框

（4）设置完毕，单击"关闭"按钮，则自定义的背景样式将作用到所选幻灯片。如果单击"应用到全部"按钮，则自定义的背景样式将作用到全部幻灯片。

【注意】

● 单击"背景样式"→"重置幻灯片背景"选项，与单击"设置背景格式"对话框中的"重置背景"按钮效果一样，都可以将幻灯片背景恢复到使用当前主题时的初始状态。

● 如果文稿中有分节，并且选定了某个节之后再进行设置背景样式的操作，则所做设置将对所选节内的全部幻灯片同时生效。

【练习】对上面已经做过分节的"182_分节.pptx"文件中的第 13 张幻灯片单独设置"绿色，强调文字颜色 3，深色 25%"的背景颜色，并把修改后的文件另存为"184_背景.pptx"。

18.5　应用幻灯片母版

应用幻灯片母版的主要好处是可以减少输入内容时的重复工作量。例如，如果演示文稿中的每张幻灯片都要放置相同的徽标图案、背景，或者包含日期、页脚、页码等信息，则通过使用母版可以一次性完成，而无须在每张幻灯片中重复设置，这样可以极大地提高文稿创建的工作效率。

一个幻灯片母版通常会包含多个幻灯片版式，而一个幻灯片版式又会应用于多张幻灯片。幻灯片母版的设置效果将首先传导给它下属的各幻灯片版式，并以幻灯片版式为纽带，继续扩散到应用了这些版式的所有幻灯片。这种扩散效应才是母版能够提高工作效率的关键。

当对幻灯片母版应用特定主题时，会使下属的各个版式及应用了这些版式的幻灯片都具有统一的样式效果。

概括而言，幻灯片母版是演示文稿中所有幻灯片的底版，包含了所有幻灯片具有的共同属性、布局信息和格式外观。当对母版进行修改时，会影响到与之相关的所有幻灯片。因此，提高文稿创建效率的合理做法是把共性内容放在母版中创建，而把个性内容分解到基于母版制作的各张幻灯片之中。

18.5.1　自定义幻灯片母版

1. 进入和退出幻灯片母版视图

只有在幻灯片母版视图下才能查看或自定义幻灯片母版。打开一个演示文稿后，单击"视图"→"母版视图"工具栏中的"幻灯片母版"选项，即可进入幻灯片母版视图。单击"幻灯片母版"→"关闭"工具栏中的"关闭母版视图"选项，即可退出幻灯片母版视图。进入和退出幻灯片母版视图的功能选项如图 18-18 所示。

图 18-18　进入和退出幻灯片母版视图的功能选项

2. 认识幻灯片母版和幻灯片版式

一个空白演示文稿中幻灯片母版的结构如图 18-19 所示。其中，左侧缩略图窗格上方最大的那个幻灯片称为"幻灯片母版"，而隶属于它的下面多张幻灯片则称为"布局母版"，又称"幻灯片版式"。单击左侧的母版或版式，将在右侧的幻灯片窗格中对它放大显示。

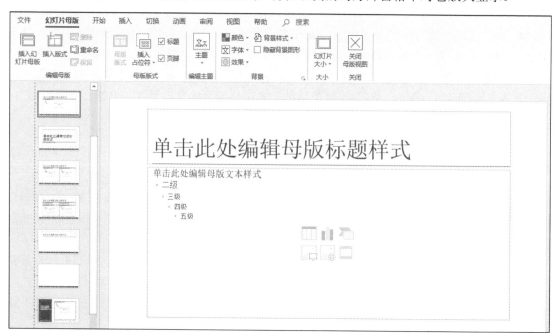

图 18-19　一个空白演示文稿中幻灯片母版的结构

3. 编辑幻灯片版式

(1)重命名版式。在左侧窗格中选中某个版式，然后单击"编辑母版"工具栏中的"重命名"选项，并在弹出的"重命名版式"对话框中输入新的版式名称。或者右击该版式，在弹出的快捷菜单中单击"重命名版式"选项，也可以实现该操作。

(2)删除多余的版式。一个空白演示文稿中的幻灯片母版默认有 11 种不同的版式。要删除不需要的版式，只要选中该版式，并按 Delete 键即可；或者右击该版式，在弹出的快捷菜单中单击"删除版式"选项。重命名和删除版式相关的命令如图 18-20 所示。

图 18-20　重命名和删除版式相关的命令

(3)修改已有的版式。版式中包含的占位符具有类型、大小和位置等属性。选中某个占位符后，可以通过拖动鼠标来移动其位置、拖曳占位符边框的调节手柄改变其大小，也可以按 Delete 键删除它。如果版式中含有标题和页脚占位符，还可以通过取消选中"母版版式"工具栏中的"标题"和"页脚"选项(如图 18-21 所示)

图 18-21　"标题"和"页脚"选项

来删除它们。要修改占位符的类型，只能先删除它，再插入一个其他类型的新占位符。在自定义版式中插入所需类型的占位符如图 18-22 所示。

图 18-22　在自定义版式中插入所需类型的占位符

图 18-23　"插入版式"选项

(4)自定义新的版式。当现有版式无法满足要求时，可以自定义新的版式。在幻灯片母版视图下，先将插入点定位到左侧窗格的某个位置，然后单击"编辑母版"工具栏中的"插入版式"选项(如图 18-23 所示)，即可在此位置出现一张名为"自定义版式"的新幻灯片。

该自定义版式通常会自动拥有标题和页脚两种占位符。可以为它继续插入新的占位符，方法是：首先单击"母版版式"工具栏中的"插入占位符"下拉按钮，然后在其下拉菜单中选择所需的占位符类型，接着在右侧的新版式幻灯片上用鼠标拖曳出一个占位符，最后再调整其大小和位置即可。

【练习】把上面已经做过分节的"182_分节.pptx"文件中的"节标题"版式删除，并新建一个名为"组合图"的自定义版式，要求该版式的左侧插入一个图片占位符，右侧插入一个 SmartArt 图形占位符。

4．应用某个主题

在幻灯片母版视图下，单击"编辑主题"工具栏中的"主题"下拉按钮，并在其下拉菜单中选择某个主题，就可以为幻灯片母版及其下属的所有幻灯片版式应用该主题。

5．在幻灯片母版中设置共性内容

每张幻灯片都要有的共性内容应该放在幻灯片母版中设置。常见的共性内容包括插入徽标图案、设置背景或水印，以及设置字体、日期、页脚、页码等信息。下面这几个共性内容的设置均要在幻灯片母版视图下完成。

(1)插入徽标图案。选中最上面的幻灯片母版，单击"背景"工具栏中的"背景样式"下拉按钮→"设置背景格式"选项(如图 18-24 所示)，在弹出的"设置背景格式"对话框中，选择"填充"中的"图片或纹理填充"选项，单击"插入"→"来自文件"按钮，插入所需的徽标文件。最后调整徽标图案的位置和大小。

【练习】打开上面已分节的"182_分节.pptx"文件并在每张幻灯片的右上角插入一个云计算徽标，徽标文件是素材文件夹下的"云计算.jpg"。

(2)设置背景。为幻灯片母版设置背景与插入徽标图案的操作非常类似，只是在"设置背景格式"对话框中可以根据需要选择是"纯色填充"还是"渐变填充""图片或纹理填充"等。

【注意】如果当前幻灯片母版已经应用了特定主题，有时要勾选"隐藏背景图形"选项(如图 18-25 所示)，所设置的背景效果才有可能展示出来。

图 18-24　"设置背景格式"选项

图 18-25　"隐藏背景图形"选项

(3)插入水印。图片、文本和艺术字都可以作为水印来使用，但建议处理成透明色或较浅颜色为好。下面以插入艺术字水印为例加以说明。

　　选中最上面的幻灯片母版，单击"插入"→"文本"工具栏中的"艺术字"下拉菜单内的某种样式(尽量选择与当前主题风格接近的艺术字样式)，输入艺术字内容并旋转一个合适的角度。最后设置透明度：选中该艺术字，单击"绘图工具"→"格式"选项卡→"艺术字样式"工具栏中的"启动"按钮(即右下角的斜向箭头)，在"设置文本效果格式"对话框中，单击"文本填充"中的"纯色填充"选项，在"填充颜色"区域设置合适的透明度即可。在母版中设置水印的透明度如图 18-26 所示。

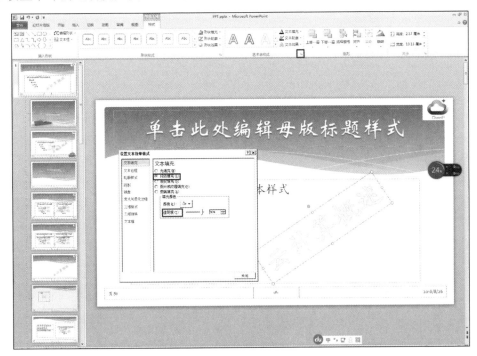

图 18-26　在母版中设置水印的透明度

　　【练习】为上面已分节的"182_分节.pptx"文件的当前幻灯片母版插入一个艺术字水印，艺术字样式为"蓝色，强调文字颜色 1，内部阴影"，水印内容为"云计算概述"，并设置透明度为 90%，效果如图 18-26 所示。

　　(4)设置字体和字号。在右侧的幻灯片窗格中，选定幻灯片母版标题占位符中的提示文字，并设置所需的字体、字号。基于扩散效应，此操作将一次性设置好普通视图下所有幻灯片的标题字体和字号。类似地，对母版正文占位符中的提示文字所做的字体、字号、项目符号、段落间距等设置，也将自动扩散到普通视图下的所有幻灯片。设置母版中标题占位符的字体如图 18-27 所示。

　　【练习】要求利用幻灯片母版操作将上面已分节的"182_分节.pptx"文件中所有幻灯片的标题字体设置为"中文是微软雅黑，西文是 Arial"；所有幻灯片的正文字体设置为"中文是幼圆，西文是 Arial"。

　　(5)插入日期、页脚和页码。这个设置既可以在普通视图下操作，又可以在幻灯片母版视图下完成。但是如果还要求对插入的日期、页脚和页码统一设置指定格式的话，则在幻灯片母版视图下操作会更加方便，因为可以批量完成。

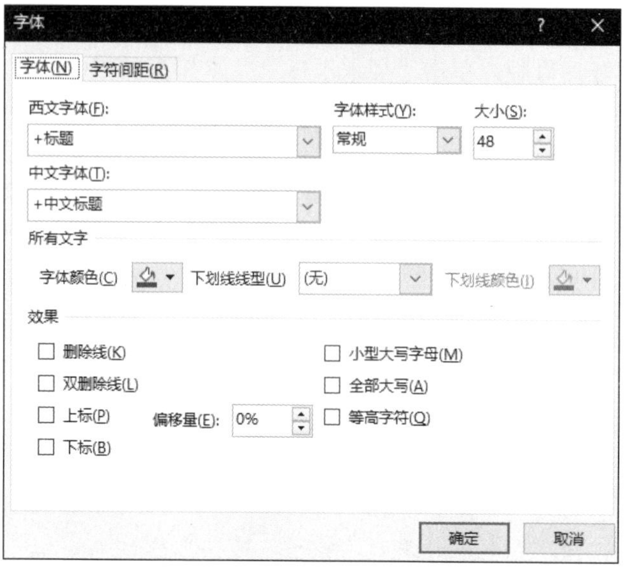

图 18-27　设置母版中标题占位符的字体

　　单击"插入"→"文本"工具栏中的"页眉和页脚"选项，在弹出的"页眉和页脚"对话框(如图 18-28 所示)中勾选"日期和时间""幻灯片编号""页脚"3 个复选框，单击"应用"按钮，则幻灯片母版底部区域将出现 3 个占位符，分别是用于设置幻灯片页码的"#"号、页脚和日期占位符。

图 18-28　"页眉和页脚"对话框

6．单独设置幻灯片版式

在母版视图下，除了可以为幻灯片母版设置共性内容外，还可以为下属的幻灯片版式进行单独设置。这些设置不会对母版下的其他版式产生影响，只会对普通视图下应用了该版式的所有幻灯片产生影响。

【练习】在上面已分节的"182_分节.pptx"文件中，为当前幻灯片母版的空白版式设置"蓝色，强调文字颜色 1，淡色 80%"的背景颜色，并使用"背景 2.png"图片作为"标题和内容"版式的背景。然后对第 13 张幻灯片分别应用这两种版式，并观察应用版式前后背景的变化。

18.5.2　应用多个幻灯片母版

一份演示文稿至少应包含一个幻灯片母版。当包含多个幻灯片母版时，每个母版可以应用不同的主题。这是实现一个演示文稿应用多个主题的方法之一[①]。下列与多母版相关的操作均要在幻灯片母版视图下完成。

1．插入新的幻灯片母版

单击"编辑母版"工具栏中的"插入幻灯片母版"选项，即在当前母版下出现了一个新的幻灯片母版及相关联的一组幻灯片版式。插入新母版的命令及生成的新母版效果如图 18-29 所示，窗格中的每一个母版在其左侧都有一个编号。

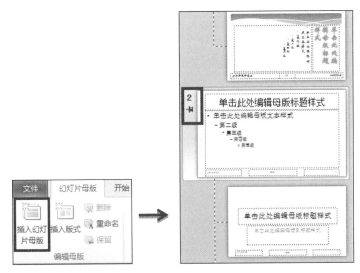

图 18-29　插入新母版的命令及生成的新母版效果

2．为母版应用不同的主题

对已经存在的每个幻灯片母版，都可以按"自定义幻灯片母版"中介绍的方法应用一个不同的主题。

3．重命名幻灯片母版

新插入母版的默认名称是"自定义设计方案"，可以选中该母版，然后单击"编辑母版"工具栏中的"重命名"选项(如图 18-29 所示)，并在弹出的"重命名版式"对话框中输入新的母版名称。

---

① 还有其他更简单的方法可以实现一个演示文稿应用多个主题。

4．复制幻灯片母版

在左侧窗格中的某个幻灯片母版上右击，并在弹出的快捷菜单中单击"复制幻灯片母版"选项，即可在其下方产生该母版的一个副本。

5．删除幻灯片母版

可以将不需要的幻灯片母版从演示文稿中删除，但不能全部删除，至少要保留一个幻灯片母版。在左侧窗格中选中某个幻灯片母版，然后按 Delete 键，或者单击"编辑母版"工具栏中的"删除"选项，均可删除该母版。

6．保留幻灯片母版

在某些情况下，当删除了所有与此母版相关联的幻灯片时，PowerPoint 2016 也会自动删除该幻灯片母版。如果希望在相关幻灯片都被删除时还能保留该母版，就要单击"编辑母版"工具栏中的"保留"选项，防止它被自动删除。被保留母版的左侧编号下面会出现一个锥子形状的小图标，代表其当前处于保留状态。再次单击"保留"选项将取消对该母版的保护功能。

幻灯片母版的相关操作选项如图 18-30 所示。

图 18-30　幻灯片母版的相关操作选项

【练习】为上面已经做过分节的"182_分节.pptx"文件新建一个名为"我的新母版"的幻灯片母版，并为其应用"角度"主题。然后为文件中的第 12 张幻灯片应用该母版下的"标题和内容"版式。

18.5.3　将幻灯片母版保存为模板

设计好的幻灯片母版将只存在于当前演示文稿中。如果希望此母版可以应用到其他演示文稿中，就要把它保存为模板文件。该操作在幻灯片母版视图下或普通视图下都可以完成。

操作步骤如下。

单击"文件"→"另存为"选项，并在弹出的对话框中指定保存类型为"PowerPoint 模板(*.pptx)"，再给出保存的文件名和路径即可。以后新建演示文稿时，单击"文件"→"新建"→"我的模板"选项，就可以找到这个模板文件。

18.6　设置幻灯片切换效果

幻灯片切换效果是指演示文稿放映时幻灯片进入和离开播放画面时的视觉效果。设置切换效果能使幻灯片之间的衔接自然，增强吸引力。可以为选定的单张或多张幻灯片、某一节中的所有幻灯片，甚至文稿中的全部幻灯片同时设置一种切换效果。

1．选择切换方式

(1)选择要添加切换效果的一张或多张幻灯片。如果已经分节并选择了某个节名，则可以同时为该节包含的所有幻灯片添加切换效果。

（2）单击"切换"→"切换到此幻灯片"工具栏中的其他按钮（如图 18-31 所示），在其下拉菜单中选择某一切换方式。

（3）单击"预览"工具栏中的"预览"选项，即可预览添加的切换效果。

图 18-31　"切换到此幻灯片"工具栏中的"其他"按钮

2. 设置切换选项

可以为选择好的切换方式增加一些额外的切换效果，主要包括效果选项和计时选项，下面进行简单介绍。

1）设置效果选项

首先选中已经设置了切换方式的幻灯片，然后单击"切换"→"切换到此幻灯片"工具栏中的"效果选项"下拉按钮，在其下拉菜单中选择需要的效果选项即可。需要注意的是，效果选项与选择的切换方式有关，是随着后者的不同而相应变化的。

2）设置计时选项

计时选项在"切换"选项卡的"计时"工具栏中，主要包括"声音""持续时间""换片方式"，如图 18-32 所示。"声音"选项用于确定当切换到当前幻灯片时，是否同时播放特定的音效；"持续时间"选项指定切换效果的持续时间长短；"换片方式"选项则说明触发当前幻灯片离开的时机是单击鼠标时还是放映指定的时间后自动退出。

【注意】

- 如果希望在当前选定幻灯片上所设置的切换方式和各种切换选项能应用于文稿中的全部幻灯片，可以单击"计时"工具栏中的"全部应用"选项（如图 18-32 所示）。

图 18-32　计时选项

- 设置的自动换片时间要长于本张幻灯片所有动画加在一起的总时间，否则切换时会影响动画效果。

【练习】为上面已分节的"182_分节.pptx"文件中的第 2 节幻灯片添加"涟漪"的切换效果，第 1 张幻灯片无切换效果。为所有幻灯片设置 5s 的自动换片时间。

习　　题

1. 小江在制作公司产品介绍的 PowerPoint 演示文稿时，希望每类产品可以通过不同的演示主题进行展示，最优的操作方法是（　　）。

　A. 为每类产品分别制作演示文稿，每份演示文稿均应用不同的主题

B．为每类产品分别制作演示文稿，每份演示文稿均应用不同的主题，然后将这些演示文稿合并

C．在演示文稿中选中每类产品所包含的所有幻灯片，分别为其应用不同的主题

D．通过 PowerPoint 中的"主题分布"功能，直接应用不同的主题

2．在 PowerPoint 演示文稿中通过分节组织幻灯片，如果要求一节内的所有幻灯片切换方式均一致，则最优的操作方法是( )。

A．分别选中该节的每一张幻灯片，逐个设置其切换方式

B．选中该节的一张幻灯片，然后按住 Ctrl 键，逐个选中该节的其他幻灯片，再设置切换方式

C．选中该节的一张幻灯片，然后按住 Shift 键，单击该节的最后一张幻灯片，再设置切换方式

D．单击节标题，再设置切换方式

3．在 PowerPoint 演示文稿中通过分节组织幻灯片，如果要选中某一节内的所有幻灯片，则最优的操作方法是( )。

A．按"Ctrl+A"组合键

B．选中该节的一张幻灯片，然后按住 Ctrl 键，逐个选中该节的其他幻灯片

C．选中该节的第一张幻灯片，然后按住 Shift 键，单击该节的最后一张幻灯片

D．单击节标题

4．小刘正在整理公司各产品线介绍的 PowerPoint 演示文稿，因幻灯片内容较多，不易于对各产品线演示内容进行管理。快速分类和管理幻灯片的最优操作方法是( )。

A．将演示文稿拆分成多个文档，按每个产品线生成一份独立的演示文稿

B．为不同的产品线幻灯片分别指定不同的设计主题，以便浏览

C．利用自定义幻灯片放映功能，将每个产品线定义为独立的放映单元

D．利用节功能，将不同的产品线幻灯片分别定义为独立节

第19章　演示文稿的放映与共享

演示文稿主要用于展示内容、交流思想，因此放映和共享是使用演示文稿的重要一环。

内容提要：
本章主要说明如何放映和发布一个制作好的演示文稿。

重要知识点：
- 排练计时、自定义放映方案、设置放映方式。
- 共享演示文稿的最常用方法。

19.1　放映演示文稿

为了达到较好的放映效果，设计好的演示文稿在正式应用于演讲之前，通常还要设置排练计时、建立自定义放映方案和确定放映方式等，在正式放映过程中还可以实施必要的控制。

19.1.1　设置排练计时

排练计时功能可以用于正式演讲前的预演阶段，允许演讲者提前了解讲解每张幻灯片需要的时间，有利于控制好总的演讲时间。

设置排练计时的主要步骤如下。

(1)单击"幻灯片放映"→"设置"工具栏中的"排练计时"选项，会自动进入全屏的幻灯片放映视图，同时屏幕左上角出现一个"录制"工具条，如图19-1所示，其中的两部分时间信息分别记录了当前幻灯片的播放时间和已经播放的总时间。

(2)单击"录制"工具条的暂停录制按钮(第2个按钮)可以暂停本幻灯片的录制，单击新弹出的继续录制按钮可以继续本幻灯片的录制。如果要进入下一张幻灯片的录制，就要单击"录制"工具条的下一项按钮(第1个按钮)。

(3)重复第(2)步的操作，直到完成整个文稿的预演。随即自动弹出一个保留排练计时提示对话框，如图19-2所示，可以选择是否保存该排练计时。

图19-1　"录制"工具条　　　　　图19-2　保留排练计时提示对话框

(4)如果选择保存，则会自动切换到幻灯片浏览视图中，并将计时中记录的每张幻灯片播放时间清晰地显示在各自的左下角。排练计时后的幻灯片浏览视图如图19-3所示。

【注意】
- 任何时候在右键快捷菜单中选择"结束放映"选项，都可以退出排练计时。
- 要修改排练计时中某个幻灯片的放映时间，可以在幻灯片浏览视图中先选中该幻灯片，然后利用"切换"选项卡→"计时"工具栏中的"设置自动换片时间"选项(如图 19-4 所示)重新设置。特别地，如果取消选中"设置自动换片时间"选项，则在幻灯片浏览视图中，该幻灯片的左下角就不再出现放映时间信息了。

● 如果存在排练计时，并且在"幻灯片放映"→"设置"工具栏中选中"使用计时"选项(如图 19-5 所示)，则正式演讲时，除非演讲者手动控制翻页，否则将按排练计时所记录的时间自动翻页。因此，如果不想自动翻页，最好取消选中"使用计时"选项。

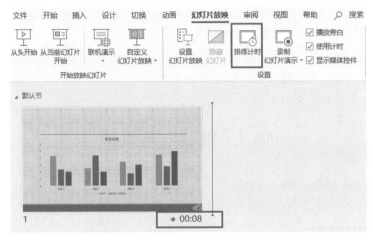

图 19-3　排练计时后的幻灯片浏览视图

图 19-4　"设置自动换片时间"选项　　　　　图 19-5　"使用计时"选项

【练习】将上面已分节的"182_分节.pptx"文件另存为"191_计时.pptx"，并对后者设置排练计时，要求第 1 节和最后 1 节中的幻灯片放映时间为 2s，其他节中包含的幻灯片放映时间均为 5s。设置完成后，观察一下幻灯片播放过程中自动切换的效果。

19.1.2　建立自定义放映方案

如果不希望把文稿中的全部幻灯片都展现给所有观众，而是希望根据受众身份的不同来确定放映内容的多少，就要建立自定义放映方案。尽管隐藏幻灯片也可以达到这一目的(被隐藏的幻灯片在放映时不可见)，但相比而言，自定义放映方案更加灵活和方便。

建立自定义放映方案的主要步骤如下。

(1) 单击"幻灯片放映"→"开始放映幻灯片"工具栏中的"自定义幻灯片放映"下拉按钮，在其下拉菜单中选择"自定义放映"选项，如图 19-6 所示。

(2) 在打开的"自定义放映"对话框中，单击"新建"按钮，进入"定义自定义放映"对话框。在此对话框上部的文本框中输入新建的方案名，并从左侧的幻灯片列表中选择部分幻灯片添加到右侧文本框中，表示新建的放映方案将包含右侧的这些幻灯片。

图 19-6 "自定义放映"选项

(3) 单击"确定"按钮,完成本方案的创建,并返回"自定义放映"对话框中,此时新建的放映方案名将出现在对话框中,建立方案后的对话框如图 19-7 所示。

(4) 重复上面两步可以建立多个自定义放映方案,也可以单击"自定义放映"对话框中的"编辑"或"删除"按钮对已有的放映方案进行修改或删除操作。

(5) 关闭"自定义放映"对话框后,再次单击"自定义幻灯片放映"下拉按钮,会在其下拉菜单中看见已建立好的自定义放映方案,如图 19-8 所示。单击其中某一方案,就将开始放映该方案了。

图 19-7 建立方案后的对话框

图 19-8 已建立好的自定义放映方案

【练习】将"182_分节.pptx"文件另存为"191_放映.pptx",并为后者建立自定义放映方案,要求名为"我的放映 1"的放映方案包含 1、2、3、5 节中所有的幻灯片,名为"我的放映 2"的放映方案包含 1、2、4、5 节中所有的幻灯片。

19.1.3 设置放映方式

放映方式包含着与放映过程相关的一些控制参数,确定这些参数可以帮助演讲者更好地控制放映效果。

在当前演示文稿中,单击"幻灯片放映"→"设置"工具栏中的"设置幻灯片放映"选项,将打开"设置放映方式"对话框,如图 19-9 所示。

在"放映类型"中,演讲者放映属于全屏放映,由现场的演讲者自行控制放映过程,适合教学、会议等场合;而观众自行浏览方式则不需要演讲者在场,观众可以自行控制放映过程,适合交互式内容的展示;在展台浏览方式虽然也是全屏放映,但既无演讲者在场,也不允许观众控制播放过程，而只能被动观看演示文稿按排练计时设置的自动播放效果，主要适合广告、橱窗展示等场合。

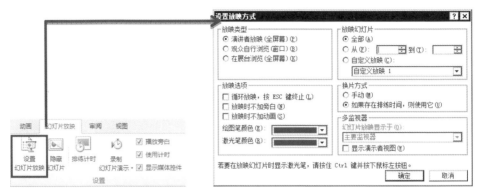

图 19-9　"设置放映方式"对话框

在"放映幻灯片"的选择上，既可以播放全部幻灯片，也可以播放指定范围的幻灯片。如果存在自定义放映方案，还可以播放特定方案中包含的幻灯片。

在"放映选项"上，允许选择是否循环放映、是否播放动画等。特别地，如果支持与文稿的交互，还可以选择使用何种颜色的笔进行演示过程中的手写标注。

在"换片方式"上，可以选择手动和自动切换。"如果存在排练时间，则使用它"是一种自动换片方式，它与"幻灯片放映"→"设置"工具栏中的"使用计时"选项等价。

【练习】为"191_放映.pptx"文件确定放映方式，要求采用展台浏览方式，放映内容为"我的放映 1"，循环播放并自动切换幻灯片。

19.1.4　放映过程中的交互控制

演讲者放映和观众自行浏览两种放映类型都支持放映过程中的交互控制，允许在幻灯片中利用右键快捷菜单对放映过程进行控制，如图 19-10 所示。

图 19-10　利用右键快捷菜单对放映过程进行控制

19.2　共享演示文稿

设计好的演示文稿可以直接在安装有 PowerPoint 软件的机器上播放，但如果没有安装该软件，利用下面介绍的共享方法，也能解决演示文稿的播放问题。

1. 转换为直接放映格式

通过将演示文稿(*.pptx)转换为 PowerPoint 放映格式的文件，就可以在没有安装 PowerPoint 软件的机器上播放了。转换方法非常简单，只要把演示文稿另存为"启用宏的 PowerPoint 放映(*.ppsm)"类型的文件(如图 19-11 所示)即可。

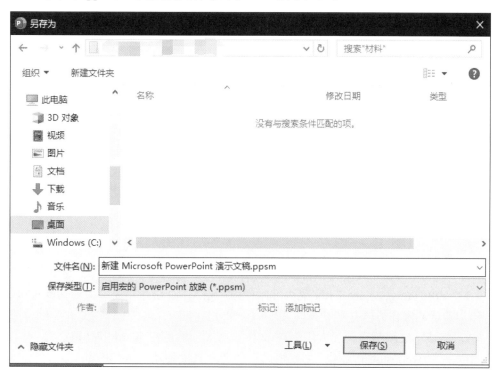

图 19-11　另存为"启用宏的 PowerPoint 放映(*.ppsm)"类型的文件

2. 转换为视频文件

通过把演示文稿转换为 Windows Media 视频文件(.wmv)，就可以在没有安装 PowerPoint 软件的机器上共享文稿内容。

把演示文稿转换为视频文件如图 19-12 所示，主要转换步骤如下。

(1)单击"文件"→"导出"选项，然后在"导出"中单击"创建视频"选项。

(2)接下来可以根据需要在"全高清(1080p)"和"使用录制的计时和旁白"两个下拉菜单中分别选择合适的选项。如果不使用录制的计时和旁白，则可以进一步设置每张幻灯片的放映时间，默认设置为 5s。

(3)单击"创建视频"按钮，并指定转换后的视频文件名和路径。

转换完成后，只要找到该视频文件并双击即可进行播放。

图 19-12　把演示文稿转换为视频文件

习　　题

1．李老师制作完成了一个带有动画效果的 PowerPoint 教案，她希望在课堂上可以按照自己讲课的节奏自动播放，最优的操作方法是(　　)。

  A．为每张幻灯片设置特定的切换持续时间，并将演示文稿设置为自动播放

  B．在练习过程中，利用"排练计时"功能记录适合的幻灯片切换时间，然后播放即可

  C．根据讲课节奏，设置幻灯片中每一个对象的动画时间，以及每张幻灯片的自动换
    片时间

  D．将 PowerPoint 教案另存为视频文件

2．小梅需将 PowerPoint 演示文稿内容制作成一份 Word 版本讲义，以便后续可以灵活编辑及打印，最优的操作方法是(　　)。

  A．将演示文稿另存为"大纲/RTF 文件"格式，然后在 Word 中打开

  B．在 PowerPoint 中利用"创建讲义"功能，直接创建 Word 讲义

  C．将演示文稿中的幻灯片以粘贴对象的方式一张张复制到 Word 文档中

  D．切换到演示文稿的"大纲"视图，将大纲内容直接复制到 Word 文档中

3．小刘正在整理公司各产品线介绍的 PowerPoint 演示文稿，因幻灯片内容较多，不易于对各产品线演示内容进行管理。快速分类和管理幻灯片的最优操作方法是(　　)。

  A．将演示文稿拆分成多个文档，按每个产品线生成一份独立的演示文稿

  B．为不同的产品线幻灯片分别指定不同的设计主题，以便浏览

  C．利用自定义幻灯片放映功能，将每个产品线定义为独立的放映单元

  D．利用节功能，将不同的产品线幻灯片分别定义为独立节

第六部分

Access 2016 基础

第 20 章　Access 2016 概述

内容提要：

本章介绍 Access 的发展和特点，以及 Access 2016 的操作界面、基本概念和术语。对概念和术语的了解有利于熟练使用 Access 2016。

重要知识点：

- Access 2016 操作界面。
- Access 2016 的基本概念和术语。

20.1　Access 的发展和特点

1. Access 简介

Access 是一种关系型数据库管理系统，是 Microsoft Office 的组成部分之一。最初，微软公司是将 Access 单独作为一个产品进行销售的，后来微软公司发现如果将 Access 捆绑在 Office 中一起发售，将会带来更加可观的利润，于是第一次将 Access 捆绑到 Office 95 专业版中，成为 Office 套件中的一个重要成员。自从 1992 年开始销售以来，Access 已经卖出了超过 6000 万份，现在它已成为世界上最流行的桌面数据库管理系统之一。

后来，微软公司通过技术改进，将新版本的 Access 功能变得更加强大。不论是处理公司的客户订单数据、管理自己的个人通讯录，还是记录和处理大量的科研数据，人们都可以利用它来解决大量数据的管理工作。

Access 能操作其他类型的数据，包括许多流行的 PC 数据库程序（如 dBase、Paradox、FoxPro）和服务器、小型机及大型机上的许多 SQL 数据库。此外，Access 还提供 Windows 操作系统的高级应用程序开发系统。Access 与其他数据库开发系统比较有一个明显的区别：用户不用编写一行代码，就可以在很短的时间内开发出一个功能强大且相当专业的数据库应用程序，并且这一过程是完全可视的，如果能给它加上一些简短的 VBA 代码，那么开发出来的程序就与专业程序员潜心开发的程序一样。

2. Access 的发展

Access 既是一个关系数据库管理系统，又可作为 Windows 图形用户界面的应用程序生成器，微软公司把数据库引擎的图形用户界面和软件开发工具结合在一起。

自 1990 年 5 月微软公司推出 Windows 3.0 以来，该程序立刻受到了用户的欢迎和喜爱，1992 年 11 月微软公司发行了 Windows 数据库关系系统 Access 1.0 版本。Access 的最初名称是 Cirrus。它开发于 Visual Basic 之前，当时的窗口引擎称为 Ruby。比尔·盖茨看过 Ruby 的原型后决定把这个基于 Basic 语言的组件作为一个独立的可扩展应用程序与 Access 联合开发。这个项目称为 Thunder。这两个项目互相独立地作为底层的窗口开发并且互不兼容。然而，在 Visual Basic for Applications（VBA）模块出现后它们被合并在了一起。

自 1997 年起，Access 作为办公软件 Office 的一部分，先后推出的主要版本有 Access 97/

2000/2002/2003、Microsoft Office Access 2007/2010/2013/2016 等，直到今天主要使用的版本是 Microsoft Office Access 2010/2013/2016。

3．Access 2016 的特点

Access 2016 最大的特点就是使用简便。即使用户不是数据库专家，一样也可以大显神通。同时，通过新增加的网络数据库功能，用户在追踪与共享数据或利用数据制作报表时，将会更加轻松无负担。

1）简便易用

Access 2016 软件操作工具直观、醒目、有序，用户易上手，通过模板可以快速生成数据库应用系统，它提供的主题工具可以制作美观的表格、窗体和报表，实现专业设计。

2）增强网络功能

通过 Web 网络共享数据库的功能，即使没有安装 Access 2016 客户端，用户也能通过浏览器开启网络窗体与报表，使用 Web 数据库开发工具轻松、方便地开发网络数据库。

3）导出为 PDF 和 XPS 格式文件

在 Access 2016 中，用户可以把数据表、窗体或报表直接输出为 PDF 和 XPS 格式文件。

4）宏的增强

在 Access 2016 中，增加了"数据宏"，与 Microsoft SQL Server(微软公司开发的大型数据库管理系统)中的"触发器"相似，使用户能够在更改表数据时执行编程任务。

5）增加计算型字段

Access 2016 允许定义计算型字段，其值通过同一表中的其他字段即可得到。

20.2　Access 2016 的操作环境

1．启动与退出

1）启动 Access 2016

Access 2016 安装完后即可使用。启动 Access 2016 的方法和启动其他软件的方法相同，常用的有 4 种：常规启动、桌面图标启动、通过"开始"菜单启动、通过已有文件启动。

（1）常规启动。单击"开始"→"搜索程序和文件"选项，在弹出的文本框中输入"msaccess"，按 Enter 键后即可启动 Access 2016。

（2）桌面图标启动。双击桌面上的 Access 2016 图标，即可启动 Access 2016。

（3）通过"开始"菜单启动。单击"开始"→"所有程序"→"Microsoft Office"→"Microsoft Office Access 2016"选项。

启动 Access 2016 以后，就可以看到 Access 2016 操作界面，如图 20-1 所示。

（4）通过已有文件启动。找到保存有 Access 数据库文件的位置，双击文件图标可以启动 Access 2016 并打开该文件。

2）退出 Access 2016

Access 2016 的退出与 Office 软件的退出操作完全相同。执行下述任意一种操作都可以退出 Access 2016。

（1）单击"文件"→"退出"选项。

（2）单击标题栏右端 Access 2016 窗口中的"×"按钮。

（3）单击标题栏左端 Access 2016 窗口中的"控制菜单"图标，在打开的下拉菜单中单击"关闭"选项。

（4）按"Alt＋F4"组合键。

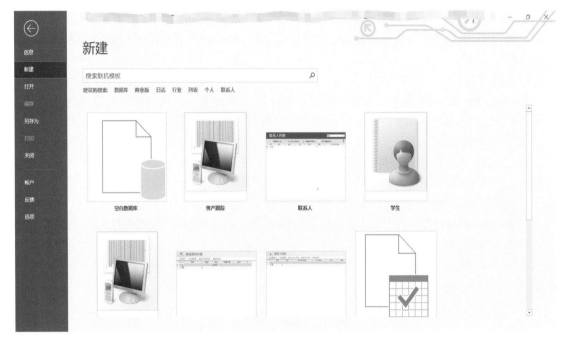

图 20-1　Access 2016 操作界面

2．快速访问工具栏与标题栏

快速访问工具栏如图 20-2 所示，它包含一组独立于当前显示功能区上选项卡的选项，可以用来快速操作频繁使用的工具。单击快速访问工具栏中的下拉按钮▾（图中未显示），可以添加或删除快速访问工具栏中的工具，单击"其他命令"选项，可以打开如图 20-3 所示的"Access 选项"对话框，在此对话框中可以选择更加丰富的工具。

图 20-2　快速访问工具栏

图 20-3　"Access 选项"对话框

标题栏位于 Access 2016 操作界面的最上端，用于显示当前打开的数据库文件名。在标题栏的右侧有 3 个按钮，分别用以控制窗口的最小化、最大化（还原）和关闭应用程序。Access 2016 操作界面的组成如图 20-4 所示。用户可以在标题栏上按下鼠标左键来拖动窗口，改变窗口在桌面上的位置。

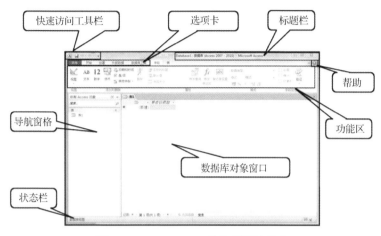

图 20-4　Access 2016 操作界面的组成

3．功能区和选项卡

功能区是 Access 2016 操作界面中最突出的新界面元素，是以前版本的菜单栏和工具栏的替代部分，位于标题栏的下方，由多个选项卡组成，用户可以更加直观、方便地选择命令完成所需操作。为了扩大数据库的显示区域，Access 2016 允许把功能区隐藏起来。若要关闭功能区，可双击任意一个选项卡；若要再次打开功能区，单击或再次双击选项卡；或单击"帮助"按钮左侧的功能区最小化/展开按钮，来隐藏/展开功能区。

Access 2016 功能区包括的选项卡有"文件""开始""创建""外部数据""数据库工具"，以及操作数据库对象时对应的上下文选项卡。

（1）"文件"选项卡如图 20-5 所示，它不是以命令组的方式呈现的，单击后打开 Backstage 视图，可以创建新数据库、打开现有数据库、执行文件和数据库的维护任务。

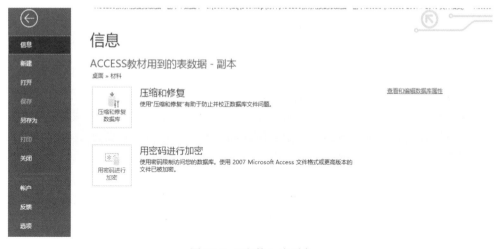

图 20-5　"文件"选项卡

(2)"开始"选项卡如图20-6所示,它包括"视图""剪贴板""排序和筛选""记录""查找""文本格式""中文简繁转换"7个工具栏,可以对数据库对象进行设置,主要包括选择不同的视图;从剪贴板复制和粘贴;设置当前的字体格式、对齐方式,对备注字段应用RTF格式;对数据进行刷新、新建、保存、删除、汇总、拼写检查等操作;对记录进行排序和筛选;数据的查找与替换。

图20-6 "开始"选项卡

(3)"创建"选项卡如图20-7所示,它包括"模板""表格""查询""窗体""报表""宏与代码"6个工具栏。Access 2016数据库中所有对象的创建都从这里进行,主要包括插入新的空白表;使用表模板创建新表;在SharePoint网站上创建列表,在链接至新创建的列表的当前数据库中创建表;在设计视图中创建新的空白表;基于活动表或查询创建新窗体;创建新的数据透视表或图表;基于活动表或查询创建新报表;创建新的查询、宏、模块或类模块。

图20-7 "创建"选项卡

(4)"外部数据"选项卡如图20-8所示,它包括"导入并链接""导出"两个工具栏,实现对内部、外部数据交换的管理和操作,主要包括导入和导出各种数据;通过电子邮件收集和更新数据;运行链接表管理器。

图20-8 "外部数据"选项卡

(5)"数据库工具"选项卡如图20-9所示,它包括"工具""宏""关系""分析""移动数据""加载项"6个工具栏,主要完成将部分或全部数据库移至新的或现有SharePoint网站;启动Visual Basic编辑器或运行宏;创建和查看表关系;显示/隐藏对象相关性;运行数据库文档或分析性能;将数据移至Microsoft SQL Server或Access(仅限于表)数据库;管理Access加载项;创建或编辑VBA模块。

(6)上下文选项卡是指根据进行操作的对象及正在执行的操作的不同,出现在常规选项卡右侧的命令选项卡,可能是一个或多个,随着用户的操作或对象的不同自动变化。

例如,设计数据库对象时,出现"设计"选项卡,如图20-10所示。

图 20-9　"数据库工具"选项卡

图 20-10　"设计"选项卡

4. 导航窗格

图 20-11　导航窗格

导航窗格如图 20-11 所示，位于窗口的左侧，相当于 Access 2016 以前版本中的数据库窗口，实现对当前数据库的所有对象的管理和组织。单击"百叶窗开/关"按钮或按 F11 键可以展开或折叠导航窗格，单击所有 Access 对象打开快捷菜单，选择数据库对象的查看方式，通过"搜索"栏可以查找数据库对象或快捷方式。在导航窗格中，选择任何对象右击，在弹出的快捷菜单中单击某个选项即可执行某个操作。

5. 数据库对象窗口

数据库对象窗口是用来设计、编辑、修改、显示，以及运行表、查询、窗体、报表和宏等对象的区域。对所有 Access 对象进行的所有操作都是在数据库对象窗口中进行的，操作结果也显示在数据库对象窗口。数据库对象窗口位于功能区的右下方，导航窗格的右侧。每当打开数据库文件中的一个对象时，就会在数据库对象窗口中以选项卡形式显示该对象窗口。"班级表"的数据表视图如图 20-12 所示。

图 20-12　"班级表"的数据表视图

6. 帮助

任何人在学习和使用 Access 2016 时都会碰到问题，使用 Access 2016 提供的帮助是解决问题的一种好方法、好习惯。Access 2016 有联机帮助和在线帮助(Office Online)。为了获取帮助,可以在 Access 2016 操作界面上,单击右上侧的"帮助"按钮或按 F1 键,还可以在 Backstage 视图中找到"帮助"选项,都可以打开"帮助"窗口,如图 20-13 所示。

1)使用帮助

(1)选择帮助主题,一步一步进入所要获取的帮助内容的位置。

在"帮助"窗口的"搜索"栏中输入要搜索的关键词,然后单击"搜索"按钮,即可查找到相关帮助内容。

(2)在某个对象窗口中选中一个关键字,然后按 F1 键,打开"帮助"窗口,显示搜索的帮助信息。

2)上下文帮助

上下文帮助主要出现在表的设计视图和宏的设计视图中,及时提示相关属性设置含义或方法等。表设计视图的上下文帮助如图 20-14 所示。

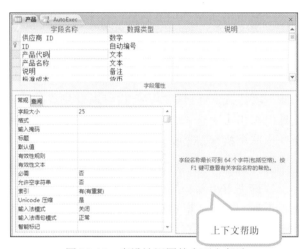

图 20-13　"帮助"窗口　　　　　　图 20-14　表设计视图的上下文帮助

3)示例数据库帮助

在 Access 2016 中,带有多个样本模板示例数据库,如罗斯文数据库和慈善捐赠 Web 数据库。它们既是非常好的数据库示例,又是帮助示例。Access 2016 帮助文件中的示例大都来自这些数据库。初学者通过学习它们,可以理解 Access 数据库的相关概念;通过模仿它们,可以掌握 Access 2016 相关操作的方法。

20.3　Access 2016 的数据库对象

Access 2016 中包括 6 种数据库对象,分别是表、查询、窗体、报表、宏和模块。如图 20-15 所示,通过"创建"选项卡提供的选项完成各种数据库对象的创建。

1. 表

表是 Access 数据库的基础。一个 Access 数据库一般包括多个表,每个表都是关于特定实体的数据集合。一般来说,表是一个关系数据库中最基本的对象,它是实际存储数据的地方。在创建数据库时,应在创建其他数据库对象前先创建表。

图 20-15　"创建"选项卡

表由字段和记录组成。一个字段就是表中的一列，一条记录就是表中的一行，一条记录包含表中的所有字段。"学生表"选项卡如图 20-16 所示，一行记录对应一名学生，每个字段描述学生的相关属性，如"学号""姓名""性别""生日"等。

学号	姓名	性别	生日	班级	政治面貌	民族	籍贯	身份证号	简介	
201401402001	陈露	女	1995/10/23	1401402	团员	汉族	四川	511234199510230782	作为一…	(1)
201401402002	张小梅	女	1996/5/10	1401402	团员	回族	宁夏			(0)
201401402003	孟侠	女	1996/9/30	1401402	党员	汉族	河北			(0)
201401402004	黄海涛	男	1996/11/3	1401402	团员	汉族	广西		本人乐观向上	(1)
201501203020	谢丽麟	男	1995/4/20	1501203	团员	汉族	四川			(1)
201501203021	李柏	男	1997/1/10	1501203	团员	蒙古族	内蒙古			(1)
201501203022	王秋明	男	1996/12/5	1501203	党员	汉族	河北			(0)
201501501011	林慧音	男	1996/3/4	1501501	团员	汉族	广西			(0)
201501501012	刘林	男	1996/5/20	1501501	团员	汉族	四川			(0)
201501501013	刘海波	男	1996/8/29	1501501	团员	汉族	陕西			(0)
201501501014	赵仕宇	男	1996/7/20	1501501	党员	汉族	河北			(0)
201501501015	张小明	男	1997/2/3	1501501	团员	壮族	广西			(0)
201501501016	刘林	男	1996/10/4	1501501	团员	藏族	四川			(0)
201501501017	唐军	男	1995/11/20	1501501	团员	汉族	陕西			(0)
201501501018	高丽	女	1995/10/6	1501501	党员	汉族	河北			(0)
201520101004	张为国	男	1996/10/9	1520101	团员	汉族	四川			(0)
201520101005	姜海平	男	1996/11/30	1520101	团员	汉族	陕西			(0)
201520101006	刘非	男	1995/3/8	1520101	党员	汉族	河北			(0)
201520101007	赵涛	男	1996/4/12	1520101	团员	汉族	广西			(0)
201530101005	白小鹏	女	1995/11/8	1530101	团员	汉族	广西			(0)
201530101006	彭诗	女	1997/2/8	1530101	团员	彝族	四川			(0)
201530101007	曹可	男	1997/6/2	1530101	团员	汉族	陕西			(0)
201530101008	吴亦凡	男	1996/12/9	1530101	党员	汉族	河北			(0)
201530101009	李小平	男	1996/7/12	1530101	团员	汉族	广西			(0)

图 20-16　"学生表"选项卡

2．查询

查询是数据库处理和分析数据的工具，是在指定的(一个或多个)表或查询中，根据给定的条件筛选所需要的信息，供用户查看、更改和分析使用。查询的目的是从表中检索特定数据。

查询是 Access 数据库的一个重要对象，通过查询筛选出符合条件的记录，构成一个新的数据集合。

Access 2016 中的查询包括选择查询、参数查询、交叉表查询、动作查询和 SQL 查询。

3．窗体

窗体又称"数据输入屏幕"，是 Access 数据库中的重要对象之一。窗体既是管理数据库的窗口，又是用户和数据库之间的桥梁。通过窗体可以方便地输入数据、编辑数据、查询、排序、筛选和显示数据。

虽然可利用"表"视图和"查询"视图执行与窗体相同的功能，但窗体的优势在于可按有序且吸引人的方式呈现数据，如图 20-17 所示的"学生"窗体。

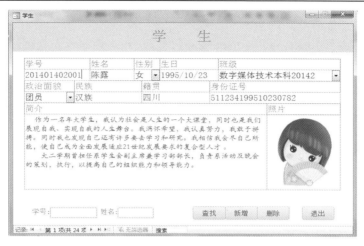

图 20-17 “学生”窗体

4. 报表

报表是数据库中的数据通过打印机输出的特有形式。通过报表把用户所要的汇总数据、统计与摘要信息呈现在纸质介质上，如图 20-18 所示的“学生信息”报表。

学生信息

所属院系	班级名称	年级	学号	姓名	性别	生日	政治面貌	民族	籍贯
光电技术学院	电子科学与技术本科20151	2015							
			201501501	林慧音	男	1996-03-04	团员	汉族	广西
			201501501	陈彬	男	1996-05-20	团员	汉族	四川
			201501501	刘海波	男	1996-08-29	团员	汉族	陕西
			201501501	赵仕宇	男	1996-07-20	党员	汉族	河北
			201501501	张小明	男	1997-02-03	团员	壮族	广西
			201501501	刘林	男	1996-10-04	团员	藏族	四川
			201501501	唐军	男	1995-11-20	团员	汉族	陕西
			201501501	高丽	女	1995-10-06	党员	汉族	河北
计算机学院	数字媒体技术本科20142	2014							
			201401402	陈露	女	1995-10-23	团员	汉族	四川
			201401402	张小梅	女	1996-05-10	团员	回族	宁夏
			201401402	孟侠	女	1996-09-30	党员	汉族	河北
			201401402	黄海涛	男	1996-11-03	团员	汉族	广西
商学院	国际经济与贸易本科20151	2015							
			201520101	张为国	男	1996-10-09	团员	汉族	四川
			201520101	姜海平	男	1996-11-30	团员	汉族	陕西
			201520101	刘非	男	1995-03-08	党员	汉族	河北
			201520101	赵海	男	1996-04-12	团员	汉族	广西

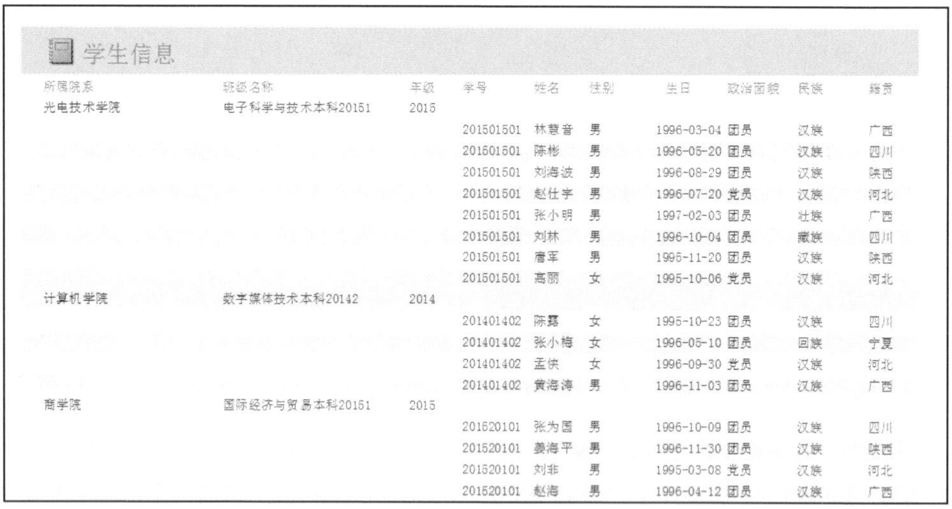

图 20-18 “学生信息”报表

5. 宏

宏是一个或多个操作命令的集合，其中每个命令实现特定的功能，如打开某个查询、打开某个窗体或打印某个报表等。某些普通的、需要多个命令连续执行的任务可以通过宏操作自动完成。因此，通过宏，用户不用编写程序代码就可以自动完成大量的工作。

6. 模块

模块是以 VBA 语言为基础编写的程序集合。模块中的每一个过程可以是一个函数，也可以是一个子过程，每个过程实现各自的特定功能。模块的主要作用是建立复杂的 VBA 程序以完成宏不能完成的任务。

Access 2016 有两种类型的模块：类模块和标准模块。

习　题

1. Microsoft Office 2016 中不包含的组件是（　　）。

　　A．Access　　　　　　B．Visual Basic　　　　C．Word　　　　　　D．Excel

2. Access 2016 内置的开发工具是（　　）。

　　A．VBA　　　　　　　B．VC　　　　　　　　C．PB　　　　　　　D．VF

3. 在 Access 2016 操作界面中不能移动的是（　　）。

　　A．工具栏　　　　　　B．菜单栏　　　　　　C．状态栏　　　　　　D．设计视图窗口

4. 不能退出 Access 2016 的操作方法是（　　）。

　　A．按"Alt+F4"组合键　　　　　　　　　B．双击标题栏控制按钮

　　C．单击"文件"→"关闭"　　　　　　　　D．单击 Access 2016 中的"×"按钮

5. Access 2016 数据库文件的扩展名是（　　）。

　　A．accdb　　　　　　　B．xls　　　　　　　 C．ppt　　　　　　　D．doc

6. 若菜单选项后面标有"…"，那么选择此操作将打开一个（　　）。

　　A．弹出菜单　　　　　B．对话框　　　　　　C．子菜单　　　　　　D．设计视图窗口

7. 退出 Access 2016 数据库管理系统可以使用的组合键是（　　）。

　　A．Alt+F+X　　　　　B．Alt+X　　　　　　C．Ctrl+C　　　　　　D．Ctrl+O

8. Access 数据库具有很多特点，下列叙述中，不是 Access 数据库特点的是（　　）。

　　A．Access 数据库可以保存多种数据类型，包括多媒体数据

　　B．Access 2016 可以通过编写应用程序来操作数据库中的数据

　　C．Access 2016 可以支持 Internet/Intranet 应用

　　D．Access 2016 作为网状数据库模型支持客户机/服务器应用系统

9. 在 Access 数据库中，数据保存在（　　）对象中。

　　A．窗体　　　　　　　B．查询　　　　　　　C．报表　　　　　　　D．表

10. 以下描述中不符合 Access 2016 特点和功能的是（　　）。

　　A．Access 2016 仅能处理 Access 格式的数据库,不能对诸如 dBase、FoxBASE、Btrieve
　　　　等格式的数据库进行访问

　　B．采用 OLE 技术，能够方便创建和编辑多媒体数据库，包括文本、声音、图像和视
　　　　频等对象

　　C．Access 2016 支持标准的 SQL 数据库的数据

　　D．可以采用 VBA 编写数据库应用程序

第 21 章　数据库的操作

内容提要：

本章介绍在 Access 2016 中创建数据库、表、向表中输入记录的方法，以及创建查询和窗体的方法。

重要知识点：

● 数据库的创建方法。
● 数据库中创建表、查询、窗体的方法。

21.1　数据库的创建

1．利用模板创建数据库

使用模板是创建数据库的最快方式，用户只要进行一些简单操作，就可以创建一个包含表、查询、窗体等数据库对象的数据库应用系统，然后再进行修改，使其符合要求。在 Access 2016 中，提供了样本模板和 Office.com 模板两种模板。

启动 Access 2016 或在已打开的文件中单击"文件"选项卡，展现出 Backstage 视图，选择左边列表中的"新建"选项，打开新建数据库窗口，如图 21-1 所示。

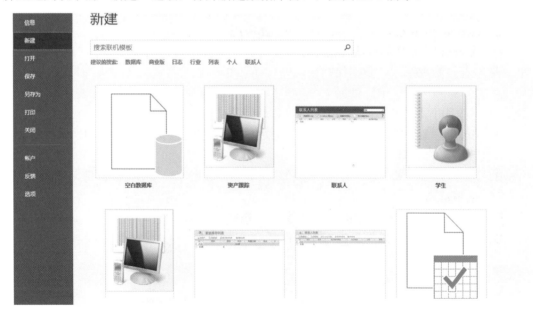

图 21-1　新建数据库窗口

样本模板：单击"新建"标签页，在显示的"可用模板"区域中包括资产跟踪、销售渠道、营销项目、教职员等模板，如图 21-2 所示。

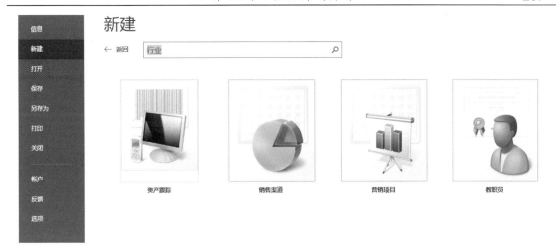

图 21-2　样本模板

Office.com 模板：在"可用模板"区域中，单击一个类别，出现该类别对应的模板，或使用提供的"搜索"栏搜索所需模板。无论使用哪种模板，选择后为其在"文件名"中输入数据库文件名。单击右侧的 📂 按钮，打开"文件新建数据库"对话框，如图 21-3 所示，选择数据库的保存位置，然后单击"确定"按钮即可。最后单击下方的"创建"或"下载"按钮，完成 Access 2016 数据库的创建。

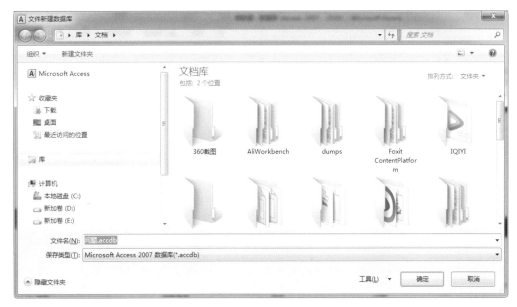

图 21-3　"文件新建数据库"对话框

2．直接创建空数据库

如果没有满足要求的模板，那么最好的办法是创建空数据库。空数据库就是建立数据库的外壳，没有对象和数据的数据库。

创建空数据库后，根据实际需要，添加所需要的表、查询、窗体、报表、宏和模块等对象。这种方法适用于比较复杂的数据库，且又没有合适的数据库模板的情况。

打开 Backstage 视图，如图 21-1 所示，单击"空白数据库"图标，在弹出界面的"文件名"栏中输入数据库文件名,可根据需要单击右侧的 按钮,选择文件存放目录,然后单击"创建"按钮,即可创建一个空的数据库文件。

21.2 设 计 表

21.2.1 创建表

在实际生活中向图书馆存放书籍时,要先对书籍进行分类,设定每种图书的存放规则,再分门别类地存放图书,绝不会把书籍杂乱无序地随意堆放在图书馆中。Access 2016 中的表也用相似的方法设计,一个表由表结构(字段)和表内容(记录)两部分组成,表结构规定数据的存放规则,表内容按表结构的规定有序存放。

Access 2016 的表结构由字段的定义组成。一个字段的主要属性包括字段名称、字段类型和字段大小。其中,字段名称用于标识字段,字段类型指定存储数据的类型,字段大小指定存储数据的数量。例如,"学生表"的结构如表 21-1 所示,"学生表"的数据如图 21-4 所示。

表 21-1 "学生表"的结构

字 段 名 称	字 段 类 型	字 段 大 小	字 段 名 称	字 段 类 型	字 段 大 小
学号	文本	12	民族	文本	12
姓名	文本	8	籍贯	文本	8
性别	文本	1	身份证号	文本	18
生日	日期/时间		简介	备注	
班级	文本	7	照片	附件	
政治面貌	文本	10			

学号	姓名	性别	生日	班级	政治面貌	民族	籍贯	身份证号	简介	📎
201401402001	陈露	女	1995/10/23	1401402	团员	汉族	四川	511234199510230782	作为一名年大学	🖉(1)
201401402002	张小梅	女	1996/5/10	1401402	团员	回族	宁夏			🖉(0)
201401402003	孟侠	女	1996/9/30	1401402	党员	汉族	河北			🖉(1)
201401402004	黄海涛	男	1996/11/3	1401402	团员	汉族	广西		本人乐观向上、	🖉(1)
201501203020	谢丽麟	男	1995/4/20	1501203	团员	汉族	四川			🖉(1)
201501203021	李柏	男	1997/1/10	1501203	团员	蒙古族	内蒙古			🖉(1)
201501203022	王秋明	男	1996/12/5	1501203	党员	汉族	河北			🖉(0)
201501501011	林慧音	男	1996/3/4	1501501	团员	汉族	广西			🖉(0)

图 21-4 "学生表"的数据

Access 2016 将数据按行和列的方式组织在表中。表中的列称为字段,表中的行称为记录。一个字段的主要属性有 3 个:字段名、字段类型、字段大小。字段的定义将决定表的结构。

一个表中的字段名不能重复,其命名规则如下。

- 长度为 1~64 个字符。
- 可以包含字母、汉字、数字、空格和其他字符,但不能以空格开头。
- 不能包含句点(.)、惊叹号(!)、方括号([ ])和单引号(')。
- 不能使用 0~32 的 ASCII 字符。

现实生活中的数据有多种不同的类型,为了处理数据的需要,Access 2016 提供了 12 种数据类型:文本型、备注型、数字型、日期/时间型、货币型、自动编号型、是/否型、OLE 对象型、超级链接型、附件型、计算型、查阅向导。其中，计算型和附件型是 Access 2016 新增的两种数据类型。

Access 2016 中提供了多种创建表的方法。常见的有两种：一是通过数据表视图方式创建表结构；二是使用设计视图创建表结构。第二种方法使用更广泛，创建或修改表结构更方便有效，而且有些字段的属性设置只能在"设计视图"中完成。

1. 使用数据表视图创建表

【例 21-1】 使用数据表视图为"学生选课管理"数据库创建"学生表"。该表的结构如表 21-1 所示。该表的数据如图 21-4 所示。

操作步骤如下。

(1) 启动 Access 2016，打开"学生选课管理"数据库。

(2) 先单击"创建"选项卡，再单击"表格"工具栏中的"表"按钮，这时将创建名为"表1"的新表，并以数据表视图方式打开。

(3) 选中"ID"字段列，在"字段"选项卡的"属性"工具栏中，单击"名称和标题"选项，如图 21-5 所示。

图 21-5 "名称和标题"选项

(4) 弹出"输入字段属性"对话框，如图 21-6 所示，在该对话框的"名称"中输入"学号"，然后单击"确定"按钮。

(5) 选中"学号"字段，在"字段"选项卡的"格式"工具栏中，单击"数据类型"下拉按钮，从弹出的下拉菜单中选择"文本"选项；在"属性"工具栏的"字段大小"中输入"12"。

图 21-6 "输入字段属性"对话框

(6) 如图 21-7 所示，单击"单击以添加"下拉按钮，从弹出的下拉菜单中选择"文本"选项，这时 Access 2016 自动将新字段命名为"字段1"，在"字段1"中输入"姓名"。选中"姓名"列，在"属性"工具栏的"字段大小"中输入"8"。

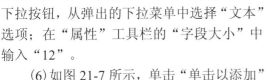

图 21-7 单击"单击以添加"下拉按钮

(7) 根据"学生表"的"政治面貌"和"民族"等其他字段的结构，参照第(6)步添加"性别""生日""班级"字段。在数据表视图中建立表结构如图 21-8 所示。

图 21-8　在数据表视图中建立表结构

(8)单击快速访问工具栏中的"保存"按钮,弹出"另存为"对话框,如图 21-9 所示。

图 21-9　"另存为"对话框

(9)在"表名称"中输入"学生表",单击"确定"按钮,关闭该对话框。

(10)对照图 21-4 所示的数据,在设计好的表中输入记录。

2.使用设计视图创建表

在设计视图中建立表,用户可以直接定义表中各字段的字段名称、字段类型及字段属性,生成表的结构。

【例21-2】 使用设计视图创建"课程表","课程表"的结构如表 21-2 所示。

表 21-2　"课程表"的结构

字 段 名 称	字 段 类 型	字段大小/格式	字 段 名 称	字 段 类 型	字段大小/格式
课程编号	数字	整型	学时	数字	整型
课程名称	文本	30	学分	学分	单精度型
开课学院	文本	20			

操作步骤如下。

(1)启动 Access 2016,打开"学生选课管理"数据库。

(2)先单击"创建"选项卡,再单击"表格"工具栏中的"表设计"选项,打开表设计视图,如图 21-10 所示。

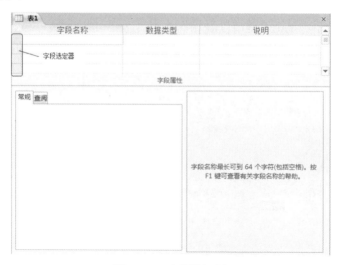

图 21-10　表设计视图

表设计视图分为上、下两部分。上半部分是字段输入区，从左至右分别为"字段选定器"、"字段名称"列、"数据类型"列和"说明"列。"字段选定器"用于选择某一字段，如果有需要，可以在"说明"列中对字段进行必要的说明。下半部分是字段属性区，用于设置字段的属性值。

(3) 单击表设计视图的第一行"字段名称"列，输入"课程编号"；单击"数据类型"列，并单击其右侧下拉箭头按钮，从下拉菜单中选择"数字"数据类型；在"字段属性"中将字段大小设为"整型"。

(4) 使用相同方法，按照表 21-2 所列字段名称和数据类型等信息，定义表中"课程名称""开课学院""学时""学分"字段，设计"课程表"字段的数据类型如图 21-11 所示。

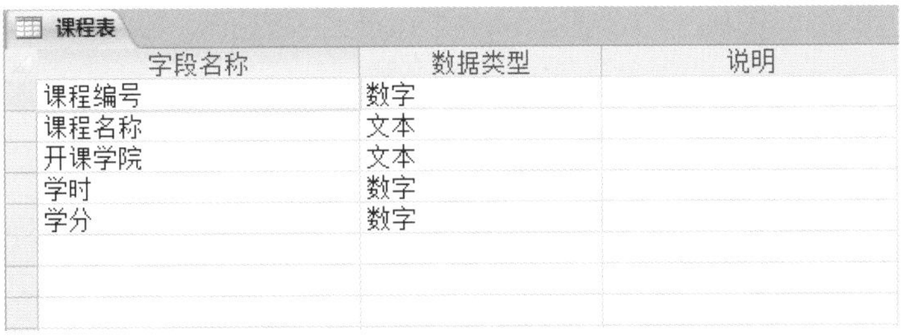

图 21-11　设计"课程表"字段的数据类型

(5) 单击快速访问工具栏中的"保存"按钮，弹出"另存为"对话框。

(6) 在该对话框的"表名称"中输入"课程表"，单击"确定"按钮。由于在上述操作中未指明主键，因此弹出了"Microsoft Access"创建主键提示框。

(7) 此时如果单击"是"按钮，则 Access 2016 为新建表创建一个数据类型为自动编号的主键，其值自动从 1 开始；如果单击"否"按钮，则不建立自动编号主键；如果单击"取消"按钮，则放弃保存表操作。本例单击"否"按钮。

21.2.2　定义主键

主键又称主关键字，是表中能够唯一标识记录的一个字段或多个字段的组合。

只有为表定义了主键，才能与数据库中的其他表建立关系，从而使查询、窗体或报表能够迅速、准确地查找和组合不同表中的信息。

定义主键的方法有两种：一是在建立表结构时定义主键；二是在建立表结构后，重新打开设计视图定义主键。

主键有 3 种类型，包括自动编号主键、单字段主键和多字段主键。单字段主键是以某一字段作为主键，来唯一标识记录。多字段主键由两个或更多字段组合在一起来唯一标识表中记录。

【例 21-3】　将"学生表"中"学号"字段定义为主键。

操作步骤如下。

(1) 打开"学生选课管理"数据库。右击"学生表"，在弹出的快捷菜单中单击"设计视图"选项，打开设计视图。

(2) 单击"学号"字段的字段选定器。

(3) 单击"设计"选项卡→"工具"工具栏中的"主键"按钮，表明该字段是主键字段。添加好主键的界面如图 21-12 所示。

图 21-12　添加好主键的界面

如果要定义多个字段为主键,应按 Ctrl 键,然后单击要作为主键字段的字段选定器。如果选中已设为"主键"的字段,再次单击"工具"工具栏中的"主键"按钮,则可取消已设置好的"主键"字段。

21.2.3　设置字段属性

字段属性表示字段所具有的特性,这些属性可以设置字段格式、字段标题、字段默认值、字段的有效性规则等。

- "字段大小"属性:通过该属性可以控制字段使用的空间大小。
- "格式"属性:用来决定数据的打印方式和屏幕显示方式。各种数据类型可选择的格式如表 21-3 所示。

表 21-3　各种数据类型可选择的格式

日期/时间		数字/货币		是/否	
设　置	说　　明	设　置	说　　明	设　置	说　明
常规日期	格式:2013-5-29　16:23:05	一般数字	以输入的方式显示数字	真/假	−1 为真,0 为假
长日期	格式:2013 年 5 月 29 日	货币	使用千位分隔符,负号用圆括号括起来	是/否	−1 为是,0 为否
中日期	格式:2013-05-29	整型	显示至少一位数字	开/关	−1 为开,0 为关
短日期	格式:2013-5-29	标准型	使用千位分隔符		
长时间	格式:16:23:05	百分比	将数值乘以 100 并附加百分号(%)		
中时间	格式:4:23	科学计数	使用标准科学计数法		
短时间	格式:16:23				

- "默认值"属性:又称"缺省值",是指当向表中插入新记录时字段的默认取值。
- "有效性规则"和"有效性文本"属性:"有效性规则"属性用于限定输入当前字段中的数据必须满足一定的简单条件,以保证数据的正确性。该属性可以防止将非法数据输入表中。"有效性规则"的形式随字段的数据类型不同而不同。"有效性文本"属性是当输入的数据不满足指定"有效性规则"时系统出现的提示信息。
- "输入掩码"属性:可以使用该属性将格式中不变的符号固定,这样在输入数据时,只要输入变化的值即可。对于文本、数字、日期/时间、货币等数据类型的字段,都可以定义"输入掩码"属性。
- "索引"属性:当表中的数据量很大时,为了提高查找和排序的速度,可以设置"索引"属性。
- 字段的数据类型可以为文本型、数字型、货币型或日期/时间型。

- "索引"属性提供 3 种取值。

　　无：表示该字段不建立索引(默认值)。

　　有(有重复)：表示以该字段建立索引，且字段中的值可以重复。

　　有(无重复)：表示以该字段建立索引，且字段中的值不能重复。这种字段适合作为主键，当字段被设定为主键时，字段的"索引"属性被自动设为"有(无重复)"。

- "标题"属性：字段标题指定当字段显示在数据表视图时，在列标头上显示的标题。在默认情况下，不用另外设字段标题，默认显示字段名。
- "必需"属性：指定追加记录时字段是否必须输入数据。"必需"属性取值有"是"和"否"两种，如果选择属性值为"是"，则必须输入数据，不能为空值(Null)。在默认情况下，作为主键字段的"必需"属性为"是"，其他字段的"必需"属性为"否"。
- "允许空字符串"属性：仅适用于文本、备注和超链接表字段，指定字段是否允许输入零长度字符串。

21.2.4　向表中输入数据

(1)使用数据表视图直接输入数据。打开表的数据表视图，根据字段类型、字段大小的要求输入即可。每输完一个字段值按 Enter 键或 Tab 键转至下一个字段。

(2)是/否型数据的字段在表中默认显示为复选框，打钩表示是，不打钩表示否。

(3)OLE 对象型数据添加。在对应字段右键快捷菜单中，选择"插入对象"选项，打开"Microsoft Access"对话框，根据向导提示完成文件的插入。

(4)附件型数据添加。在对应字段右键快捷菜单中，选择"管理附件"选项，打开"附件"对话框，单击"添加"按钮，根据向导提示完成附件文件的添加。

(5)为了提高输入数据的效率并保证输入数据的准确性，可以提供一个查阅列表让用户从组合框中选择，这样既可以提高输入效率，又可以保证输入数据的正确性。

(6)Access 2016 中有两种类型的查阅列表，包含一组预定义值的值列表，使用查询基于其他表检索出的查阅列表。

创建查阅列表有两种方法：使用向导创建和直接在"查阅"选项卡中设置。

【例 21-4】将图 21-4 所示的"学生表"中"性别"字段的输入列表值设置为"男""女"。操作步骤如下。

将"学生表"在设计视图中打开，单击"性别"字段，选择其数据类型为"查阅向导"，在弹出的"查阅向导"对话框中，单击"自行键入所需的值"选项，单击"下一步"按钮，在"输入值"对话框中输入列表值"男""女"，单击"完成"按钮。

(7)关于空值。如果某条记录的某个字段尚未存储数据，一般将该记录的这个字段值称为空值，用 Null 来表示。Null 表示未知的值，空字符串是用双引号括起来的中间没有任何字符的字符串(即"")，其字符串长度为 0。当字段值是空值或空字符串时，都显示为空白。

21.2.5　数据的导入、导出与链接

1．数据导入

数据导入功能可以将计算机中存在的数据导入当前的 Access 数据库中。

从外部导入数据是指从外部获取数据后形成自己数据库中的数据表对象,并与外部数据源断绝连接。当数据表导入数据库后,即使外部数据发生变化,也不会影响已经导入的数据。

2. 数据导出

数据导出是一种将数据和数据库对象输出到其他数据库、电子表格中的方法,以便其他数据库、应用程序或程序可以使用这些数据或数据库对象。

使用"外部数据"→"导出"命令可以导出数据或数据库对象。

可以将 Access 数据导出到文本文档、Excel 工作表、XML 文件等中。

3. 数据链接

在 Access 2016 中,可以使用链接功能来直接链接数据,而无须导入这些数据,其局限性在于只能链接其他格式数据和 Access 数据库表,不能链接查询、窗体、报表、宏和模块对象。

数据链接操作通常先单击"外部数据"选项卡→"导入并链接"工具栏中的选项,打开对话框,单击"通过创建链接表来链接到数据源"选项,再根据向导提示来完成。

21.2.6　建立表之间的关系

1. 表间关系的概念

每个表都是数据库中一个独立的部分,每个表又不是完全孤立的部分,表与表之间可能存在着相互的联系。

表之间有以下 3 种关系。

(1)一对多关系:A 表中的一行可以匹配 B 表中的多行,但是 B 表中的一行只能匹配 A 表中的一行。

(2)多对多关系:A 表中的一行可以匹配 B 表中的多行,反之亦然。要创建这种关系,就要定义第三个表,称为结合表,它的主键由 A 表和 B 表的主键组成。

(3)一对一关系:A 表中的一行最多只能匹配 B 表中的一行,反之亦然。

2. 参照完整性

参照完整性是一个规则系统,能确保相关表之间关系的有效性,并且确保不会在无意之中删除或更改相关数据,从而保证数据的完整。

实施参照完整性时,必须遵守以下规则。

(1)插入规则:如果在相关表的主键中没有某个值,则不能在相关表的外键中输入该值。但是,可以在外键中输入一个 Null。

(2)删除规则:如果某行在相关表中存在相匹配的值,则不能从一个主表中删除该行。

(3)更新规则:如果主表的行具有相关性,则不能更改主表中某个键的值。

只有符合下列所有条件,才可以设置参照完整性。

● 主表中的匹配列是一个主键或唯一索引。

● 相关列具有相同的数据类型和大小。

● 两个表属于同一个数据库。

3. 建立表间的关系

在相关表之间实施参照完整性时,需要创建表间关系。在创建关系之前,必须先在至少一个表中定义一个主键或唯一索引，然后使主键列或索引列与另一个表中的匹配列相关。创建关系之后，那些匹配列变为表的外键。

4．子数据表

子数据表是指在一个数据表视图中显示的已与其建立关系的数据表。

在建有关系的主数据表视图上，每条记录左侧都有一个关联标记，在未显示子数据表时，关联标记内为一个"+"号。此时单击某记录的关联标记，可以显示该记录对应的子数据表记录，而该记录左侧的关联标记内变为一个"−"。

21.3　维　护　表

1．修改表结构

（1）添加字段：在表中添加一个新字段不会影响其他字段和现有的数据。可以使用两种方法添加字段：在设计视图中添加字段、在数据表视图中添加字段。

（2）修改字段：修改字段包括修改字段的名称、数据类型、说明、字段属性等。可以使用两种方法修改字段：在设计视图中修改字段、在数据表视图中修改字段。

（3）删除字段：可以在设计视图中删除字段，也可以在数据表视图中删除字段。

（4）重新设置主键：如果原定义的主键不合适，可以重新对主键进行定义。选择要设为主关键字所在行的字段选定器，再单击工具栏中的"主关键字"按钮，即可设置新的主关键字。

2．编辑表的内容

编辑表的内容是为了确保表中数据的准确，使所建表能够满足实际需要。其操作主要包括定位记录、选择记录、添加记录、删除记录、修改数据及复制数据等。

（1）定位记录：包括使用记录导航条定位、使用快捷键定位、使用"转至"按钮定位 3 种方式。

（2）选择记录：在表中可以通过记录号的选择实现快速的记录定位和选择。

（3）添加记录：在已经建立的表中，使用数据表视图打开要添加记录的表，可以将光标直接移到表的最后一行，输入要添加的数据；也可以单击"记录导航"条上的新空白记录按钮，或单击"开始"选项卡→"记录"工具栏中的"新建"按钮，待光标移到表的最后一行后输入要添加的数据。

（4）删除记录：删除记录时，使用数据表视图打开要删除记录的表，单击要删除记录的记录选定器，然后在右键快捷菜单中单击"删除记录"选项；或者单击"开始"选项卡→"记录"工具栏中的"删除"按钮，在弹出的"删除记录"提示框中单击"是"按钮。

（5）修改数据：在已建立的表中，将光标移到要修改数据的相应字段，对相应字段和数据直接进行修改即可。

（6）复制数据：在输入或编辑数据时，有些数据可能相同或相似，为了提高效率，可以使用复制和粘贴操作将某些字段中的部分或全部数据复制到另一字段中。

3．调整表的外观

（1）调整列宽：列宽不够时，数字和日期显示成若干个#号。与调整行高的操作一样，调整列宽也有两种方法，即使用鼠标调整和使用菜单选项调整。

使用鼠标调整。首先将鼠标指针放在要改变宽度的两列字段名中间，当鼠标指针变为双箭头时，按住鼠标左键不放，并拖动鼠标左右移动。当调整到所需宽度时，松开鼠标左键。在拖动字段列中间的分隔线时，如果超过了下一个字段列的右边界，则会隐藏该列。

使用菜单选项调整。首先选择要改变宽度的字段列，然后右击字段名行，在弹出的快捷菜单中单击"字段宽度"选项，在打开的"列宽"对话框的"列宽"栏中输入所需的宽度，单击"确定"按钮。如果在"列宽"栏中输入的数值为0，则会隐藏该字段列。

(2)隐藏列和显示列：在数据表视图中，为了便于查看表中的主要数据，可以将某些字段列暂时隐藏起来，需要时再将其显示出来。

(3)冻结列：由于表过宽，在数据表视图中，有些关键的字段值因为水平滚动后无法看到，影响了数据的查看。此时，可通过 Access 2016 提供的"冻结列"功能来解决这一问题。

(4)设置数据表格式：在数据表视图中，一般在水平方向和垂直方向都显示网格线，而且网格线、背景色和替换背景色均采用系统默认的颜色。如果需要，用户可以改变单元格的显示效果，也可以选择网格线的显示方式和颜色、表格的背景色等。

(5)改变字体：为了使数据的显示美观清晰、醒目突出，用户可以对数据表中数据的字体、字形和字号进行修改。

21.4　操　作　表

1．查找数据

在操作表时，如果表中存放的数据非常多，用户想查找某一数据就比较困难。通过使用 Access 2016 提供的查找功能，可以快速、方便地找到所需要的数据。在"查找和替换"对话框中，可使用通配符进行模糊查找。通配符的用法如表 21-4 所示。

表 21-4　通配符的用法

字　符	用　法	示　例
*	通配任意个数的字符	wh*可以找到 who、while 和 whatever 等
?	通配任意单个字符	?ad 可以找到 bad、sad 和 mad 等
[ ]	通配方括号内任意单个字符	b[ae]d 可以找到 bad、bed，但找不到 bud
!	通配任意不在括号内的字符	b[!ae]d 可以找到 bid 和 bud，但找不到 bed 和 bad
-	通配范围内的任意一个字符，必须以递增排序来指定区域(a 到 z，而不是 z 到 a)	b[a-c]d 可以找到 bad、bbd 和 bcd，但找不到 bdd
#	通配任意单个数字字符	6#1 可以找到 601、611、661 等

查找指定内容数据：使用"查找"选项卡(如图 21-13 所示)来进行数据的查找。

查找空值或空字符串：可以查找空值，也可以查找空字符串，查找方法相似。输入查找内容 Null 或""(中间无空格)。

2．替换数据

在操作数据库或表时，如果要修改多种相同的数据，可以使用 Access 2016 的替换功能，自动将查找到的数据更新为新数据，"替换"选项卡如图 21-14 所示。

图 21-13　"查找"选项卡

图 21-14　"替换"选项卡

3．排序记录

表中的顺序默认是按主键的顺序来排，但在用户查看表数据的过程中，可能希望数据能按一定要求来排列。Access 2016 具有"排序"的功能，可以快速地重新整理表中的数据，按序排列。

排序规则：排序分为升序和降序两种方式。升序是按字段值从小到大排列，降序是按字段值从大到小排列。

由于表中有不同数据类型的数据，所以排序规则有所不同，具体规则如下。

英文：按字母的顺序排序，大小写视为相同，升序时由 a 到 z 排列，降序时由 z 到 a 排列。

中文：按拼音的顺序排序，升序时由 a 到 z 排列，降序时由 z 到 a 排列。

数字：按数字的大小排序，升序时由小到大排列，降序时由大到小排列。

日期和时间型数据：按日期的先后排序，升序从前到后排列，降序从后到前排列。

相邻多字段排序：对多字段进行排序时，先根据第一个字段进行排序，当第一个字段具有相同值时，再按照第二个字段进行排序，以此类推，直到按全部指定的字段排好序为止。

不相邻多字段排序：使用数据表视图按两个字段排序，只能使所有字段按同一种次序排序，同升同降，而且这些字段必须相邻。如果希望两个字段按不同的次序排序，或者按两个不相邻的字段排序，就必须使用"筛选"窗口。

4．筛选记录

在对数据表进行使用的过程中，往往要在众多的记录中提取符合某种条件的记录，即对数据表进行筛选。Access 2016 提供了 4 种筛选方法：按选定内容筛选、使用筛选器筛选、按窗体筛选和高级筛选。经过筛选后的表只显示满足条件的记录，而那些不满足条件的记录将被隐藏起来。

按选定内容筛选：即按照用户提供的字段值进行筛选，这个字段值是由光标位置决定的。

使用筛选器筛选：筛选器提供了一种灵活的筛选方式，它将选定的字段列中所有不重复的值以列表形式显示出来，供用户选择。除 OLE 对象和附件型字段外，其他类型的字段均可以应用筛选器。

按窗体筛选：这是一种快速筛选记录的方法，使用它无须浏览整个表中的记录，而且还可以同时对两个以上的字段值进行筛选。

高级筛选：可进行复杂的筛选，筛选出符合多重条件的记录。

设置筛选后，如果不再需要筛选的结果，可以将其清除。清除筛选是将数据表恢复到筛选前的状态。可以从单个字段中清除单个筛选，也可以从所有字段中清除所有筛选。

21.5　查　询　设　计

21.5.1　查询概述

查询是 Access 数据库的独立数据库对象，保存用户对数据的重新组织与操纵要求。表的数据是丰富的，表与表之间往往存在联系，针对不同的数据库应用系统的业务逻辑，往往需要其中的一部分数据，这可以通过查询来实现。要特别注意的是，查询并不是把用户需要的数据保存下来，而是保存其设计，如用到的表、字段、条件、计算规则等。当用户打开查询时，系统会依据设计从表中读取数据并动态显示。

1. 查询的作用

在 Access 数据库中，查询的作用主要有以下几个方面。

(1)基于一个或多个表或已经创建的查询，组织符合某个业务逻辑的数据集。

(2)完成数据更新、删除和追加。

(3)将查询得到的记录集生成新表保存在数据库中。

(4)完成统计分析，通过表达式和函数实现计算，并可构造新的字段，结合分组实现统计。

(5)为其他数据库对象提供数据支持。查询往往是窗体和报表的数据源，也可以作为另一个查询的数据基础。

2. 查询的类型

打开 Access 2016 查询工具，在"查询类型"工具栏(如图 21-15 所示)中可以看出系统所提供的各种查询类型。其中，"选择"和"交叉表"选项实现的是数据查找，"生成表""追加""更新""删除"选项实现的是数据操纵，"联合"和"数据定义"选项通过 SQL 语句完成查询功能，"传递"选项可通过 ODBC 链接其他数据源。

图 21-15　"查询类型"工具栏

另外，在"显示/隐藏"工具栏中有"汇总"和"参数"选项，能分别实现分组统计和参数查询。因此，将 Access 2016 查询分为以下几类。

1）选择查询

选择查询是最常用的查询类型，根据需求从一个或多个数据源中重新构造数据集，包括排序规则、条件限制、计算和统计等。

2）操纵查询

操纵查询实现对表数据的更改、新增和删除，还可以生成新表，对应以下 4 种具体的类型。

● 追加查询：向已有的表中添加数据。

● 更新查询：改变已有表中所有满足条件记录的数据。

● 删除查询：从一个或多个表中删除一组行数据。

● 生成表查询：根据查询结果创建新表并保存结果数据。

3）交叉表查询

交叉表查询可以汇总数据字段的内容，根据行和列分组依据的字段，利用系统提供的统计数将计算结果显示在行与列交叉的单元格中。查询结果数据以交叉表的形式显示，可以为用户提供更概括的统计分析。它是一种综合功能很强的查询方式。

4）参数查询

参数查询是一种灵活的查询方式，又称交互式查询，可以在运行查询时让用户输入查询条件，从而检索出满足用户实时需求的数据，在操纵查询中也可以使用参数查询。

5）SQL 查询

SQL 查询是指通过 SQL 语句完成的查询。在 Access 2016 中，传递查询、数据定义查询、联合查询只能通过 SQL 语句来创建，其他查询可以用 SQL 或查询设计工具来创建。当然，它们之间是可以切换的，体现为不同的查询视图。

3. 查询视图

Access 2016 提供 5 种查询视图：数据表视图、数据透视表视图、数据透视图视图、SQL 视图和设计视图。

数据表视图：为查询的数据浏览器，通过该视图可以查看查询运行结果，即查询所检索到的记录。数据表视图与表的数据表视图类似。

数据透视表视图：用于生成对查询结果进行数据分析的数据透视表。

数据透视图视图：用于生成对查询结果进行数据分析的数据透视图。

SQL 视图：查询和编辑 SQL 语句的窗口。

设计视图：就是查询设计器，通过该视图可以创建和修改除特定 SQL 查询以外的任何类型的查询。

切换不同视图的方法如下。

方法一：打开查询后，单击“开始”选项卡→“视图”工具栏中的黑色倒三角按钮，展开视图选项。

方法二：打开查询后，在“名字”选项卡上右击，在弹出的快捷菜单中选择不同视图。

方法三：打开查询后，在状态栏最右侧单击不同视图的图标 ▦▦▥ SQL ⬚，依次是数据表视图、数据透视表视图、数据透视图视图、SQL 视图和设计视图。

21.5.2 使用查询向导创建查询

查询向导是一种简便创建查询的方法，用户只要按照系统提示一步一步完成即可，但灵活性不够。

单击"创建"选项卡→"查询"工具栏中的"查询向导"选项,打开"新建查询"对话框,如图 21-16 所示。

图 21-16 "新建查询"对话框

【例 21-5】 创建查询"学生基本信息",显示"学生表"中学号、姓名、性别和身份证号。

(1)打开"新建查询"对话框,选择"简单查询向导",单击"确定"按钮,弹出"简单查询向导"对话框,如图 21-17 所示。

(2)在"表/查询"中选择数据源"表:学生表",并依次选择它的字段到"选定字段"中,单击"下一步"按钮,此时的"简单查询向导"对话框如图 21-18 所示。

(3)输入查询名称,单击"完成"按钮。

图 21-17 "简单查询向导"对话框(1)

图 21-18 "简单查询向导"对话框(2)

21.5.3　使用设计视图创建查询

通过查询向导可以轻松地完成一些查询任务,操作简单方便。如果有其他的要求,例如,成绩要以从高到低的顺序来查看,或者只想查看某个或某些班的学生等,仅仅通过查询向导就显得无能为力,必须通过设计视图来完成查询任务。

空白的查询设计视图如图 21-19 所示，上半部为对象窗格，放置查询所需数据源表；下半部为查询设计网格，具体有"字段""表""排序""显示""条件""或"行，以及若干空行，设置查询构造和规则等。

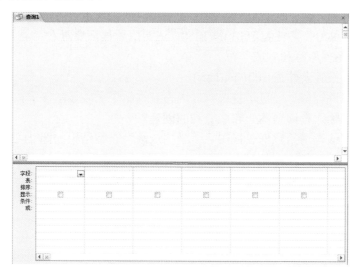

图 21-19　空白的查询设计视图

"字段"：放置查询需要的字段和用户自定义的计算字段。

"表"：放置字段行的字段来源的表或查询。

"排序"：对查询进行排序，有"升序""降序""不排序"3 种选择。在记录很多的情况下，对某一列数据进行排序将方便数据的查询。如果不选择排序，则查询运行时按照表中记录的顺序显示。

"显示"：决定字段是否在查询结果中显示。在各列中有复选框可以勾选。在默认情况下，所有字段都将显示出来，如果不想显示某个字段，但又需要它参与运算或条件设置，则可取消选中复选框。

"条件""或"和空行：放置所指定的查询条件。可以在该行上放置一个或多个查询条件。同一行上的多个条件构成逻辑与——AND(并且)运算；不同行的多个条件构成逻辑或——OR(或者)运算。空行可以放置更多的查询条件。查询条件是一个表达式，是常量、运算符、函数和标识符的组合,相当于 SQL 语句的 WHERE 子句。

【例 21-6】　创建查询"学生成绩"，显示 1001 和 1250 课程的考试情况，先以"课程名称"升序排序，再以"成绩"降序排序。

(1)单击"创建"→"查询工具"→"设计"选项卡，打开查询设计视图，弹出"显示表"对话框，如图 21-20 所示。

(2)选择本次查询需要的数据源"学生表""成绩表""课程表"到对象窗格(双击表名或选

图 21-20　"显示表"对话框

中表名，单击"添加"按钮)。

(3)选择完毕后，单击"关闭"按钮，进入"学生成绩"查询设计视图，如图 21-21 所示。

(4)双击或拖动本次查询需要查看的字段至设计窗格，或直接在设计窗格设定。

(5)设置排序规则，以"课程名称"为"升序"，以"成绩"为"降序"。

(6)设置"课程编号"条件为 1001 和 1250，这两门课程都要查看，是"或"的逻辑关系，因此，分别设在"条件"行和"或"行。

【提示】也可以设置条件为 1001 或 1250。

(7)取消勾选"课程编号"显示复选框，因为查询结果无须显示该字段。

(8)保存查询，输入查询名称，完成查询的创建。

(9)运行或打开该查询的数据表视图，"学生成绩"查询结果如图 21-22 所示。

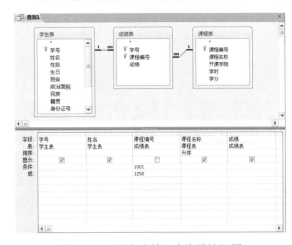

图 21-21 "学生成绩"查询设计视图

图 21-22 "学生成绩"查询结果

21.5.4 使用 SQL 语句创建查询

1. SQL 语言概述

SQL 语言是 1974 年由 Boyce 和 Chamberlin 提出的，并首先在 IBM 公司研制的关系数据库原型系统 System R 上实现。由于它具有功能丰富、使用灵活、语言简捷易学等特点，被众多计算机工业界和计算机软件公司所采用。

目前流行的关系数据库管理系统都使用了 SQL 标准，如 Oracle、SQL Server、Sybase、Access 等各产品开发商为了达到特殊的性能或新的特性，需要对标准进行扩展和再开发，各种不同的数据对 SQL 语言的支持与标准存在着细微的不同。

SQL 语言是一种非过程化语言，它的大多数语句都是独立执行的并完成一个特定的操作，与上下文无关。

SQL 语言具有以下特点。

- 高度的综合：集数据定义、数据操纵、数据查询、数据控制于一体。
- 非过程化：命令方式，提出"做什么"。
- 面向集合：操作对象和结果是元组的集合。
- 两种使用方式：既是自含语言，又是嵌入式语言。
- 语言结构：简单、易学、易用。

2．SQL 语句的功能

SQL 语言是一种高度综合的语言，设计巧妙，从功能上可完成数据定义、数据操纵、数据查询和数据控制。

数据定义功能：通过 CREATE、DROP、ALTER 语句完成对表的定义，包括创建表结构、删除表和修改表等。

数据操纵功能：是指对表中的数据(记录)进行插入、修改和删除等操作，有 INSERT(插入新记录)、UPDATE(修改字段数据)和 DELETE(删除记录)语句。

数据查询功能：通过 SELECT 语句实现数据检索，得到用户想要的数据，包含多表链接、统计、分组计算和排序等丰富的内容。

数据控制功能：管理用户对数据库对象的访问，如授权/撤销授权，有 GRAVT、REVOKE 等语句。

Access 2016 支持 SQL 的数据定义、数据查询和数据更新功能，由于其属于桌面中、小型数据库管理系统，与其他大型数据库管理系统相比，存在安全控制方面的缺陷，所以，它没有提供数据控制功能。

3．在 Access 2016 中创建 SQL 查询

在 Access 2016 中，首先将 SQL 语句写入 SQL 查询后，再来运行。

创建 SQL 查询的具体步骤如下。

(1)打开一个已建立的数据库或创建一个新数据库。

(2)单击"创建"→"查询工具"→"设计"选项卡，打开"显示表"对话框，如图 21-23 所示。

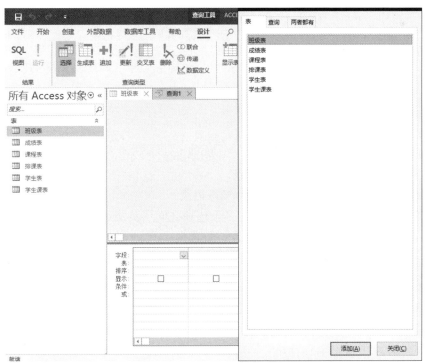

图 21-23　打开"显示表"对话框

（3）关闭"显示表"对话框，单击"查询工具"选项卡→"结果"工具栏中的"SQL"选项，或者在"结果"工具栏中单击"视图"→"SQL 视图"选项，打开查询的"SQL 视图"，如图 21-24 所示，输入 SQL 语句。

（4）输入完成后，单击快速访问工具栏中的"保存"按钮 ，弹出"另存为"对话框，如图 21-25 所示，在"查询名称"中输入查询的名称，单击"确定"按钮，完成 SQL 查询的创建。

图 21-24　打开查询的"SQL 视图"　　　　　　图 21-25　"另存为"对话框

4．SQL 查询语法格式

```
SELECT [All|Distinct] [Top n [Percent]] [<表名|表别名>.]<字段名1>[AS
    <别名>][,[<表名|表别名.>]<字段名2>[AS <别名>]][,…]
    [INTO <新表名>]
    FROM <表名或查询名>[<表名或查询名>…]
    [Inner/Left/Right/Full Join [<数据库名!>]<表名> [On <连接条件>…]]
    [WHERE <条件表达式>]
    [GROUP BY <字段名1>[,<字段名2>…] [HAVING <筛选条件表达式>]]
    [ORDER BY <字段名1>[ASC/DESC][,<字段名2[ASC/DESC]…]]
```

各选项含义如下。

"All"：输出所有记录，包括重复记录。

"Distinct"：输出无重复记录。

"Top n"：返回查询结果的前 n 行记录。

"Top n Percent"：返回查询结果的前 n%行记录。

"字段名"：所要查询的选项的集合，多个选项之间用英文逗号分开。

【例 21-7】　查询"学生表"中的所有行、所有列。

```
SELECT *
    FROM 学生表
```

"*"号代表所有列，当然，也可以写出每个字段名称。

【例 21-8】　查询学生的基本个人信息，只显示"学号""姓名""性别""生日"。

```
SELECT 学号,姓名,性别,生日
    FROM 学生表
```

【例21-9】　完成例21-8 中的查询，"生日"字段名称显示为"出生日期"。

```
SELECT 学号,姓名,性别,生日 AS 出生日期
    FROM 学生表
```

AS：给查询出来的字段取别名。

【例21-10】　查询学生的基本个人信息，显示"学号""姓名""性别""年龄"。

```
SELECT 学号,姓名,性别,YEAR(DATE())-YEAR(生日) AS 年龄
    FROM 学生表
```

【例21-11】　查询学生来自哪些民族。

```
SELECT Distinct 民族
    FROM 学生表
```

说明：Distinct 可以限制输出重复行。

【例21-12】　查询"学生表"中的前三行记录，显示所有字段。

```
SELECT Top 3 *
    FROM 学生表
```

Top 后面跟自然数"n"，表示前 n 行记录；后面跟"n Percent"，表示前 n% 行记录。

WHERE 子句用于指定查询条件，限定只返回符合条件的记录，其语法格式如下。

```
WHERE  <条件表达式>
```

【例21-13】　查询"学生表"中女同学的记录。

```
SELECT *
    FROM 学生表
    WHERE 性别="女"
```

WHERE 子句后的表达式为逻辑表达式，使用条件运算符表达逻辑含义。WHERE 子句中的条件运算符如表 21-5 所示。

表 21-5　WHERE 子句中的条件运算符

查 询 条 件	运 算 符	实 　 例
比较(比较运算符)	=、>、<、>=、<=、<>	WHERE 学分<>4
确定范围	BETWEEN ... AND ...	WHERE 成绩 BETWEEN 80 AND 100 (包含边界值 80 和 100)
确定集合	In、Not In	WHERE 籍贯 In("陕西","四川")
字符匹配	Like、Not Like	WHERE 姓名 Like "王*"
空值	Is Null、Is Not Null	WHERE 身份证号 Is Null
多重条件(逻辑运算符)	AND、OR、NOT	WHERE 性别="女" AND 生日>=#1997-1-1#

表中的 Like 运算符要与通配符一起使用，表达模糊逻辑，例如：

```
WHERE 姓名 Like "王*"
```

表示姓名是以"王"开头的，即姓王的记录。

WHERE 子句中的通配符如表 21-6 所示。

表 21-6　WHERE 子句中的通配符

字　符	说　明
?	任意单字符
*	零个或多个字符
#	任意一位数字(0~9)
[字符列表]	字符列表中的任意单字符
[!字符列表]	不在字符列表中的任意单字符

【例 21-14】　查询"学生表"中姓名只有两个字的学生记录。

```
SELECT *
    FROM 学生表
    WHERE 姓名 Like "??"
```

【例 21-15】　查询"学生表"中来自四川的少数民族的学生记录。

```
SELECT *
    FROM 学生表
    WHERE 籍贯="四川" AND 民族<>"汉族"
```

WHERE 子句为多重条件时，必须使用 AND 或 OR 来表达整体逻辑含义。

WHERE　<条件表达式 1>　AND　<条件表达式 2>：表示既满足第一个条件，又满足第二个条件，即同时满足。

WHERE　<条件表达式 1>　OR　<条件表达式 2>：表示满足第一个条件或第二个条件，即满足其一。

21.5.5　分组查询

GROUP BY 子句将查询结果按指定字段进行分组，即将该字段值相等的记录为一组。通常，在每组中通过集合函数来计算一个或多个列。

【例 21-16】　查询"学生表"中不同籍贯的学生数。

```
SELECT 籍贯,COUNT(*) AS 学生数
    FROM 学生表
    GROUP BY 籍贯
```

分组统计函数如表 21-7 所示。

表 21-7　分组统计函数

函　数　名	功　能
COUNT(*)	计算出所有记录数
SUM(字段名)	计算指定字段的数值总和
AVG(字段名)	计算一个数值型字段的平均值
MAX(字段名)	计算指定字段中的最大值
MIN(字段名)	计算指定字段中的最小值

【例 21-17】　统计"学生表"中不同籍贯的学生数，只查看学生数 5 以上的记录。

```
SELECT 籍贯,COUNT(*) AS 学生数
    FROM 学生表
```

```
GROUP BY 籍贯
HAVING COUNT(*)>=5
```

要对分组以后的统计结果做条件限制，只能用 HAVING 子句，不能用 WHERE 子句。HAVING 子句与 WHERE 子句都是条件限定子句，但其作用对象不同，HAVING 子句要使用集合函数来限定查询结果。

【例 21-18】　计算"成绩表"中每位学生的平均成绩，只查看平均成绩在 80 分以上的学生记录。

```
SELECT 学号,AVG(成绩) AS 平均成绩
    FROM 成绩表
    GROUP BY 学号
    HAVING AVG(成绩)>=80
```

如果希望查询结果有序输出，要用 ORDER BY 子句配合，其语法格式如下。

```
ORDER BY 字段1[ASC |DESC][, 字段2[ASC |DESC]][, …]
```

ASC：指定的排序项按升序排列，可省略。

DESC：指定的排序项按降序排列。

排序字段通常写为字段名，有时也用字段序号代替，如第 1 个字段为 1、第 2 个字段为 2 等。

在默认情况下，相当于使用 ASC、ORDER BY 按升序进行排序；如果用户特别要求按降序进行排序，则必须使用 DESC。

【例 21-19】　查询"成绩表"记录，成绩从高到低显示。

```
SELECT *
    FROM 成绩表
    ORDER BY 成绩 DESC
```

【例 21-20】　查询"学生表"记录，先以"籍贯"的升序，再以"生日"的降序显示"籍贯""学号""姓名""生日"。

```
SELECT 籍贯,学号,姓名,生日
    FROM 学生表
    ORDER BY 籍贯,生日 DESC
```

通过 INTO 子句可以把查询结果存放在数据库的一个新表中，而不是直接显示出来，其语法格式如下。

```
INTO  新表名
用于把查询结果存放到一个新表中
```

【例 21-21】　统计"成绩表"中每门课程的最高成绩，将"课程编号"和"最高成绩"输出到新表"各科课程最高分"。

```
SELECT 课程编号,MAX(成绩) AS 最高成绩
    INTO 各科课程最高分
    FROM 成绩表
    GROUP BY 课程编号
```

21.6 窗 体 设 计

完成了数据库中数据表和查询的创建后,为了方便对数据库中的数据进行输入和管理,用户还可以为数据库创建窗体。本节将介绍窗体的概念和主要功能,以及如何自动创建窗体和使用向导创建窗体的方法。

1.窗体概述

窗体是 Access 2016 操作和应用中用户和数据库的交互式图形界面,是创建数据库应用系统最基本的对象。Access 2016 提供了方便的窗体设计工具,用户通过使用窗体来实现数据维护、控制应用程序的流程等功能,具体包括以下几个方面。

● 输入功能。

● 输出功能。

● 控制功能。各种控制按钮执行控制命令。

● 提示功能。实时地给出各种出错信息、警告等提示。

2.创建窗体

创建窗体的途径大致分为两种:一种是在窗体的设计视图中自动创建窗体;另一种是使用 Access 2016 提供的向导快速创建窗体。

1)自动创建窗体

【例 21-22】 以"学生表"为数据源,使用"窗体"工具,创建"学生窗体"。

(1)在导航窗格的"表"对象下,打开(或选定)"学生表"。

(2)单击"创建"→"窗体"→"窗体"选项,系统自动生成 "学生窗体",如图 21-26 所示。

(3)保存该窗体。窗体命名为"学生窗体"。

2)使用向导创建窗体

系统提供的自动创建窗体的工具方便、快捷,但是多数内容和形式都受到限制,不能满足更复杂的要求。使用"窗体向导"就可以更为灵活、全面地控制窗体的数据来源和窗体的格式,因为"窗体向导"能从多个表或查询中获取数据。

【例 21-23】 使用向导创建窗体,显示所有学生的"学生编号""姓名""课程名称""总评成绩"。窗体命名为"学生总评成绩"。

(1)单击"创建"→"窗体"→"窗体向导"选项,打开"窗体向导"对话框。

(2)在"表/查询"中选择"表:成绩表",添加"学号"和"姓名"字段到"选定字段"中;选择"课程表"中的"课程名称"及"成绩表"中的"成绩"字段添加到"选定字段"列表框中,最终结果如图 21-27 所示。

(3)单击"下一步"按钮,在"窗体向导"对话框的"请确定查看数据的方式"中选择"通过 学生表",选中"带有子窗体的窗体"单选按钮,设置结果如图 21-28 所示。

(4)单击"下一步"按钮,指定子窗体的布局为"表格"形式。

(5)单击"下一步"按钮,指定窗体及子窗体的标题,如图 21-29 所示。

(6)单击"完成"按钮,保存该窗体。学生成绩窗体如图 21-30 所示。

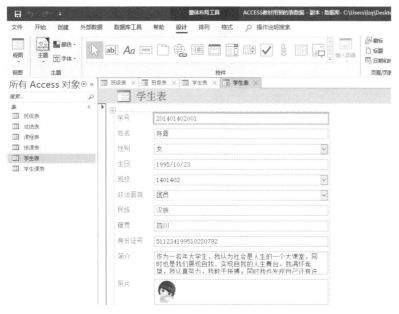

图 21-26　系统自动生成 "学生窗体"

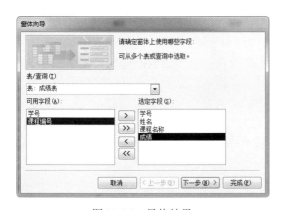

图 21-27　最终结果

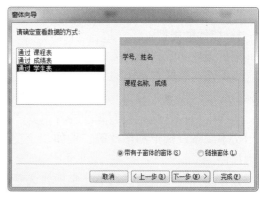

图 21-28　设置结果

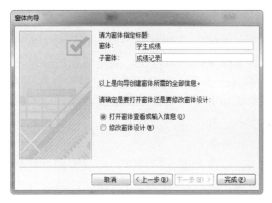

图 21-29　指定窗体及子窗体的标题

图 21-30 学生成绩窗体

21.7 窗体控件及其应用

控件是构成窗体的基本元素，窗体是控件的容器。窗体的功能通过在窗体中放置的各种控件来实现，控件只有与数据库对象结合起来才能构造出实用、友好的操作界面。

21.7.1 控件的类型与功能

控件源于面向对象的概念，在使用控件设计窗体之前，有必要先介绍相关的概念。

1. 控件的类型

根据控件与数据源的关系，控件可以分为绑定型控件、未绑定型控件和计算型控件 3 种。绑定型控件与表或查询中的字段相关联，可用于显示、输入、更新数据库中字段的值。例如，窗体中显示学生姓名的文本框可能从"学生"表中的"姓名"字段获得信息。

未绑定型控件是无数据源的控件，其"控件来源"属性没有绑定字段或表达式，可用于显示文本线条、矩形和图片等。例如，"窗体页眉"节中用于显示窗体标题的标签就是未绑定型控件。

计算型控件用表达式而不是字段作为数据源，表达式可以利用窗体或报表所引用的表查询字段中的数据，也可以是窗体或报表上的其他控件中的数据。例如，表达式"=[成绩*0.8]"将"成绩"字段的值乘以 0.8。

2. 面向对象的基本概念

在面向对象程序设计中，类(Class)和对象 (Object) 是两个重要的概念。类是一组具有相同数据结构和相同操作的对象的集合。可以说，类是对象的抽象，而对象是类的具体实例。"控件"命令组中的一种控件是一个类，在窗体上添加的一个具体的控件就是一个对象。每一个对象具有相应的属性、事件和方法。属性是对象固有的特征，不同类型的对象具有不同的属性集，如控件的标题、大小、颜色等。由对象发出且能够为某些对象感受到的行为动作称为事件。事件分为内部事件和外部事件。系统中对象的数据操作和功能调用命令等都是内部事件，而鼠标的移动、单击、双击和键盘的按下、释放等都是外部事件。并非所有的事件都能被每一个对象感受到。例如，鼠标在某一位置上单击，该事件则只能被放置在这一位置上的对象感受到。当某一个对象感受到一个特定事件发生时，这个对象应该可以做出某种响应。例如，单击一个运行窗体上标记为"退出"的命令按钮对象，则这个窗体会被关闭。这是因为这个标记为"退出"的命令按钮对象感受到了这个事件，并以执行关闭窗体的操作命令来响应这个事件。因此，把方法定义为一个对象响应某一事件的一个操作序列。方法是附属于对象的行为和动作，也可以将其理解为指示对象动作的命令。当某一个事件发生时，方法被执行，这种执行方式称为事件驱动，这也是面向对象程序设计的基本特点。

21.7.2　窗体和控件的属性

窗体及窗体中的每一个控件都具有各自的属性，这些属性决定了窗体及控件的外观、所包含的数据及对鼠标或键盘事件的响应。设计窗体需要了解窗体和控件的属性，并根据设计要求进行属性设置。

1．"属性表"任务窗格

在窗体设计视图中，窗体和控件的属性可以在"属性表"任务窗格中设定。右击窗体或控件，并从弹出的快捷菜单中选择"属性"命令，或单击"窗体设计工具/设计"上下文选项卡，在"工具"命令组中单击"属性表"命令按钮，都可以打开"属性表"任务窗格，如图 21-31 所示。

"属性表"任务窗格上方的下拉列表框是当前窗体上所有对象的列表，可从中选择要设置属性的对象，也可以直接在窗体上选中对象，那么此下拉列表框将显示被选中对象的控件名称。

"属性表"任务窗格包含 5 个选项卡，分别是"格式""数据""事件""其他""全部"。其中，"格式"选项卡包含窗体或控件的外观属性；"数据"选项卡包含与数据源、数据操作相关的属性；"事件"选项卡包含窗体

图 21-31　"属性表"任务窗格

或当前控件能够响应的事件；"其他"选项卡包含"名称""制表位"等其他属性。每个属性行的左侧是属性名称，右侧是属性值。

在"属性表"任务窗格中，单击其中的一个选项卡即可对相应属性进行设置。设置某一属性时，先单击要设置的属性，然后在属性框中输入一个设置值或表达式。如果属性框中显示有下拉按钮，也可以单击该下拉按钮，并从打开的下拉列表中选择一个数值。如果属性框右侧显示 ┅ 按钮，单击该按钮，将显示一个生成器或一个可用于选择生成器的对话框，通过该生成器可以设置其属性。

2．窗体的常用属性

窗体的属性与整个窗体相关联，对窗体属性的设置可以确定窗体的整体外观和行为。在"属性表"任务窗格上方的下拉列表框中选择"窗体"即可显示并设置窗体的属性。窗体的常用属性有以下 6 种。

- 标题：表示在窗体视图中窗体标题栏上显示的文本。
- 记录选择器：决定窗体显示时是否具有记录选择器，即数据表最左端的标志块，其值有"是""否"两个选项。
- 导航按钮：决定窗体运行时是否具有记录导航按钮，即数据表最下端的按钮组，其值有"是""否"两个选项。

- 记录源: 指明该窗体的数据源, 也就是绑定的表或查询, 其值从本数据库中的表对象名或查询对象名中选取。
- 允许编辑、允许添加、允许删除: 它们分别决定窗体运行时是否允许对数据进行编辑修改、添加或删除操作, 其值有"是""否"两个选项。
- 数据输入: 指定是否允许打开绑定窗体进行数据输入, 其值有"是""否"两个选项。取值为"是", 则窗体打开时只显示一条空记录; 取值为"否"(默认值), 则窗体打开时显示已有的记录。

窗体的属性还有很多, 选中某个属性时, 按 F1 功能键可以获得该属性的帮助信息, 这也是熟悉属性用途的好方法。

3. 控件的常用属性

在"属性表"任务窗格上方的下拉列表框中选择某个控件, 即可显示并设置该控件的属性。下面以标签和文本框控件为例, 介绍控件的常用属性。

(1)标签控件的常用属性如下。

- 标题: 表示标签中显示的文字信息, 它与标签控件的"名称"属性不同。
- 特殊效果: 用于设定标签的显示效果, 其值从"平面""凸起""凹陷""蚀刻""阴影""凿痕"6 种特殊效果中选取。
- 背景色、前景色: 分别表示标签显示时的底色与标签中文字的颜色。
- 字体名称、字号、字体粗细、下画线、倾斜字体: 分别用于设定标签中显示文字的字体、字号、字形等参数, 可以根据需要适当配置。

(2)文本框控件的常用属性如下。

- 控件来源: 用于设定一个绑定型文本框控件时, 它必须是窗体数据源表或查询中的一个字段; 用于设定一个计算型文本框控件时, 它必须是一个计算表达式, 可以通过单击属性框右侧的 ┅ 按钮, 进入表达式生成器向导; 用于设定一个未绑定型文本框控件时, 就等同于一个标签控件。
- 输入掩码: 用于设定一个绑定型文本框控件或未绑定型文本框控件的输入格式, 仅对文本型或日期/时间型数据有效。也可以通过单击属性框右侧的按钮, 进入输入掩码的设置界面。
- 默认值: 用于设定一个计算型文本框控件或未绑定型文本框控件的初始值, 可以使用表达式生成器向导来确定默认值。
- 有效性规则: 用于设定在文本框控件中输入数据的合法性检查表达式, 可以使用表达式生成器向导来建立合法性检查表达式。
- 有效性文本: 在窗体运行期间, 当在该文本框中输入的数据违背了有效性规则时, 即显示有效性文本中的提示信息。
- 可用: 用于指定该文本框控件是否能够获得焦点, 其值有"是""否"两个选项。
- 是否锁定: 用于指定是否可以在窗体视图中编辑控件数据, 其值有"是""否"两个选项。

4. 窗体和控件的常用事件

对窗体和控件设置事件属性值是为该窗体或控件设定响应事件的操作流程, 也就是为窗体或控件的事件处理方法编程。窗体和控件的常用事件如表 21-8 所示。

表 21-8　窗体和控件的常用事件

事 件 名 称		触 发 时 机
键盘事件	键按下	当窗体或控件具有焦点时，按下任何键时触发该事件
	键释放	当窗体或控件具有焦点时，释放任何键时触发该事件
鼠标事件	单击	当在对象上单击鼠标左键时触发该事件
	双击	当在对象上双击鼠标左键时触发该事件
	鼠标按下	当在对象上按下鼠标左键时触发该事件
	鼠标移动	当在对象上来回移动鼠标时触发该事件
	鼠标释放	当按下鼠标左键后，移至对象上释放按键时触发该事件
对象事件	获得焦点	在对象获得焦点时触发该事件
	失去焦点	在对象失去焦点时触发该事件
	更改	在改变文本框或组合框的内容时触发该事件，在选项卡控件中从一页移到另一页时也会触发该事件
窗体事件	打开	在打开窗体但第一条记录尚未显示时触发该事件
	关闭	当关闭窗体并从屏幕上删除窗体时触发该事件
	加载	在打开窗体并且显示其中记录时触发该事件
操作事件	删除	当通过窗体删除记录时，在记录被真正删除之前触发该事件
	插入前	当通过窗体插入记录时，在输入第一个字符时触发该事件
	插入后	当通过窗体插入记录时，在记录保存到数据库后触发该事件
	成为当前记录	当焦点移到记录上，使它成为当前记录时触发该事件，当窗体刷新或重新查询时也会触发该事件
	不在列表中	在组合框的文本框部分输入非组合框列表中的值时触发该事件

　　如果需要令某一控件能够在某一事件触发时，做出相应的响应，就必须为该控件针对该事件的属性赋值。事件属性的赋值可以在 3 种处理事件的方法中选择一种：设定一个表达式、指定一个宏操作或为其编写一段 VBA 程序。单击相应属性框右侧的 按钮，即弹出"选择生成器"对话框，如图 21-32 所示，可以在该对话框中选择处理事件方法的种类。

图 21-32　"选择生成器"对话框

21.7.3　控件的应用

　　利用控件可以设计出具有不同功能的窗体，窗体设计中很重要的步骤是控件的应用，即往窗体中添加控件，并设置窗体和控件的属性。下面介绍常用控件的应用。

1．标签和文本框控件的应用

　　标签主要用来在窗体或报表上显示说明性文本，如窗体的标题、对字段的说明性文本等。标签不显示字段或表达式的数值，它没有数据来源。当从一条记录移到另一条记录时，标签的值不会改变。标签可以附加到其他控件上，也可以创建独立的标签，但独立的标签在数据表视图中并不显示。使用标签控件创建的标签就是独立的标签。

文本框主要用来输入或编辑数据，它是一种交互式控件。文本框分为绑定型、未绑定型和计算型 3 种类型。绑定型文本框与表或查询中的字段相关联，可用于显示、输入及更新字段。未绑定型文本框并不与某一字段相关联，一般用来显示提示信息或接收用户输入的数据等。计算型文本框则以表达式作为数据源，表达式可以使用表或查询字段中的数据，也可以使用窗体或报表上其他控件中的数据。

【例 21-24】 在窗体设计视图中，创建如图 21-33 所示的窗体，窗体内有两个标签(Label1 和 Label2)和两个文本框(Text1 和 Text2)，在其中一个文本框中输入圆的半径，就会在另一个文本框中显示圆的面积。

图 21-33　文本框演示窗体

(1) 单击"创建"选项卡，在"窗体"命令组中单击"窗体设计"命令按钮，打开窗体设计视图。

(2) 单击"控件"命令组中的"文本框"命令按钮，在"主体"节上单击，创建第 1 个文本框。

再以同样的方法创建第 2 个文本框。

如果"使用控件向导"命令处于选中状态，将打开"文本框向导"对话框，可以按照提示进行操作。

(3) 打开"属性表"任务窗格，将两个文本框的"名称"属性分别设置为"Text1"和"Text2"，将文本框附加的两个标签的"名称"属性分别设置为"Label1"和" Label2"，将标签的"标题"属性分别设置为"圆的半径："和"圆的面积："

(4) 将 Text2 的"控件来源"属性设置为" =3.14159 * [Text1] * [Text1]"，如图 21-34 所示。

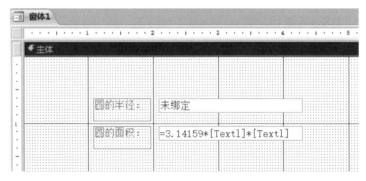

图 21-34　文本框演示窗体的属性设置

在"视图"命令组中单击下拉按钮，选择"窗体视图"命令切换到窗体视图，在第 1 个文本框中输入圆的半径并按 Enter 键，则在第 2 个文本框中显示圆的面积，如图 21-33 所示。

(5)选择"文件"→"保存"命令或单击快速访问工具栏中的"保存"按钮，保存所创建的窗体。

2．复选框、选项按钮和切换按钮控件的应用

复选框、选项按钮和切换按钮在窗体中均可以作为单独的控件使用，用于显示表或查询中的是/否型数据。当选中或按下控件时，相当于"是"状态，否则相当于"否"状态。

【例 21-25】分别用复选框、选项按钮和切换按钮来显示"学生表"中的"有否奖学金"字段。

(1)打开"学生选课管理"数据库，在"创建"选项卡的"窗体"命令组中单击"窗体设计"命令按钮。

(2)在"工具"命令组中单击"添加现有字段"命令按钮，分别将"字段列表"任务窗格中的"学号""姓名"字段拖放至窗体的"主体"节中。单击"控件"命令组中的"复选框"命令按钮，然后在"主体"节中单击，添加复选框控件及附加的标签控件。

(3)单击"工具"命令组中的"属性表"命令按钮，在"属性表"任务窗格上方的下拉列表框中选择"窗体"对象，并设置其"记录源"属性为"学生表"。

(4)设置复选框控件附加的标签控件的"标题"属性为"有否奖学金"，在复选框控件的"控件来源"下拉列表框中选择"有否奖学金"，然后调整复选框控件的大小。

(5)用同样的方法添加选项按钮控件和切换按钮控件，并设置选项按钮控件的"控件来源"属性和附加的标签控件的"标题"属性，以及切换按钮控件的"标题"属性和"控件来源"属性。

(6)切换到窗体视图，此时将看到"有否奖学金"字段的不同显示状态，如图 21-35所示。

(7)保存所创建的窗体。

3．选项组控件的应用

选项组控件是一个容器控件，它由一个组框架及一组复选框、选项按钮或切换按钮组成。可以使用选项组来显示一组限制性的

图 21-35　复选框、选项按钮和切换按钮演示窗体

选项值，只要单击选项组所需的值，就可以为字段选定数据值。在选项组中每次只能选择一个选项，而且选项组的值只能是数字，不能是文本。

【例 21-26】使用控件向导创建一个选项组控件，用于输入或显示"学生表"中的"性别"字段。

(1)由于选项组的值只能是数字，不能是文本，因此，应先修改"学生表"中"性别"字段的值，用"1"替换"男"，用"2"替换"女"。

(2)在窗体设计视图中，先使"使用控件向导"命令处于选中状态，并设置窗体的"记录源"属性为"学生表"。分别将"字段列表"任务窗格中的"学号""姓名"字段拖放到窗体的"主体"节中。

(3)单击"控件"命令组中的"选项组"命令按钮，在窗体上单击要放置选项组的位置，打开 "选项组向导"第1个对话框。在该对话框中，要求输入选项组中每个选项的标签名。此例在"标签名称"文本框内分别输入"男""女"，如图 21-36所示。

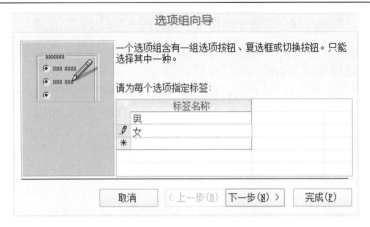

图 21-36　确定每个选项的标签名

(4) 单击"下一步"按钮,屏幕显示"选项组向导"第 2 个对话框。在该对话框中,要求用户确定是否需要默认选项。这里选择并指定"男"为默认选项,如图 21-37 所示。

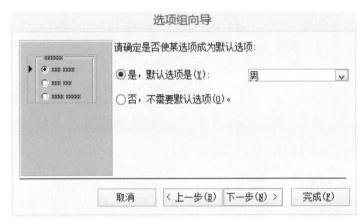

图 21-37　确定默认选项

(5) 单击"下一步"按钮,打开"选项组向导"第 3 个对话框。此处设置"男"选项值为 1,"女"选项值为 2,如图 21-38 所示。

图 21-38　确定选项值

(6) 单击"下一步"按钮，打开"选项组向导"第 4 个对话框。在该对话框中，选中"在此字段中保存该值"单选按钮，并在右侧的下拉列表框中选择"性别"字段，如图 21-39 所示。

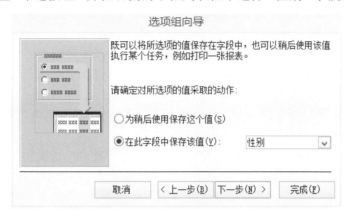

图 21-39 确定选项值的保存字段

(7) 单击"下一步"按钮，打开"选项组向导"第 5 个对话框。在该对话框中，选择选项组可选用的控件（"选项按钮""复选框""切换按钮"）及所用样式。本例选择"选项按钮"及"蚀刻"样式，如图 21-40 所示。

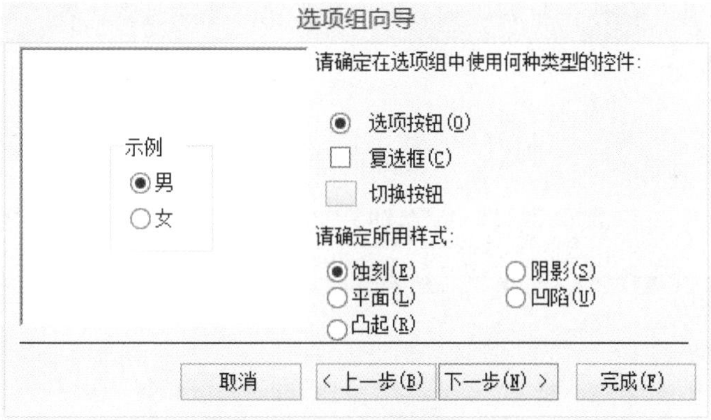

图 21-40 确定选项组中的控件及样式

单击"下一步"按钮，打开"选项组向导"最后一个对话框。在"请为选项组指定标题"文本框中输入选项组的标题"性别"，然后单击"完成"按钮。

对所建选项组进行调整并保存窗体，最后切换到窗体视图，选项组演示窗体如图 21-41 所示。

图 21-41 选项组演示窗体

4．列表框与组合框控件的应用

列表框和组合框为用户提供了包含一些选项的可滚动列表，如果输入的数据取自该列表，则用户只需选择所需要的选项即可完成数据输入。这样不仅可以避免输入错误，同时也提高了输入速度。

在列表框中，任何时候都能看到多个选项，但不能直接编辑列表框中的数据。当列表框不能同时显示所有选项时，它将自动添加滚动条，使用户可以上下或左右滚动列表框，以查阅所有选项。

在组合框中，平时只能看到一个选项，单击组合框上的下拉按钮可以看到多选项的列表，也可以直接在旁边的文本框中输入一个新选项。

【例 21-27】创建窗体，显示"学生表"的"学号""姓名""民族""籍贯"字段，其中"民族"字段的输入使用列表框，"籍贯"字段的输入使用组合框。

(1)在窗体设计视图中，设置窗体的"记录源"属性为"学生表"，分别将"字段列表"任务窗格中的"学号""姓名"字段拖放到窗体的"主体"节中。然后单击"控件"命令组中的"列表框"命令按钮，在窗体上单击要放置列表框的位置，打开"列表框向导"第 1 个对话框。如果选中"使用列表框获取其他表或查询中的值"单选按钮，则在所建列表框中显示所选表的相关值；如果选中"自行键入所需的值"单选按钮，则在所建列表框中显示输入的值。此例选择后者。

(2)单击"下一步"按钮，打开"列表框向导"第 2 个对话框。在"第 1 列"列表中依次输入"汉族""苗族""土家族""壮族""其他民族"等值，每输入完一个值，按 Tab 键，设置后的结果如图 21-42 所示。

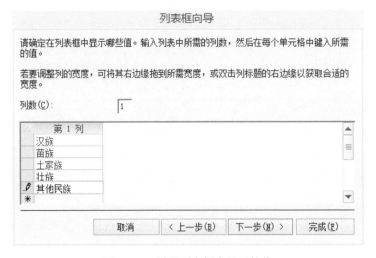

图 21-42　设置列表框中显示的值

(3)单击"下一步"按钮，打开"列表框向导"第 3 个对话框。选中"将该数值保存在这个字段中"单选按钮，并在右侧的下拉列表框中选择"民族"，如图 21-43 所示。

(4)单击"下一步"按钮，在"请为列表框指定标签"文本框中输入"民族"，作为该列表框的标签，然后单击"完成"按钮。

(5)同样，可以参照上述方法创建"籍贯"组合框控件，最终设置结果如图 21-44 所示。

(6)保存窗体，切换到窗体视图，列表框和组合框演示窗体如图 21-45 所示。

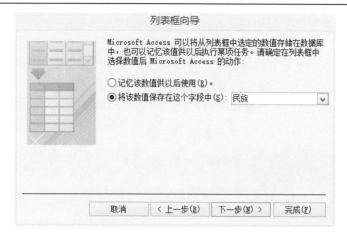

图 21-43　设置保存的字段

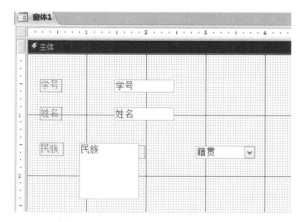

图 21-44　列表框和组合框的属性设置

图 21-45　列表框和组合框演示窗体

5. 命令按钮控件的应用

使用窗体上的命令按钮可以执行特定的操作，如可以创建命令按钮来打开另一个窗体。如果要使命令按钮响应窗体中的某个事件，从而完成某项操作，可编写相应的宏或事件过程并将它附加在命令按钮的"单击"属性中。

【例 21-28】综合前面介绍的控件，创建如图 21-46 所示的命令按钮演示窗体，用于输入"学生表"的内容。

图 21-46　命令按钮演示窗体

(1)在窗体设计视图中，添加相关控件，并设置属性。

(2)单击"控件"命令组中的"按钮"命令按钮，在窗体上单击要放置命令按钮的位置，打开 "命令按钮向导"第1个对话框。在对话框的"类别"列表框中，列出了可供选择的操作类别，每个类别在"操作"列表框中均对应着多种不同的操作。先在"类别"列表框中选择"记录操作" 选项，然后在"操作"列表框中选择"添加新记录"选项，如图 21-47 所示。

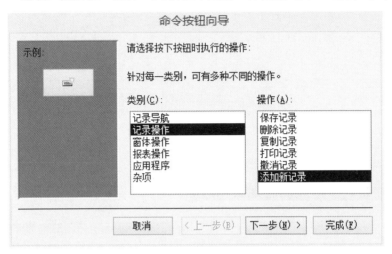

图 21-47　设置命令按钮的操作

(3)单击"下一步"按钮，打开"命令按钮向导"第2个对话框。为了在命令按钮上显示文本，选中"文本"单选按钮，并在其后的文本框中输入"添加记录"，如图 21-48 所示。

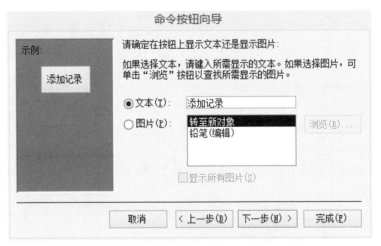

图 21-48　设置命令按钮上的显示文本

(4)单击"下一步"按钮，在打开的对话框中为创建的命令按钮命名，以便以后引用，最后单击"完成"按钮。

至此，该命令按钮创建完成，其他命令按钮的创建方法与此相同。命令按钮演示窗体的属性设置如图 21-49 所示。

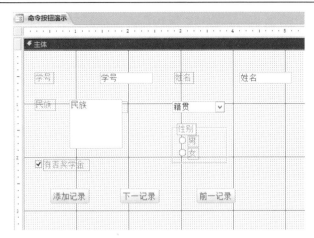

图 21-49　命令按钮演示窗体的属性设置

习　　题

1. 不是表中字段类型的是（　　）。
   A．索引　　　　　　B．备注　　　　　　C．是/否　　　　　　D．货币
2. 不能作为索引字段的数据类型是（　　）。
   A．文本　　　　　　B．数字　　　　　　C．日期时间　　　　D．OLE 对象
3. 必须输入 0～9 数字的输入掩码是（　　）。
   A．0　　　　　　　B．9　　　　　　　C．A　　　　　　　　D．C
4. 用来控制文本框中输入数据格式的是（　　）。
   A．有效性规则　　　B．默认值　　　　　C．输入掩码　　　　D．有效性文本
5. 不能创建数据表的方法是（　　）。
   A．使用表向导　　　　　　　　　　B．输入数据
   C．使用设计器　　　　　　　　　　D．单击"文件"→"新建"选项
6. 主键的基本类型不包括（　　）。
   A．单字段主键　　B．多字段主键　　C．索引主键　　　D．自动编号主键
7. 在下列操作中，可以修改一个已有数据表结构的是（　　）。
   A．选中该数据表，单击"打开"选项
   B．选中该数据表，单击"设计"选项
   C．双击该数据表
   D．双击"使用设计器创建表"选项
8. 可以用于保存图像的字段数据类型是（　　）。
   A．OLE 对象　　　B．备注　　　　　C．超级链接　　　D．查询向导
9. 查询向导不能创建（　　）。
   A．选择查询　　　B．交叉表查询　　C．参数查询　　　D．重复项查询
10. 用户和 Access 2016 应用程序之间的主要接口是（　　）。
   A．表　　　　　　B．查询　　　　　C．窗体　　　　　D．报表

第七部分

Photoshop CS6 图像处理操作

第 22 章　Photoshop CS6

内容提要:

本章首先介绍 Photoshop 的基本操作, 然后对选区、图层及蒙版等核心组件进行了讲解与实例展示, 最后对图像颜色调整的技巧与原理进行了介绍。

重要知识点:

- 选区的操作。
- 图层的操作。
- 蒙版的操作。
- 图像调整技巧。

22.1　Photoshop CS6 概述

22.1.1　Photoshop CS6 的应用领域

Photoshop 主要处理由像素构成的数字图像。使用其众多的编修与绘图工具, 可以有效地进行图片编辑工作。Photoshop 有很多功能, 在图像、图形、文字、视频、出版等各方面都有涉及。

1. 平面设计

平面设计是 Photoshop 应用最为广泛的领域, 无论是我们正在阅读的图书封面, 还是大街上看到的招贴、海报, 这些具有丰富图像的平面印刷品, 基本上都需要使用 Photoshop 软件对图像进行处理。

2. 修复照片

Photoshop 具有强大的图像修饰功能。利用这些功能, 可以快速修复一张破损的老照片, 如可以修复人脸上的斑点等。

3. 广告摄影

广告摄影作为一种对视觉要求非常严格的工作, 其最终成品往往要经过 Photoshop 的修改才能得到满意的效果。

4. 影像创意

影像创意是 Photoshop 的特长, 通过 Photoshop 的处理可以将原本风格不同的对象组合在一起, 也可以使图像发生巨大变化。

5. 艺术文字

当文字经过 Photoshop 处理后, 就已经注定不再普通。利用 Photoshop 可以使文字发生各种各样的变化, 并利用这些经过艺术化处理后的文字为图像增加效果。

6．网页制作

互联网的普及是促使很多人掌握 Photoshop 的一个重要原因。因为在制作网页时，Photoshop 是必不可少的网页图像处理软件。

7．建筑效果图的后期修饰

在制作建筑效果图时，包括许多三维场景，人物、配景及场景等的颜色常常需要在 Photoshop 中增加并调整。

8．绘画

由于 Photoshop 具有良好的绘画与调色功能，许多插画设计制作者往往使用铅笔绘制草稿，然后用 Photoshop 填色的方法来绘制插画。

除此之外，近些年来非常流行的像素画也多为设计师使用 Photoshop 创作的作品。

9．界面设计

界面设计是一个新兴的领域，已经受到越来越多的软件企业及开发者的重视，虽然暂时还未成为一种全新的职业，但相信不久一定会出现专业的界面设计师职业。当前还没有用于做界面设计的专业软件，因此绝大多数设计者使用的都是 Photoshop。

上面列出了 Photoshop 应用的 9 大领域，但实际上其应用远不止这些。例如，在目前的影视后期制作及二维动画制作中，Photoshop 也有所应用。

22.1.2　Photoshop CS6 的功能特色

从功能上来分，Photoshop CS6 可分为图像编辑、图像合成、校色调色及特效制作几部分，如图 22-1 所示。

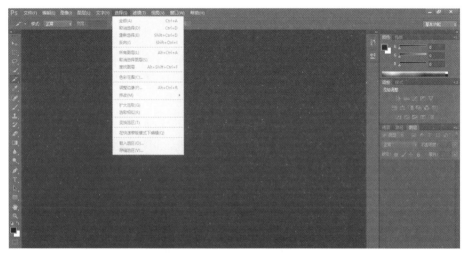

图 22-1　Photoshop CS6 的功能特色

图像编辑是图像处理的基础，可以对图像做各种变换，如放大、缩小、旋转、倾斜、镜像、透视等，也可进行复制、去除斑点、修补、修饰图像的残损等。这在婚纱摄影、人像处理制作中有非常大的用处，可以去除人像上不满意的部分，进行美化加工，得到令人满意的效果。

图像合成则是将几幅图像通过图层操作、工具应用合成完整的、表达明确含义的图像。Photoshop 提供的绘图工具让外来图像与创意很好地融合，可以使图像的合成天衣无缝。

　　校色调色是 Photoshop 中别具特色的功能之一，可方便、快捷地对图像的颜色进行明暗、对比度等图像参数的调整和校正，也可在不同颜色间进行切换，以满足图像在不同领域(如网页设计、印刷、多媒体等方面)的应用。

　　特效制作在 Photoshop 中主要由滤镜、通道及工具综合应用完成，包括图像的特效创意和特效字的制作，如油画、浮雕、石青画、素描等常用的传统美术技巧都可借助 Photoshop 特效完成。而各种特效字的制作更是很多美术设计师热衷于使用 Photoshop 的原因。

22.1.3　Photoshop CS6 的基本概念

　　Photoshop (PS)：它是由 Adobe 公司开发的图形处理系列软件之一，是主要应用于图像处理、广告设计的一款计算机软件。最先它只在 Apple 机(MAC)上使用，后来也开发出了 Windows 版本。

　　位图：又称光栅图，一般用于照片品质的图像处理，是由许多像小方块一样的"像素"组成的图形，由其位置与颜色值表示，能表现出颜色阴影的变化。Photoshop 主要用于处理位图。

　　矢量图：通常无法提供生成照片的图像物性，一般用于工程技术绘图。例如，灯光的质量效果很难在一幅矢量图中表现出来。

　　分辨率：每单位长度上的像素称为图像的分辨率，简单来讲是计算机屏幕或图片的精密度。分辨率有很多种，如屏幕分辨率、扫描仪的分辨率、打印分辨率。

　　图像尺寸与图像大小及分辨率的关系：如图像尺寸大，分辨率大，文件较大，所占内存大，计算机处理速度会慢；反之，任意一个因素减小，处理速度都会加快。

　　通道：在 Photoshop 中，通道是指色彩的范围，一般情况下，一种基本色为一个通道。例如，RGB 颜色中，R 为红色，所以 R 通道的范围为红色，G 为绿色，B 为蓝色，因而 G、B 通道的范围分别为绿色、蓝色。

　　图层：在 Photoshop 中，一般都用到多个图层制作每一层，好像是一张透明纸，叠放在一起就是一幅完整的图像。对每一图层进行修改、处理，对其他的图层不会造成任何的影响。

　　图像的色彩模式如下。

　　(1)RGB 模式：又叫加色模式，是屏幕显示的最佳颜色，由红、绿、蓝三种颜色组成，每一种颜色可以有 0～255 范围内强度值的亮度变化。

　　(2)CMYK 模式：由品蓝、品红、品黄和黄色组成，又叫减色模式。一般打印输出及印刷都采用这种模式。

　　(3)HSB 模式：将色彩分解为色调、饱和度及亮度，通过调整色调、饱和度及亮度得到颜色和变化。

　　(4)Lab 模式：这种模式通过一个光强和两个色调来描述，一个色调叫 a，另一个色调叫 b。它主要影响着色调的明暗。一般 RGB 模式转换成 CMYK 模式都先经过 Lab 的转换。

　　(5)索引颜色：这种颜色下图像像素用一字节表示它最多包含 256 色的色表储存，并索引其所用的颜色。其图像质量不高，占用空间较少。

　　(6)灰度模式：只用黑色和白色显示图像，像素为 0 时为黑色，像素为 255 时为白色。

　　(7)位图模式：像素不用字节表示，而是由二进制数表示，即黑色和白色由二进制数表示，因此占用的磁盘空间最小。

22.1.4　Photoshop CS6 的工作界面

　　启动 Photoshop CS6，在初始化过程中，就可以看到初始化界面。

在初始化界面中显示了 Photoshop CS6 的版本及注册信息。完成初始化后，进入 Photoshop CS6 的主界面，它主要由图像窗口、工具箱、菜单栏和调板组等组成，如图 22-2 所示。

图 22-2　Photoshop CS6 的工作界面

工作界面各组成部分的内容说明如下。

(1)标题栏：显示该应用程序的标题"Adobe Photoshop"。单击最左边的图标，在弹出的菜单中可执行移动、最大化、最小化及关闭该程序的操作。

(2)菜单栏：集合了 Photoshop CS6 的 11 个菜单，利用下拉菜单命令可以完成大部分的图像编辑处理工作。

(3)选项栏：在工具箱中选定工具后，选项栏中随即出现相应工具的属性设置，从而实现对工具的控制。

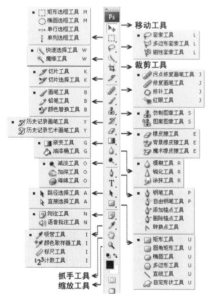

图 22-3　工具箱

(4)工具箱：Photoshop 所有工具的集合，学会使用工具，完成诸如建立选区、涂抹、输入文字等操作是学习 Photoshop 的第一步。

工具箱中存放着各种用于创建和编辑图像的工具。工具箱中的每一个图标都表示一个工具，将鼠标移到图标上方停留片刻，会显示该工具名称，注释括号中的字母即是对应此工具的快捷键；单击该工具，当其呈凹下状态时即已选中此工具，可使用它进行工作。Photoshop CS6 工具箱中所有工具总计有 50 多种，如图 22-3 所示。

(5)图像文件窗口：在此窗口中完成对图像的编辑处理工作，即工作范围。

(6)状态栏：显示当前文件的显示百分比、文件信息及当前选定工具或当前操作的相关提示。

(7)工作桌布：在此范围内可以随意排列各图像文件、工具箱、选项栏和各调板的位置。

(8)调板组：主要用于图像处理时的辅助性操作。

22.2　Photoshop CS6 基本操作

22.2.1　新建与打开文件

1．新建文件

在处理已有的图像时，可以直接在 Photoshop 中打开相应文件。如果需要制作一个新的文件，则需要执行"文件"→"新建"命令，如图 22-4 所示；或按"Ctrl+N"组合键，打开"新建"对话框，如图 22-5 所示。在"新建"对话框中可以设置文件的名称、尺寸、分辨率、颜色模式等。

图 22-4　执行"文件"→"新建"命令

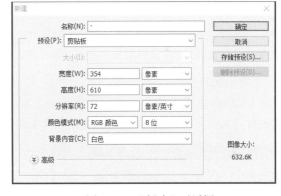

图 22-5　"新建"对话框

2．打开文件

在 Photoshop 中打开文件的方法有很多种，执行"文件"→"打开"命令，然后在弹出的"打开"对话框中选择需要打开的文件，接着单击"打开"按钮或双击文件即可在 Photoshop 中打开该文件，如图 22-6 所示。

利用快捷方式打开文件的方法主要有以下 3 种。

第 1 种：选择一个需要打开的文件，然后将其拖曳到 Photoshop 的应用程序图标上。

第 2 种：选择一个需要打开的文件，然后单击鼠标右键，在弹出的快捷菜单中选择"打开方式"→"Adobe Photoshop CS6"。

第 3 种：如果已经运行了 Photoshop，这时可以直接在 Windows 资源管理器中将文件拖曳到 Photoshop 的窗口中。

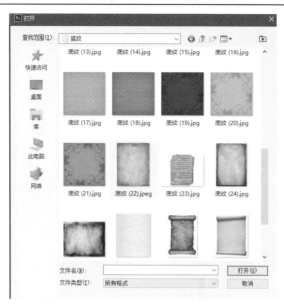

图 22-6　"打开"对话框

22.2.2　导入、导出与保存文件

1．导入文件

Photoshop 可以编辑变量数据组、视频帧到图层、注释和 WIA 支持等内容。新建或打开图像文件以后，可以通过执行"文件"→"导入"菜单中的子命令，将这些内容导入 Photoshop 中进行编辑，如图 22-7 所示。

2．导出文件

在 Photoshop 中创建和编辑好图像以后，可以将其导出到 Illustrator 或视频设备中。可以通过执行"文件"→"导出"菜单中的子命令选择一些导出类型，如图 22-8 所示。

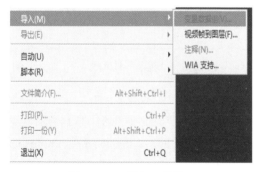

图 22-7　"导入"菜单

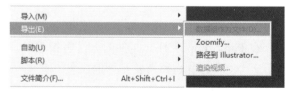

图 22-8　"导出"菜单

数据组作为文件：可以按批处理模式使用数据组值将图像输出为 PSD 文件。

Zoomify：可以将高分辨率的图像发布到 Web 上，利用 Viewpoint Media Player，用户可以平移或缩放图像以查看它的不同部分。在导出时，Photoshop 会创建 JPG 和 HTML 文件，用户可以将这些文件上传到 Web 服务器。

路径到 Illustrator：将路径导出为 AI 格式，在 Illustrator 中可以继续对路径进行编辑。

渲染视频：可以将视频导出为 QuickTime 影片。在 Photoshop CS6 中，还可以将时间轴动画与视频图层一起导出。

3．保存文件

与 Word 等软件相同，Photoshop 文档编辑完成后也需要对文件进行保存。当然在编辑过程中也需要经常保存，避免在 Photoshop、计算机出现程序错误及发生断电等情况时丢失所进行的操作。

存储时将保留所做的更改，并且会替换掉上一次保存的文件，同时会按照当前格式和名称进行保存。执行"文件"→"存储"命令或按"Ctrl+S"组合键可以对文件进行保存，如图 22-9 所示。

文件保存格式：不同类型的文件其格式也不相同，例如，可执行文件后缀名为 exe，Word 文档后缀名则为 doc。

图像文件格式就是存储图像数据的方式，它决定了图像的压缩方法，支持何种 Photoshop 功能及文件是否与其他文件相兼容等属性。保存图像时，可以在弹出的对话框中选择图像的保存格式，如图 22-10 所示。

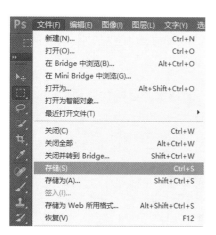

图 22-9　执行"文件"→"存储"命令　　　　　图 22-10　选择图像的保存格式

22.2.3　调整图像和画布

1．调整图像尺寸

通常情况下对于图像最关注的属性主要是尺寸、大小及分辨率。如图 22-11 所示为像素尺寸分别为 600 像素×600 像素与 200 像素×200 像素的同一图片的对比效果。尺寸大的图像所占计算机空间也要相对大一些。

图 22-11　图片的对比效果

执行"图像"→"图像大小"命令,如图 22-12 所示,或按"Ctrl+Alt+I"组合键,打开
"图像大小"对话框,在"像素大小"选项组下即可修改图像的像素大小,如图 22-13 所示。
更改图像的像素大小不仅影响图像在屏幕上的显示大小,还会影响图像的质量及其打印特性
(图像的打印尺寸和分辨率)。

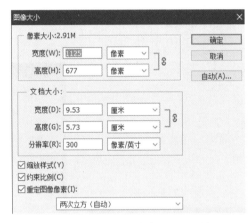

图 22-12　执行"图像"→"图像大小"命令　　　　图 22-13　　"图像大小"对话框

2．修改画布大小

执行"图像"→"画布大小"命令,打开"画布大小"对话框,如图 22-14 所示。在该对
话框中可以对画布的宽度、高度、定位和扩展背景颜色进行调整。增大画布大小,原始图像
大小不会发生变化,而增大的部分则使用选定的填充颜色进行填充;减小画布大小,图像则
会被裁切掉一部分,如图 22-15 所示。

图 22-14　　"画布大小"对话框

图 22-15　减小画布大小

22.2.4　撤销、返回、恢复文件

在传统的绘画过程中，出现错误的操作时只能选择擦除或覆盖。而在 Photoshop 中进行数字化编辑时，出现错误操作则可以撤销或返回所做的步骤，然后重新编辑图像，这也是数字化编辑的优势之一。

1．还原与重做

执行"编辑"→"还原新建图层"命令或按"Ctrl+Z"组合键，如图 22-16 所示，可以撤销最近的一次操作(这里举例为新建图层操作)，将其还原到上一步操作状态；如果想要取消还原操作，可以执行"编辑"→"重做新建图层"命令，如图 22-17 所示。

图 22-16　执行"编辑"→"还原新建图层"命令　　图 22-17　执行"编辑"→"重做新建图层"命令

2．前进一步与后退一步

由于"还原"命令只可以还原一步操作，而实际操作中经常需要还原多个操作，就需要使用"编辑"→"后退一步"命令，或连续按"Alt+Ctrl+Z"组合键来逐步撤销操作；如果要取消还原的操作，可以连续执行"编辑"→"前进一步"命令，或连续按"Shift+Ctrl+Z"组合键来逐步恢复被撤销的操作。

3．恢复

执行"文件"→"恢复"命令，可以直接将文件恢复到最后一次保存时的状态，或返回到刚打开文件时的状态。

4．使用"历史记录"面板还原操作

"历史记录"面板用于记录编辑图像过程中所进行的操作。也就是说通过"历史记录"面板可以恢复到某一步的状态，同时也可以再次返回当前的操作状态。执行"窗口"→"历史记录"命令，打开"历史记录"面板，如图 22-18 所示。

图 22-18　　"历史记录"面板

22.2.5　图像变换与变形

移动、旋转、缩放、扭曲、斜切等是处理图像的基本方法。其中移动、旋转和缩放称为变换操作，而扭曲和斜切称为变形操作。通过执行"编辑"菜单下的"自由变换"或"变换"命令，可以改变图像的形状。

1．认识定界框、中心点和控制点

在执行"自由变换"或"变换"操作时，当前对象的周围会出现一个变换定界框，定界框的中间有一个中心点，四周还有控制点。在默认情况下，中心点位于变换对象的中心，用于定义对象的变换中心，拖曳中心点可以移动它的位置；控制点主要用来变换图像。如图 22-19 所示为中心点在不同位置的缩放效果。

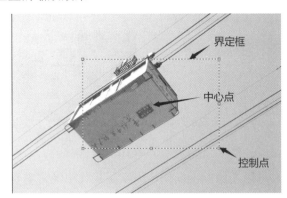

图 22-19　　中心点在不同位置的缩放效果

2．移动图像

移动工具位于工具箱的最顶端，是最常用的工具之一，无论是在文档中移动图层、选区中的图像，还是将其他文档中的图像拖曳到当前文档，都需要用到移动工具。如图 22-20 所示为移动工具的选项栏。

图 22-20　　移动工具的选项栏

自动选择：如果文档中包含了多个图层或图层组，可以在后面的下拉列表中选择要移动的对象。如果选择"图层"选项，则使用移动工具在画布中单击时，可以自动选择"移动工具"下面包含像素的顶层的图层；如果选择"组"选项，则在画布中单击时，可以自动选择移动工具下面包含像素的顶层的图层所在的图层组。如图 22-21 所示为自动选择图层。

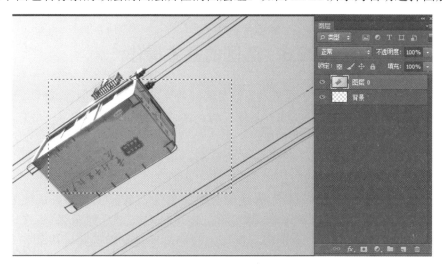

图 22-21　自动选择图层

3．变换

在"编辑"→"变换"菜单中提供了多种变换命令。使用这些命令可以对图层、路径、矢量图形，以及选区中的图像进行变换操作。另外，还可以对矢量蒙版和 Alpha 应用变换，如图 22-22 所示。

4．自由变换

自由变换其实也是变换的一种，按"Ctrl+T"组合键可以使所选图层或选区内的图像进入自由变换状态。"自由变换"命令与"变换"命令非常相似，但是"自由变换"命令可以在一个连续的操作中应用旋转、缩放、斜切、扭曲、透视和变形。

如果是变换路径，则"自由变换"命令将自动切换为"自由变换路径"命令；如果是变换路径上的锚点，则"自由变换"命令将自动切换为"自由变换点"命令，并且可以不必选取其他变换命令。如图 22-23 所示分别为缩放操作、移动操作和旋转操作。

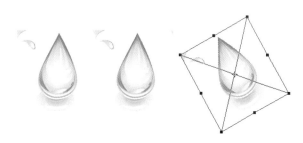

图 22-22　变化操作　　　　　　图 22-23　缩放操作、移动操作和旋转操作

5．实例练习：制作宣传页面

该实例通过对画布尺寸的调整操作，在一幅已有素材的基础上添加文字及阴影特效，并通过画笔工具添加花边效果，实现"海边夏日风情"的宣传页面。

具体操作请扫描二维码查看。

22.3　选区的基本操作

在 Photoshop 中处理图像时，经常需要针对局部效果进行调整，通过选择特定区域，可以对该区域进行编辑并保持未选定区域不会被改动。这时就需要为图像指定一个有效的编辑区域，这个区域就是"选区"。

选区的另外一项重要功能是图像局部的分离，也就是抠图。要将图中的前景物体分离出来，这时就可以使用"快速选择工具"或"磁性套索工具"制作主体部分选区，接着将选区中的内容复制、粘贴到其他合适的背景文件中，并添加其他合成元素即可完成一个合成作品。"选区"作为一个非实体对象，也可以对其进行如运算(新选区、添加到选区、从选区减去与选区交叉)、全选与反选、取消选择与重新选择、移动与变换、存储与载入等操作。

1．选区的运算

如果当前图像中包含有选区，则在使用任何选框工具、套索工具或魔棒工具创建选区时，选项栏中都会出现选区运算的相关工具，如图 22-24 所示。

图 22-24　选区运算的相关工具

"新选区"按钮▢：激活该按钮以后，可以创建一个新选区。如果已经存在选区，那么新创建的选区将替代原来的选区。

"添加到选区"按钮▣：激活该按钮以后，可以将当前创建的选区添加到原来的选区中(按住 Shift 键也可以实现相同的操作)。

"从选区减去"按钮▣：激活该按钮以后，可以将当前创建的选区从原来的选区中减去(按住 Alt 键也可以实现相同的操作)。

"与选区交叉"按钮▣：激活该按钮以后，新建选区时只保留原有选区与新创建的选区相交的部分(按住"Shift+Alt"组合键也可以实现相同的操作)。

2．选区的相关操作

如表 22-1 所示，罗列了关于选区的常用操作。

表 22-1　选区的常用操作

选 区 操 作	具 体 步 骤
全选与反选	全选图像常用于复制整个文档中的图像。执行"选择"→"全部"命令或按"Ctrl+A"组合键，可以选择当前文档边界内的所有图像
取消选择与 重新选择	执行"选择"→"取消选择"命令或按"Ctrl+D"组合键，可以取消选区状态。 如果要恢复被取消的选区，可以执行"选择"→"重新选择"命令

续表

选 区 操 作	具 体 步 骤
隐藏与显示选区	执行"视图"→"显示"→"选区边缘"命令可以切换选区的显示与隐藏。创建选区以后，执行"视图"→"显示"→"选区边缘"命令或按"Ctrl+H"组合键，可以隐藏选区（注意，隐藏选区后，选区仍然存在）；如果要将隐藏的选区显示出来，可以再次执行"视图"→"显示"→"选区边缘"命令或按"Ctrl+H"组合键
移动选区	将光标放置在选区内，当光标变为 ▶.. 形状时，拖曳光标即可移动选区
存储选区	执行"选择"→"存储选区"命令，或在"通道"面板中单击"将选区存储为通道"按钮 ◨ ，可以将选区存储为 Alpha 通道蒙版

3．对选区进行填充

使用"填充"命令可为整个图层或图层中的一个区域进行填充。

填充有多种方法，执行"编辑"→"填充"命令，如图 22-25 所示，或按"Shift+F5"组合键，或在建立选区之后单击鼠标右键，在弹出的快捷菜单中选择"填充"命令，如图 22-26 所示。另外，如果想要直接填充前景色可以按"Alt+Delete"组合键，如果想要直接填充背景色可以按"Ctrl+Delete"组合键。

图 22-25　执行"编辑"→"填充"命令　　图 22-26　在弹出的快捷菜单中选择"填充"命令

4．对选区进行描边

利用"描边"命令可以在选区、路径或图层边界处绘制边框效果。

执行"编辑"→"描边"命令，或按"Alt+E+S"组合键，或在包含选区的状态下单击鼠标右键，在弹出的快捷菜单中选择"描边"命令，即可弹出"描边"对话框，如图 22-27 所示。

描边：在"宽度"文本框中可以设置描边宽度，并可以修改描边的颜色。

位置：设置描边相对选区的位置，包括"内部""居中""居外"。

混合：设置描边颜色的混合模式和不透明度。

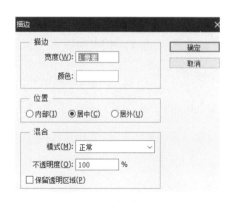

图 22-27　"描边"对话框

5．实例练习：利用选区制作卡通人物张贴画

该实例通过对选区进行描边等操作，实现人物抠图，以及制作卡通人物页面的效果。
具体操作请扫描二维码查看。

22.4　图　　层

相对于传统绘画的"单一平面操作"模式而言，以 Photoshop 为代表的"多图层"模式数字制图大大地拓展了图像编辑的空间。

在使用 Photoshop 制图时，有了"图层"这一功能，不仅能够更加快捷地达到目的，而且能够制作出众多意想不到的效果。在 Photoshop 中，图层是处理图像时必备的承载元素，通过图层的堆叠与混合可以制作多种多样的效果。

图 22-28　图像的最终效果

1．图层的原理

图层的原理其实非常简单，就像分别在多块透明的玻璃上绘画一样，在"玻璃 1"上进行绘画不会影响到其他玻璃上的图像；移动"玻璃 2"的位置时，则"玻璃 2"上的对象也会跟着移动；将"玻璃 3"放在"玻璃 2"上，那么"玻璃 2"上的对象将被"玻璃 3"覆盖；将所有玻璃叠放在一起，即可显现出图像的最终效果，如图 22-28 所示。

2．认识"图层"面板

"图层"面板是用于创建、编辑和管理图层及图层样式的一种直观的"控制器"。在"图层"面板中，图层名称的左侧是图层的缩略图，它显示了图层中包含的图像内容，而缩略图中的棋盘格代表图像的透明区域，如图 22-29 所示。

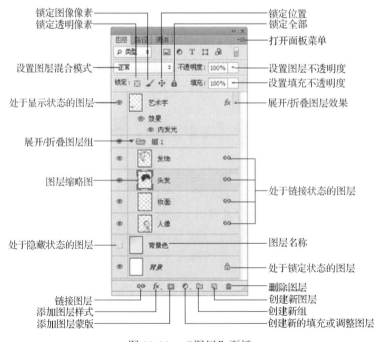

图 22-29　"图层"面板

3．常用功能介绍

如表 22-2 所示，对"图层"面板的常用功能进行了介绍。

表 22-2　"图层"面板的常用功能介绍

功 能 名 称	具 体 介 绍
锁定透明像素	将编辑范围限制为只针对图层的不透明部分
锁定图像像素	防止使用绘画工具修改图层的像素
锁定位置	防止图层的像素被移动
锁定全部	锁定透明像素、图像像素和位置，处于这种状态下的图层将不能进行任何操作
设置图层混合模式	用来设置当前图层的混合模式，使之与下面的图像产生混合
设置图层不透明度	用来设置当前图层的不透明度
设置填充不透明度	用来设置当前图层的填充不透明度。该选项与"不透明度"选项类似，但是不会影响图层样式效果
处于显示/隐藏状态的图层	当该图标显示为眼睛形状时表示当前图层处于可见状态，而显示为空白时则表示处于不可见状态。单击该图标，可以在显示与隐藏之间进行切换
展开/折叠图层组	单击该图标，可以展开或折叠图层组
展开/折叠图层效果	单击该图标，可以展开或折叠图层效果，以显示/隐藏当前图层所添加的所有效果的名称
图层缩略图	显示图层中所包含的图像内容，其中棋盘格区域表示图像的透明区域，非棋盘格区域表示像素区域(即具有图像的区域)
链接图层	用来链接当前选择的多个图层
处于链接状态的图层	当链接好两个或两个以上的图层以后，图层名称的右侧就会显示出链接标志
添加图层样式	单击该按钮，在弹出的菜单中选择一种样式，可以为当前图层添加该图层样式
添加图层蒙版	单击该按钮，可以为当前图层添加一个蒙版
创建新的填充或调整图层	单击该按钮，在弹出的菜单中执行相应的命令，可以创建填充图层或调整图层
创建新组	单击该按钮(或按"Ctrl+G"组合键)，可以新建一个图层组
创建新图层	单击该按钮(或按"Shift+Ctrl+N"组合键)，可以新建一个图层
删除图层	单击该按钮，可以删除当前选择的图层或图层组。也可以直接在选中图层或图层组的状态下按 Delete 键进行删除

4．实例练习：制作水珠光效啤酒

该实例通过对图层进行操作，实现图层叠加等效果，以及制作水珠光效啤酒的效果。

具体操作请扫描二维码查看。

22.5　蒙　　版

蒙版原本是摄影术语，是指用于控制照片不同区域曝光的传统暗房技术。在 Photoshop 中蒙版则是用于合成图像的必备利器，由于蒙版可以遮盖住部分图像，因而可以使其避免受到操作的影响。这种隐藏而非删除的编辑方式是一种非常方便的非破坏性编辑方式。

快速蒙版、图层蒙版和 Alpha 通道是蒙版的三大类型。本节主要介绍快速蒙版和图层蒙版。

22.5.1　快速蒙版

快速蒙版是一种临时蒙版，可以与选区相互转换。与其他选择工具不同，快速蒙版的编辑性很强，可以使用任何绘图工具或滤镜编辑和修改。退出快速蒙版模式后，蒙版将转换为选区。

1．创建快速蒙版

在图像中创建选区，单击工具箱底部的"以快速蒙版模式编辑"按钮进入快速蒙版编辑状态，图像窗口标题栏中将出现"快速蒙版"字样。在快速蒙版状态下，原选区不再显示，原选区以外的图像上覆盖了一层半透明的红色。打开"通道"调板可以看到调板中出现了一个临时的快速蒙版通道，如图 22-30 所示。

2．编辑快速蒙版

在快速蒙版状态下，工具箱中的前景色和背景色会自动变成黑色和白色。图像上覆盖的红色将保护选区以外的区域，选中的区域则不受蒙版的保护。使用白色绘制时，可以擦除蒙版，使红色覆盖的区域变小，这样可以增加选择的区域；使用黑色绘制时，可以增加蒙版的区域，使红色覆盖的区域变大，这样可以减少选择的区域。

3．快速蒙版选项

在默认情况下，快速蒙版模式会用不透明度为 50%的红色覆盖选区外的图像。如果要修改蒙版的颜色和其他属性，可以双击工具箱中的"以快速蒙版模式编辑"按钮，弹出"快速蒙版选项"对话框，如图 22-31 所示。

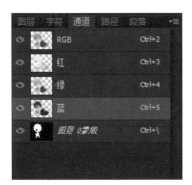

图 22-30　"通道"调板

图 22-31　"快速蒙版选项"对话框

被蒙版区域：选区以外的图像将覆盖半透明红色。选中此单选按钮后，用黑色绘制可以扩大被蒙版区域减少选区，用白色绘制可以减小被蒙版区域扩大选区，工具箱中的"以快速蒙版模式编辑"按钮此时将变为一个带有灰色背景的白圆圈。

所选区域：原选区内的图像将覆盖半透明红色。选中此单选按钮后，用黑色绘制可以增加被蒙版区域扩大选区，用白色绘制可以减小被蒙版区域减少选区，工具箱中的"以快速蒙版模式编辑"按钮此时将变为一个带有白色背景的灰圆圈。

颜色：修改蒙版颜色。单击颜色框体可在弹出的"拾色器"对话框中设置新的蒙版颜色。

不透明度：设置蒙版颜色的不透明度，范围为 0%～100%。

提示：　"颜色"和"不透明度"只能影响蒙版的外观，不影响保护蒙版下面的区域。

22.5.2　图层蒙版

图层蒙版是一张标准的 256 级色阶的灰度图像。在图层蒙版中，纯白色区域可以遮罩下面图层中的内容，显示当前图层中的图像；纯黑色区域可以遮罩当前图层中的内容，显示下面图层中的内容；蒙版中的灰色区域会根据其灰度值使当前图层中的图像呈现出不同层次的透明效果。

1．创建图层蒙版

打开图像文件，如图 22-32 所示。

图 22-32　打开图像文件

单击"图层"调板底部的"添加图层蒙版"按钮，为"云朵"图层添加蒙版。选择画笔工具，设置画笔大小和硬度，将前景色设为黑色，在画面上方涂抹，显示出人物，如图 22-33 所示。

2．启用与停用蒙版

创建图层蒙版后，按住 Shift 键单击图层蒙版缩略图可暂时停用蒙版，此时蒙版缩略图上会出现一个红色的"X"，图像

图 22-33　为"云朵"
图层添加蒙版

也会恢复到应用蒙版前的状态。按住 Shift 键再次单击图层蒙版缩略图可重新启用蒙版，恢复蒙版对图像的遮罩。

3．复制与转移蒙版

按住 Alt 键将图层蒙版拖至另外的图层，松开鼠标可复制蒙版到目标图层。如果直接拖动图层蒙版至另外的图层，则可将该蒙版转移到目标图层，源图层将不再有蒙版。

4．应用与删除图层蒙版

单击图层蒙版缩略图，然后单击"图层"调板底部的"删除图层"按钮，此时会弹出对话框，单击"应用"按钮，可将蒙版应用于图层，它会使原先被蒙版遮罩的区域成为真正的透明区域。单击"删除"按钮则仅删除图层蒙版，而不会清除任何像素，图层也将恢复到添加蒙版前的状态。

5．实例练习：制作环保主题招贴

该实例增加蒙版操作，通过蒙版添加、擦除等效果，实现制作环保主题招贴的效果。

具体操作请扫描二维码查看。

22.6　图像颜色调整

22.6.1　色彩与调色

调色技术是指将特定的色调加以改变，形成不同感觉的另一色调图片。这正是平面设计师必不可少的重要技能，没有好的色彩就不会有好的设计。无论是对照片进行调色，还是修改素材中某一局部的颜色，甚至在作品完成后对整体颜色进行修改，都离不开调色技术，可以说调色技术贯穿了使用 Photoshop 进行设计的整个过程。

1. 了解色彩

色彩在物理学中表示的是不同波段的光在眼中的映射，对于人类而言，色彩是人的眼睛所感观的色的元素，而在计算机中，则用红、绿、蓝 3 种基色的相互混合来表现所有彩色。

色彩主要分为两类：无彩色和有彩色。无彩色包括白、灰、黑；有彩色则是灰、白、黑以外的颜色，分为彩色和其他一般色彩。色彩包含色相、明度、纯度 3 个方面的性质，又称色彩的 3 要素。当色彩间发生作用时，除了色相、明度、纯度这 3 个基本条件以外，各种色彩彼此间会形成色调，并显现自己的特性。因此，色相、明度、纯度、色性及色调 5 项就构成了色彩的要素，如图 22-34 所示。

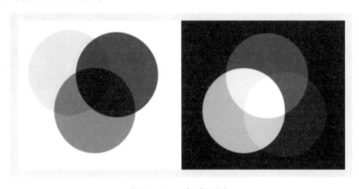

图 22-34　色彩要素

2. "信息"面板

在"信息"面板中可以快速、准确地查看多种信息，如光标所处的坐标、颜色信息(RGB 颜色值和 CMYK 颜色的百分比数值)、选区大小、定界框的大小和文档大小等。执行"窗口"→"信息"命令，打开"信息"面板，如图 22-35 所示。在该面板的菜单中选择"面板选项"命令，在打开的"信息面板选项"对话框中可以设置更多的颜色信息和状态信息。

3. "直方图"面板

"直方图"用图形来表示图像的每个亮度级别的像素数量,展示像素在图像中的分布情况。通过直方图可以快速浏览图像色调范围或图像基本色调类型。而通过色调范围有助于确定相应的色调校正，曝光过度、曝光正常及曝光不足的图像，在直方图中可以清晰地看出差别。

低色调图像的细节集中在阴影处，高色调图像的细节集中在高光处，而平均色调图像的细节集中在中间调区域，全色调范围的图像在所有区域中都有大量的像素。执行"窗口"→"直方图"命令，打开"直方图"面板，如图 22-36 所示。

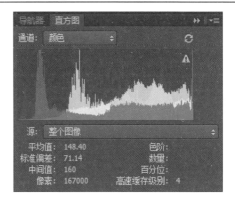

图 22-35　"信息"面板　　　　图 22-36　"直方图"面板

当"直方图"面板视图方式为"扩展视图"时，可以看到"直方图"面板上显示的多种选项。

如表 22-3 所示，对"直方图"面板的功能进行了介绍。

表 22-3　"直方图"面板的功能介绍

功 能 名 称	具 体 介 绍
通道	包含 RGB、红、绿、蓝、明度和颜色 6 个通道。选择相应的通道以后，在面板中就会显示该通道的直方图
不使用高速缓存的刷新	单击按钮 ，可以刷新直方图并显示当前状态下的最新统计数据
源	可以选择当前文档中的整个图像、图层和复合图像，选择相应的图像或图层后，在面板中就会显示出其直方图
平均值	显示像素的平均亮度值(0～255 之间的平均亮度)。直方图的波峰偏左，表示该图偏暗；直方图的波峰偏右，表示该图偏亮
标准偏差	这里显示出了亮度值的变化范围。数值越低，表示图像的亮度变化越不明显；数值越高，表示图像的亮度变化越强烈
中间值	显示出图像亮度值范围以内的中间值，图像的色调越亮，其中间值就越高
像素	显示出用于计算直方图的像素总量
色阶	显示当前光标下的波峰区域的亮度级别
数量	显示当前光标下的亮度级别的像素总数
百分比	显示当前光标所处的级别或该级别以下的像素累计数

22.6.2　使用调整图层

调整图层在 Photoshop 中既是一种非常重要的工具，又是一种特殊的图层。作为"工具"，它可以调整当前图像显示的颜色和色调，并且不会破坏文档中的图层，可以重复修改。作为"图层"，调整图层还具备图层的一些属性，如不透明度、混合模式、图层蒙版、剪贴蒙版等属性的可调性。

1. 调整图层与调色命令的区别

在 Photoshop 中，图像色彩的调整共有两种方式。一种是直接执行"图像"→"调整"菜单下的调色命令进行调节，这种方式属于不可修改方式，也就是说一旦调整了图像的色调，就不可以再重新修改调色命令的参数；另外一种方式就是使用调整图层，这种方式属于可修改方式，也就是说如果对调色效果不满意，还可以重新对调整图层的参数进行修改，直到满意为止。

2．新建调整图层

新建调整图层的方法共有以下 3 种。

(1)执行"图层"→"新建调整图层"菜单下的调整命令，如图 22-37 所示。

(2)在"图层"面板中单击"创建新的填充或调整图层"按钮 ，然后在弹出的菜单中选择相应的调整命令。

(3)在"调整"面板中单击调整图层图标。

3．修改与删除调整图层

1)修改调整图层

(1)创建好调整图层以后，在"图层"面板中单击调整图层的缩略图。在"属性"面板中可以显示其相关参数。如果要修改调整参数，重新输入相应的数值即可，如图 22-38 所示。

图 22-37　调整命令

图 22-38　调整参数

(2)在"属性"面板没有打开的情况下，双击"图层"面板中的调整图层也可以打开"属性"面板进行参数修改。

图 22-39　删除调整图层

2)删除调整图层

(1)如果要删除调整图层，可以直接按 Delete 键，也可以将其拖曳到"图层"面板下的"删除图层"按钮上，如图 22-39 所示。

(2)也可以在"属性"面板中单击"删除此调整图层"按钮上。

(3)如果要删除调整图层的蒙版，可以将蒙版缩略图拖曳到"图层"面板下面的"删除图层"按钮上。

4．实例练习：校正偏色图案

该实例通过使用"色彩平衡"调整图层，根据画面调整曝光度、对比度等参数，达到校正偏色图案的目的。

具体操作请扫描二维码查看。

习　　题

1．可以对图层进行的操作不包括（　　）。

　　A．链接图层　　　　　B．创新新组　　　　　C．删除图层　　　　　　　D．复制图层

2．以下几种说法错误的是（　　）。

　　A．在快速蒙版状态下，工具箱中的前景色和背景色会自动变成黑色和白色

　　B．图层蒙版是一张标准的 128 级色阶的灰度图像

　　C．在默认情况下，快速蒙版模式会用不透明度为 50% 的红色覆盖选区外的图像

　　D．快速蒙版是一种临时蒙版，可以与选区相互转换

3．以下几种说法错误的是（　　）。

　　A．调色技术是指将特定的色调加以改变，形成不同感觉的另一色调图片

　　B．色彩主要分为两类：无彩色和有彩色

　　C．色相、明度、纯度、色性及色调 5 项就构成了色彩的 5 个要素

　　D．色彩包含色相、亮度、纯度 3 个方面的性质，又称色彩的三要素

参 考 文 献

[1] 曾焱. Word/Excel/PPT 从入门到精通. 广东：广东人民出版社，2019.

[2] 牛莉，刘卫国. Office 高级应用实用教程. 北京：水利水电出版社，2019.

[3] 徐宁生. Word/Excel/PPT 2016 应用大全. 北京：清华大学出版社，2018.

[4] Excel Home. Excel 2016 函数与公式应用大全. 北京：北京大学出版社，2018.

[5] 谢华，冉洪艳. Office 2016 高效办公应用标准教程. 北京：清华大学出版社，2017.

[6] 华文科技. 新编 PPT 制作应用大全——2016 实战精华版. 北京：机械工业出版社，2017.

[7] 赖利君. Office 办公软件案例教程(第 4 版). 北京：人民邮电出版社，2015.

[8] 耿勇. Excel 数据处理与分析实战宝典(第 2 版). 上海：上海科学技术出版社，2019.

[9] 教育部考试中心. 全国计算机等级考试二级教程——MS Office 高级应用(2020 年版). 北京：高等教育出版社，2019.

[10] 王昆，颜萌. 大学计算机基础：全国计算机等级考试二级 MS Office 高级应用教程. 北京：北京大学出版社，2016.

[11] 杨国清. Access 数据库应用基础. 北京：清华大学出版社，2014.

[12] 杨小丽. Access 2016 从入门到精通(第 2 版). 北京：中国铁道出版社，2019.

[13] 王秉宏. Access 2016 数据库应用基础教程. 北京：清华大学出版社，2017.

[14] 刘玉红，李园. Access 2016 数据库应用与开发. 北京：清华大学出版社，2017.

[15] 芦扬. Access 2016 数据库应用基础教程. 北京：清华大学出版社，2018.

[16] 李金明，李金荣. Photoshop 专业抠图技法(第 2 版). 北京：人民邮电出版社，2018.

[17] 曾俊蓉. 中文版 Photoshop CC 平面设计实用教程. 北京：人民邮电出版社，2017.

[18] 刘玉红，侯永岗. Photoshop CC 中文版实战从入门到精通. 北京：清华大学出版社，2017.

[19] [美]安德鲁. Adobe Photoshop CC 2017 经典教程——彩色版. 北京：人民邮电出版社，2017.

[20] 吴小香，官宇哲. 中文版 Photoshop CC 基础培训教程. 北京：人民邮电出版社，2019.